口絵1　ブナの実生の成長

❶：発芽
❷：子葉は下を向いている
❸：子葉が上を向き始める
❹：果皮がはずれる
❺：子葉が開き本葉が出始める
❻：出そろった実生
❼：本葉を展開する
❽：枯死した実生
❾：食害に遭い先端がかじられている
❿：秋まで生き延びた実生。先端に冬芽がついている
(photo／❶〜❻：正木隆, ❼〜❿：壁谷大介)

前ページ：ブナ林（photo／陶山佳久）

口絵2 さまざまな実生

- ❶：実生を集め，形を記録して調査に備える
- ❷：ヨモギ
- ❸：フユイチゴ
- ❹：ミズナラ
- ❺：ヤマウルシ
- ❻：アカメガシワ
- ❼：タケニグサ
- ❽：カスミザクラ。コナラの実生も見える
- ❾：ヒバ
- ❿：イタヤカエデ
- ⓫：イヌシデ
- ⓬：カツラ
- ⓭：カツラ（2～3年生）
- ⓮：アカシデ
- ⓯：ケヤキ

（photo／❶：正木隆，❷～❸，❺～❼：酒井敦，❹：清和健二，❽：林田光祐，❾：山路恵子，❿～⓫：正木隆，⓬～⓯：星崎和彦）

口絵3 熱帯で森をつくる
(第11章参照)

❶:フタバガキ科樹木の果実
❷:フタバガキ科の樹木,*Shorea curtisii*(現地名 Seraya)の実生
(photo/落合幸仁)

口絵4 外生菌根
(ミニレビュー参照)

樹木の根の表面を菌糸が覆っている
(photo/山中高史)

口絵5　種子を食害する昆虫　（第7章参照）

カスミザクラの種子の上で交尾するツチカメムシ
(photo／林田光祐)

口絵6　天然更新施業による樹木の更新

（第10章参照）

攪乱跡地で一斉に更新したアカエゾマツ実生
(photo／渡邊定元)

口絵7 実生を調査する

❶：発生した実生の横に着色した竹串を刺し，マーキングする。発生時期ごとに串の色を変えてある

❷：ナンバーの印刷された塩化ビニールテープによるマーキング。杭で1m×1mの方形区をつくり，その中に発生した全実生の消長を調査する。右横は林冠から落下してくる落葉落枝，果実などを採集するためのリタートラップ

❸：2人ひと組で調査記録をとる。写真はブナの大木の根返りで生じたマウンドでの調査。マウンドに直接足を乗せると崩れてしまうので，頂部の実生の調査にははしごを渡してつくった足場を利用した
(photo／❶・❸：永松大，❷：正木隆)

森の芽生えの生態学

正木 隆 編

文一総合出版

はじめに——小さな芽生えの大きな世界

　本書は，森林における樹木の実生（芽生え）の生態研究を紹介するものである。

　長く生きる樹木も，はじめはとても小さな実生からはじまる。樹木がここで生き残らなければ森林はできあがらない。

　これまでの研究から，樹木がある場所に定着できるかどうかは，ほとんどの場合，種子から実生の段階で決まることがわかってきている。つまり，実生の生態は森林の成り立ちを理解するうえでのキーポイントである。

　しかしそのわりに，樹木の実生の研究成果が，森林に関心のある人々にわかりやすく，かつまとめて紹介されたことがないように思う。この分野で精力的に研究をおこなっている研究者が多いにもかかわらず，である。筆者は常々，もったいないと思っていた。

　そんなあるとき，筆者は自然観察指導員を務めているO氏と山を歩いていた。ふとイタヤカエデの当年生実生（その年に発芽した芽生え）が目にとまったので，「これがイタヤカエデの芽生えですよ」と教えたところ，彼は眼を丸くして驚いたのである。その葉が成木の葉とは似ても似つかぬハート形をしていたのが，彼にとっては本当に意外だったのだ。

　彼はそれ以来，自然観察会のメニューに樹木の実生の観察会を加えるようになり，筆者も講師として何回か招かれた（公務員なのでボランティアである）。この催しは参加者からも好評で，筆者にとっても愉しい経験であった。草本の美しい花はいやでも目立つ存在だ。しかし，樹木の実生はそのつもりで観察しないと，そこに生えていたと知ることもない。そして，そのつもりで観察したら，そこには今まで参加者たちの知らなかった世界が広がっていたのである。

　そのときの参加者の1人が後日，エコツアーを

主催するとあるNPOに就職した。昨年その彼女からメールが届いた。「うちのスタッフ相手に実生観察会をしていただけないか」という依頼だったのである。筆者は快諾しつつ内心，
「え？　日ごろエコツアーで参加者に自然の解説をおこなっているプロの人達相手に？　もしかすると私よりも知識が豊富なのでは？」
と思ったものだ。しかし，当日は，やはり誰もが目を丸くして未知の世界に魅せられていた。樹木の実生の世界というのはプロにとっても新鮮だったのである。

どうやら，樹木の実生の世界は奥が深く，誰もが惹きこまれるもののようだ。

ならばぜひ，その魅力をたくさんの人々に伝え，共有したい。それが本書の編集を決めた動機である。

本書の構成は下のとおりである。

第1部（第1～2章）は，山や森で樹木の実生をじっと観察した研究を紹介する。最も地道，最も気長な研究であるが，すべての研究のスタートでもある。

第2部（第3～5章）では，実生の分布や成長について，野外実験や生理学的視点から研究をおこなった例を紹介する。自然の仕組みには，野外での観察だけではなかなかスッキリとわからないことも多い。しかし，実験を適切に組み合わせることで，実生の生態のより正確な理解へとつながっていく。

一方，実生はそれだけで生きているわけではない。他のさまざまな生物とかかわりながら生きている。第3部（第6～7章）では，実生と他の生物，とくに菌類と昆虫とのかかわりあいについて研究した例を紹介している。ここはまだまだ未知の領域で，今後の研究の発展が期待される。

第4部（第8～9章）ではちょっと視点を変え，樹木の実生の生態をどのように研究すればよいか，その方法を紹介したい。主に実生を専門的に研究している研究者の方々に役立つことを意図しているが，研究者以外の方にも楽しんでいただければ幸いである。

そして第5部（第10～11章）は，実生の生態学を森づくりへ応用した取組みを紹介する。林業で最もコストがかかるのは，苗の植栽およびそれから数年間の下刈り（苗と競争する草や低木を刈り払うこと）である。そして

上述のとおり，森林の成立を左右するのは，まさにその段階だ。林業は産業として，そこにあえて手間暇をかけている。これは経験知としてなかなか鋭い。しかし近代産業としては，そのコストをいかに抑えかつ森林を確実に更新させるか，いかに合自然的に森林を成立させるか，について経験知から形式知へと一般化していく必要がある。樹木実生の生態研究と森づくりの現場とのコネクションについて，読者のみなさんとともに考えてみたい。

　以上のどの章にも，執筆者諸氏の実生への愛着が感じられるはずである。最初に執筆を打診したとき，どの著者も快諾どころか「ぜひ書きたい！」と「熱諾」してくださった。断ったり難色を示した著者は皆無であった。誰もが実生の世界に魅せられていて，人に伝えたいという願望をもっていたのである。本書はまさにどのページをめくっても執筆者の愛があふれている。

　文一総合出版の菊地千尋さんにはこのようにマニアックなテーマでの本の編集を許していただいたばかりか，編集作業の全体をつうじてサポートしていただいた。またシェフィールド大学の田中健太さんが，本書の出版に向けて筆者の背中を強く押してくれたのも大きかった。本書が無事芽生えたのも，以上のみなさまのおかげである。あらためて感謝を申し上げたい。

　さて……本書がいざ世に出るにあたり，1つ心配事がある。実を言うと，私が実生の観察会で説明するときのネタが，ほとんどこの本に網羅されてしまっているのである。もしかすると，もう私に講師の依頼がこなくなるのではないか？　本書の出版にあたり，それが筆者の唯一の気がかりなのである。

平成20年3月吉日
編者記す

注）「実生」と「芽生え」はほぼ同義である。本書では全編をつうじて，見出し・小見出しでは主に「芽生え」という言葉を用い，本文では基本的に「実生」を用いている。

森の芽生えの生態学

はじめに──小さな芽生えの大きな世界 ……………… 正木　隆

第1部　すべての森林は芽生えからはじまる

山で芽生えを見つめてみよう
　第1章　実生の生態からみた多様な樹種の共存の仕組み
　　　　　　　　　　　正木　隆 ……………… 11

森林を再生する埋土種子
　第2章　人工林を伐ると多様な植物が生えてくる
　　　　　　　　　　　酒井　敦 ……………… 29

第2部　環境に敏感な芽生えの姿

樹木の分布は芽生えで決まる
　第3章　地形と実生の関係がもたらす森林の構造
　　　　　　　　　　　永松　大 ……………… 47

タネの大小が森林の神秘を紐解く
　第4章　種子のサイズと実生の成長パターン
　　　　　　　　　　　清和研二 ……………… 65

自ら稼ぐか，親のすねをかじるか
　第5章　光への応答反応からみた実生の戦略
　　　　　　　　　　　壁谷大介 ……………… 87

第3部　芽生えをとりまく生物の世界

種子につく菌が芽生えをまもる？
　第6章　種子菌の化学的性質　　山路恵子 ……………… 113

地中の巨大なネットワーク
　ミニレビュー　菌根と芽生え
　　　　　　　　　　　山中高史 ……………… 131

母樹下になぜカスミザクラの芽生えがないのか？
　　第7章　発芽前種子の死亡要因　　林田光祐 ……………… *139*

第4部　芽生えを研究する方法

芽生え調査の「いろは」と「壺」
　　第8章　実生の生態のしらべ方とまとめ方
　　　　　　　　　　　　　　　星崎和彦・阿部みどり …… *163*

芽生えの親はどこにいる？
　　第9章　実生の親木を特定するDNA分析技術
　　　　　　　　　　　　　　　陶山佳久 ……………… *191*

第5部　芽生えの生態学から森づくりへ

芽生えから種の多様な森林をつくる方法
　　第10章　天然林施業の技術と歴史　渡邊定元 ……………… *213*

熱帯での森づくり
　　第11章　種子から苗木，そして植林
　　　　　　　　　　　　　　　落合幸仁 ……………… *237*

　　執筆者紹介　*249*
　　索引　*251*

第1部
すべての森林は芽生えからはじまる

第1章　実生の生態からみた多様な樹種の共存の仕組み

森林総合研究所　正木　隆

プロローグ－芽生えはどこから来たか－

　ある年の春。山の残雪がようやく消えたころ。

　筆者は東北のブナ林で足元を見ながら考えていた……と書くとまるで昔の小説のようだが，別に世の中のことについて考えていたわけではない。そのとき足元には，その年に出たばかりのブナとイタヤカエデの実生がたくさんあったのである。

　そのブナ林は，渓畔林に隣り合っていた。谷底から急斜面を 20～30 m ほど登ったところにある広い平坦面。もちろん「ブナ林」というくらいだから，ブナが森林の主役である。どこを見てもイタヤカエデの成木は見当たらない。イタヤカエデの種子はどこから飛んできたのだろう？

　ブナ林の端に立って眼下の渓畔林を見下ろせば，イタヤカエデの大木がそこにある。イタヤカエデの種子は，風に乗ってあの木からここまで運ばれたに違いない。そういえば，前年は渓畔林のイタヤカエデが豊作だったことを思い出す。

　とすれば，このブナ林にイタヤカエデの成木がないのは，種子が届いていないからではない。谷底からここまで散布された種子がたとえ発芽したとしても生き残らない，あるいは成長しないからではないだろうか。足元の実生の行く末を観察し続ければ，そのプロセスをこの眼で見ることができるかもしれない。

　そんなことを考えていたのである。

1. 渓畔林を研究する魅力

1.1. 謎多き渓畔林

　渓畔林とは，一口に言えば谷を流れる沢沿いに分布する森林を指す。十和田湖から流れ出る奥入瀬沿いの渓畔林が有名だろう（本当は渓畔林の定義は難しいのだが，それは本稿の主題ではないので深入りはしない）。

　この渓畔林という生態系は多種多様な樹木が生育し，それゆえに魅力的な研究対象である。東北地方の渓畔林は，ブナ林に囲まれていながらブナが少ない。ブナの代わりに森林を占めているのはトチノキ，カツラ，サワグルミ，ケヤキ，オヒョウなどである（Suzuki, 2002）。渓畔林にももちろんブナはあるが，主役級の存在とはならない。20 m も斜面を登ればそこはブナの王国なのに……。わずかな標高差で，なぜこうも劇的に森林の主役が交代してしまうのだろうか？

1.2. 種子と実生から渓畔林を考える

　この疑問を説明する仮説をいくつか検討してみよう。

　ある場所に種子が届き，発芽し，成長し，やがて成木になるという一連の流れ……これを生活史と言う。この生活史の流れがどこかでブロックされれば，個体は生活史を全うすることができない。そして，これが1個体だけではなく，個体群を構成する全個体で同じように途切れれば，その樹種はその場所に分布することができない。

　この作用は種子から実生の段階で最も強くはたらくといわれており，「新規加入制限 recruitment limitation」と呼ばれている。この新規加入制限は2つの要素からなる。第一に，ある場所において新規の個体が芽生えてこないのは，種子がそこに届いていないためかもしれない。これは「種子散布制限 dispersal limitation」である。第二に，種子は確かにそこに届いたものの，発芽や定着に失敗するかもしれない。これは「実生定着制限 establishment limitation」と言う。

　イタヤカエデがブナ林に生育していないのはなぜだろう。目の前に実生は芽生えているのだから，種子散布制限の作用はおそらく弱い。考慮すべきは，実生定着制限の方である。

　種子や実生は生活史の中で最も脆弱な段階であり，外からの障害に対する

表1　観察開始時の実生の本数

	渓畔林	ブナ林
ブナ	53	172
イタヤカエデ	225	112

抵抗力が弱い。たとえば，種子は食べられたら終わりである（第7章）。出たばかりの実生も，葉が1枚でも病気になったり食べられたりしたら，暗い林内で生き延びるのに十分な光合成を行うことが難しいだろう（第5章）。この「実生定着制限」の効果を，渓畔林とブナ林とで比べれば何らかの差が見えてくるはずだ。

このためには，第3章を執筆されている永松さんのように，山に種子をまいて実験すればよいのかもしれない。しかし，それをきちんとやろうとすると，種子の収集などを含めて相当の手間がかかってしまう。

だが今，目の前のブナ林では，ブナとイタヤカエデの実生が足元にたくさん出ているではないか。もちろん，眼下の渓畔林にも両樹種の新しい実生がたくさん出ていたのである。これを利用すれば簡単だ。これらの実生がどう生き残り，どう成長するか，ひとつ見届けてみよう。

こうして，気長な観察がはじまった。

2. 実生の運命を見とどける

この渓畔林には，「カヌマ沢渓畔林試験地」というプロットが1988年に設定されていた。約5 haの固定プロット内には10 mメッシュで杭が打ってあり，各杭のそばには2 m四方の調査枠がすでに作られている。この枠の中から，ブナ林で24枠，渓畔林で25枠を調査対象に選んだ。どの枠も閉じた林冠の下にあり，光環境は暗い。その枠内でマークした当年生実生の本数は表1の通りである。

永松さん(第3章)や陶山さん(第9章)に比べてあまりに少ないではないか，と言うなかれ。数が少ない分，観測の長さで勝負である。

2.1. 生き残り方の違い

まずは，「どのように生き残るか」について分析してみよう。

途中，洪水が渓畔林の1枠を襲い，実生が枠ごと消えうせてしまうとい

うハプニングもあったが，7年間どうやら無事に観察を続けることができた．図1に，それぞれの樹種の生残曲線を示す．なお，生残曲線の推定には，Kaplan-Meyer法という統計的手法を用いた．

ブナもイタヤカエデも，1994年に芽生えた実生の数％が2000年の春まで生き残っていた．この図から読み取れることは，次の3点である．
　a) イタヤカエデの実生はブナ林よりも渓畔林の方でよく生き残った．
　b) ブナの実生の生残過程は，渓畔林・ブナ林で大きな差はなかった．
　c) ブナ，および渓畔林のイタヤカエデの生残率は加齢とともに改善されるが，ブナ林でのイタヤカエデ実生は低い生残率のままであった．
以下，順に詳しく検討してみよう．

2.2. イタヤカエデの生残パターン

イタヤカエデの実生はブナ林よりも渓畔林でよく生き残った（図1-a）．イタヤカエデの成木は渓畔林を主な生育地としているが，その実生も渓畔林の方でよく生き残るといえる．

ただし例外は，図1中に▼で示したデータである．これは，平方メートルあたり18本以上の高い密度で芽生えた実生を，それ以外の実生と区別して解析したものである．今までの多くの研究により，樹木の実生は親木からの距離や同種実生の局所的な密度によって影響されるということが知られている．1970年代に熱帯林の研究で提唱されたJanzen-Connell仮説である．親木の近くにはその樹種の種子や実生を狙い撃ちする（これを「種特異的」と言う）昆虫や病原菌が集まり，実生の定着が制限されることが多い．本書の第7章では，カスミザクラの種子がまさにこのメカニズムで死亡することが示されている．また，実生が高密度で生育している状況では，1本が罹病すれば周りの実生に伝染する可能性も高い．

このことから，親木近くの実生，あるいは高密度で生育している実生の生残率が低いことは，十分ありうると考えた．そこで密度の影響を予備的に調べた結果，イタヤカエデの場合平方メートルあたり18本以上の密度で実生の生残率が統計学的に有意に低下することがわかった．そこで，イタヤカエデ実生については密度が18本/m^2以上の枠と18本未満の枠を区別して解析したのである．

たとえ渓畔林でも，イタヤカエデ実生は高密度で芽生えると（それはすな

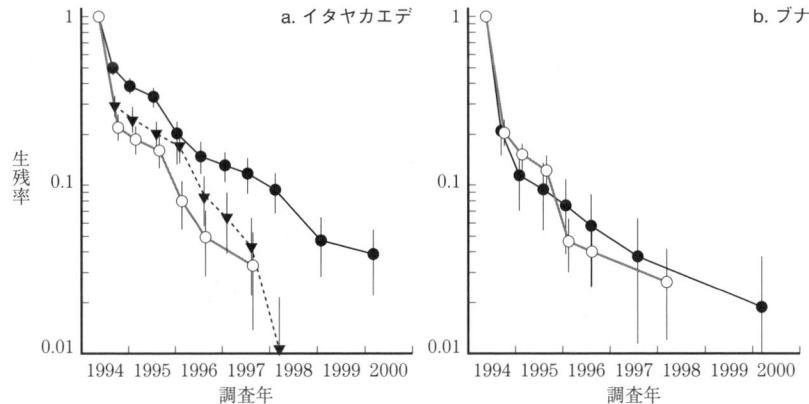

図1　イタヤカエデとブナの当年生実生の生残曲線（Masaki *et al.*, 2005 より作成）
●：渓畔林　▼：渓畔林（局所的に高密度）　○：ブナ林
縦線は標準誤差を示す。

わち親木に近いことを意味する），ブナ林に芽生えたものと同程度の生残率しか示さないことがわかる。しかし，親木から離れれば渓畔林のイタヤカエデ実生は，比較的高いレベルの生残率を保つといえる。

2.3. ブナの生残パターン

一方，ブナ実生の結果はわかりやすい。渓畔林でもブナ林でも，ほぼ同じ生残曲線を示し，統計的な有意差もない。密度の影響すらも検出されなかった。

2.4. 加齢にともなう変化

図1の生残曲線を見ると，ブナ実生および渓畔林でのイタヤカエデ実生の曲線の傾きは最初は急で，その後徐々にゆるやかになっている。これは実生の死亡率が徐々に下がっていることを示している。逆にブナ林に芽生えたイタヤカエデ実生の生残曲線の傾きは，急なままだった。つまり，高い死亡率のまま齢を重ねている，ということである。

どんな樹種の実生も，発芽して時間がたてば茎の表面が木化し，樹木らしい風貌を見せはじめる。こうなれば，病虫害に対する抵抗力も徐々に増す。だが，ブナ林でのイタヤカエデ実生はそういった抵抗力を示さなかった。ブナ林という土地柄は，よほどイタヤカエデの実生には合わないのだろう。

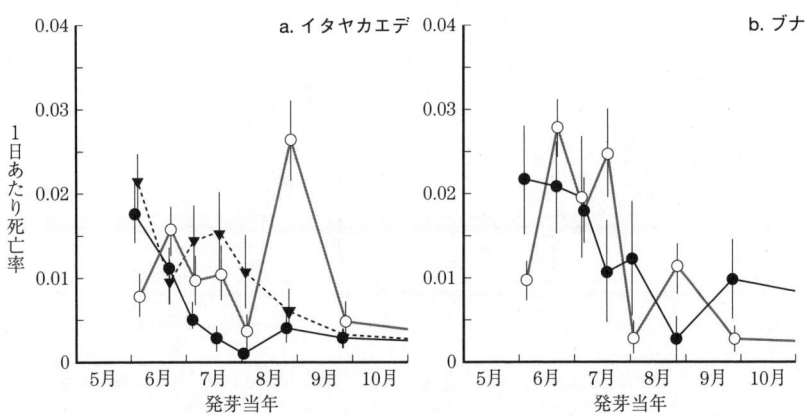

図2　発芽当年における1日あたり死亡率の季節変化（Masaki et al., 2005 より作成）
●：渓畔林　▼：渓畔林（局所的に高密度）　○：ブナ林。縦線は標準誤差を示す。

2.5. 実生が枯れる原因は？

　もう一度図1の生残曲線をよく見ると，どちらの種も，立地によらず発芽後半年間での枯死率が最も大きい。そこで，この時期の死亡率の変化を，もっと細かく分析してみよう。

　図2に発芽後半年間の1日あたり推定死亡率（＝ハザード：**第8章**参照）の季節変化を示す。この結果を見ると，1つだけ8〜9月に高い死亡率を示している実生群がある。何を隠そう，ブナ林に出たイタヤカエデ実生である。

　他の実生群は，5月から6月までの発芽後比較的まもない季節に多く死亡する傾向があるが（見た目から，その原因の多くは病原菌によるものと思われた），ブナ林に芽生えたイタヤカエデ実生は，8月から9月にかけてのお盆の時期にバタバタと死んでいた。お盆は梅雨と秋の長雨・台風シーズンの間である。

　1994年は現地で，地表下10 cmでの土壌の水ポテンシャル（Box 1）を測定していた。その値を見ると，8月から9月にかけて，渓畔林では-0.14MPa（メガパスカル）まで値が下がる。しかしブナ林ではもっと低い-0.25MPaまで値が下がっていた。つまり，実生にとって，ブナ林の水分環境はより厳しいことを意味している。どうやらブナ林に芽生えたイタヤカエデの実生は，この時期の土壌の乾燥に対応できず，その数を大幅に減らしたと考えられた。

正誤表

本書 17 ページ（第 1 章）掲載の図 3 が誤っておりました。読者のみなさま、著者正木先生には、ご迷惑をおかけしたこと、深くお詫び申し上げます。

正しい図は下記の通りです（図の説明には誤りはございません）。

（文一総合出版 編集部）

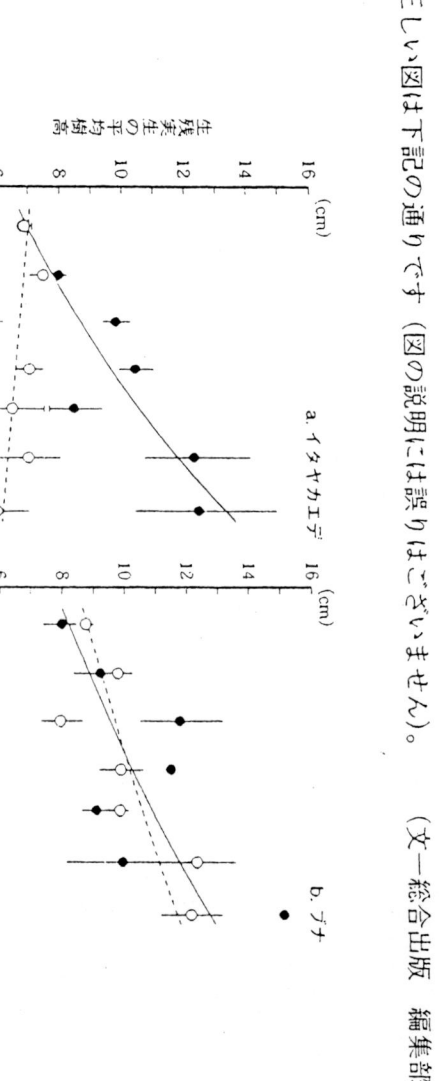

a. イタヤカエデ

b. ブナ

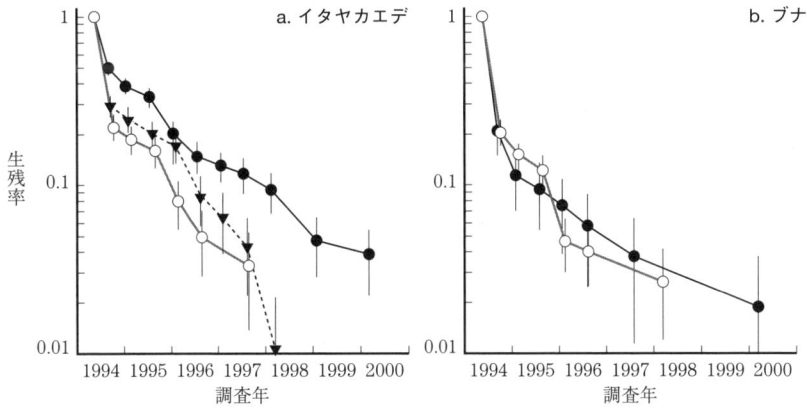

図3 イタヤカエデ実生とブナ実生の平均樹高の年変化 (Masaki et al., 2005 より作成)
●：渓畔林　○：ブナ林。縦線は標準誤差を，実線と点線はあてはめた指数関数を示す。

2.6. ブナ林に芽生えたイタヤカエデは伸びない

次に，成長について分析してみよう。毎年秋に測定した樹高の平均値の年変化を図3に示す。

これもまた，結果は明快である。ブナ林に芽生えたイタヤカエデ実生はまったく伸びない。むしろ樹高は下降気味である。だがこれは，先端が枯れ下がったわけではない。現地で見ていると，イタヤカエデの実生は少しずつ埋まっていき，春先の調査では，生き残ったイタヤカエデ実生が落葉の隙間からか

Box 1　土壌の水ポテンシャル

　土壌中の水分状態を指標するものとして，土壌間隙（孔隙）中に保持されている水のマトリックポテンシャルがよく使われる。これは土壌から水を引っ張り出すのに必要な圧力にマイナス1をかけたものである。水ポテンシャルが大きいほど（ゼロに近いほど）土壌は湿っており，小さい（マイナス方向に値が大きい）ほど土壌が乾いていることを示す。一般に，降雨から数日経過して圃場容水量 field capacity に達した土壌の水ポテンシャルは-0.006 MPa，植物が吸水できるギリギリの水ポテンシャルは-1.5 MPa といわれている。

ろうじて先端を出している，という感じであった。ついでに言えば，実生についている葉も渓畔林で芽生えたイタヤカエデ実生と比べてかなり小さい印象があった。

一方，ブナの実生や渓畔林でのイタヤカエデ実生は順調に伸び続け，それらの間に顕著な差は見られなかった。このように，イタヤカエデ実生がブナ林で成長が著しく停滞するほかは，特に立地の差や種間の差はなかった，と言える。

2.7.「実生定着制限」がもたらした渓畔林とブナ林の違い

以上の結果を見ると，イタヤカエデとブナの実生のふるまいは，それぞれの成木の分布パターンとよく整合していることがわかる。

イタヤカエデの実生は，ブナ林では「生き残らない」し，「伸びない」。その結果，成木がブナ林に生育することができないのだろう。一方，ブナ実生の生残・成長は，あまり立地の影響を受けていなかった。そして，ブナ成木はブナ林と（主役ではないが）渓畔林の両方に生育している。どうやら，渓畔林とブナ林で構成種が異なる理由の一部は，「実生定着制限」で説明できる，と結論していいだろう。

3. 渓畔林内で多様な樹種はどのように共存しているか

しかし，これでメデタシメデタシ，とはならない。依然として疑問は残っている。

ブナの実生の振る舞いは渓畔林でもブナ林でも大差なかったことに注意しよう。そうであるのにかかわらず，なぜブナは渓畔林での優占度が低いのか。また，なぜ渓畔林では，特定の樹種が「一人勝ち」とならないのか？　なぜ渓畔林では樹木の多様性が高いのか？

この謎は，ブナ林と渓畔林の比較研究だけからはわからない。渓畔林により深く踏み込んで調査を行わなければならない。

3.1. 岩あり，水あり，砂礫あり

渓畔林を歩くとき，慣れないうちは意外とストレスを感じるものである。まず露岩が多い。渓流の飛沫でぬれていてすべりやすいので，そこを歩く

ときは，かなり気を遣う。さらに，増水や斜面崩壊で生じた堆積礫上を歩けば浮石だらけで不安定で，うっかり礫の隙間に膝まで落ちれば大怪我となりかねない。また，土だと思って安心して足を置いた場所が，実は岩の上に落葉が積もっていた場所で，ズルッと滑ることもある。筆者は沢を渡るときに調査道具を落とし，アッという間にはるか下流へ流れ去るのをむなしく見送ったこともある。

　一方ブナ林では，こういうストレスは感じない。つまり，渓畔林の足元の環境はそれだけ多様である，ということだ。これにさらに，倒木や根返りによるマウンド形成（口絵7-❸参照）が加わる。渓畔林の林床の環境はブナ林よりもはるかに複雑といってよい。

　ひょっとするとこれが，ブナが渓畔林で優占種となるのを抑え，かつ多様な樹種が共存できる仕組みなのではなかろうか。つまり，種子から実生になるときに，砂礫堆積地を好む樹種，有機質の土壌を好む樹種，落葉の積もった場所を好む樹種など，樹種の間で生育の適地となる微細な立地（本稿ではそれを「基質」と呼ぶことにする）が異なっているのかもしれない。それにより，実生定着制限が樹種ごとにきめ細かく作用し，多様な種の共存する渓畔林ができあがると予想できるのである。

3.2. 種子を数え，実生を数える

　この仮説を検証するため，種子〜実生期における基質選択性の種間差を分析してみよう。

　約5 haの固定プロットのうち，1 haの部分には10 m間隔で種子トラップ（受け口面積0.5 m^2）が設置され（計121基），1988年以来ずっと種子の落下パターンが計測されている。また，各トラップの傍には1 m^{2}のコドラートも設置され，春から秋にかけて実生の出現と死亡のチェックが続けられている。ほかにも最近砂礫が厚く堆積した場所や新しいギャップなど，比較的まれな攪乱サイトにもこのペアが設置され，不足がちなデータが補完されている。

　これらの各コドラートに出現した実生は，その前年に落下した種子に由来すると考えられる（ハリギリやミズキなど，埋土種子となる樹種はその限りではない）。各コドラートへの落下種子数は，すぐ隣のトラップで回収された種子数と等しいと見なしてよいであろう。そこで，前年の種子が発芽して

表2 種子から実生となる確率に影響を与えうる基質タイプ

基質タイプ	特徴
リタータイプ	落葉が堆積している基質。林床の約80%をカバーし，デフォルトの基質といえる。
砂礫タイプ	渓畔林に特徴的な砂礫からなる基質。増水で穿掘された土砂が運ばれて堆積した場所で卓越する。
鉱質土層タイプ	落葉層が剥げて土壌が露出した基質。とくに根返りによって形成されたマウンドで卓越し，落葉が溜まらない傾斜地にも頻出する。
腐朽木質タイプ	倒木など木質の堆積物が腐朽し，苗床として機能しはじめた基質。コケが密生している場合もある。

実生となってあらわれる確率（出現率）が，各コドラードごとに推定できる。そしてこの出現率がコドラート内の基質によって左右される，というモデルをたてて分析を行った。

3.3. どんな基質に分類できるか

渓畔林の林床を観察した結果，基質は大きく4つのタイプに分けられた（**表2**）。

新しい実生があらわれる春，林床は通常，前年の秋に積もった落葉で覆われている。それがデフォルトの林床の状況だ（リター基質）。そのリターをかき分けるように，あるいは押しのけるように，砂礫や鉱質土層や腐朽木質の基質が顔を出している。コドラート内でのこれらの基質の比率によって実生の出現率が変わってくるであろう。事前の予想は以下の通りである。

a) 小さい種子からは小さい実生しか生じず，落葉層を貫くことは難しいであろう。したがって小さい種子をもつ樹種の実生は，砂礫・鉱質土層・腐朽木質の基質の多いコドラートで出現しやすい。

b) 大きい種子はネズミなどによる食害を被りやすいであろう。したがって身を隠すことのできる落葉層が残っているコドラートで出現しやすい。また，リターによる保湿効果も期待できる（第4章）。

3.4. 基質の影響をモデル化

ここから約1ページは数式が出てくるが，苦手な人はどうか読みとばしていただきたい。それでも一向にさしつかえないのである。

上記の予想を検証するために，次のようなモデルを考えた。あるコドラート内に落下した種子は各基質の面積に応じて比例配分され，その基質および各樹種に特有の確率で実生となり，各基質での実生数の合計がそのコドラートの実生出現数となる，としよう。これを数式であらわせば

$$seedling = e^{a_0} e^{\Sigma(a_{1i}p_i)} seed$$

となる。ここで，a_0 はその樹種の平均的な出現率の指標，a_{1i} は i タイプの基質において種子が実生となる確率の指標，p_i は i タイプの基質がコドラート内に占める割合である。ちなみに発芽率ではなく出現率という言葉を用いているのは，種子が発芽はしたものの落葉の下で人目につくことなく死んでいく実生もあるからだ。我々が野外で数えているのは，発芽後に落葉層の上に軸が持ち上がって子葉（地下子葉性の樹種は本葉）が開いたものである。発芽した実生そのものではない。

それはさておき，このモデルを現実データにあてはめれば，a_0 や a_{1i} の値を推定することができる。ただし，種子数も実生数も非負の整数値であるため，正規分布を仮定する通常の回帰分析よりも，ポアソン分布を仮定した一般化線形モデルを用いる（第8章）。

統計学的に信頼できる結果を得るためには，ある程度以上の種子数および実生数が必要となる。1990〜1995年のデータを確認したところ，トチノキ，カツラ，サワグルミ，イタヤカエデ，ブナの5種類については，いくつかの年には，解析に十分なデータがそろうことがわかった。

また，基質のほかにも，ギャップ（第5章 p.90 参照）の影響を a_2 （この値がプラスであれば明るい環境で出現率が高まる），さらに自らの種子密度が出現率に影響をあたえる効果を a_3 として追加した。a_3 については，この値がプラスであれば密度が高いほど出現率が高まり（捕食者の飽食などが考えられる），マイナスであれば出現率が低下する（Janzen-Connell 仮説など）ことを意味する。これらの因子をさまざまに組み合わせて試した後，AIC（赤池の情報量基準）の値を参考に，最もあてはまりのよいモデルを選べばよい。ちなみに，博多ラーメンではないが「全部入り」のモデルは次のような数式であらわされる（c はギャップかどうかを示す変数）。

$$seedling = e^{a_0} e^{\Sigma(a_{1i}p_i)} e^{a_2 \cdot c} e^{a_3 \cdot seed} seed$$

4. 各樹種の好適な基質は何か？

解析のおおよその結果は表3の通りである。以下，樹種ごとに細かく検討していこう。

4.1. サワグルミは砂礫基質に依存する

まず，サワグルミとカツラの結果を図4に示す。この図が示す通り，この両種は基質の「好み」が見事に異なっている。
サワグルミは砂礫タイプの基質で種子から実生になりやすく，カツラは鉱質土層タイプおよび腐朽木質タイプで有利である。実際，カヌマ沢では，サワグルミは沢沿いで岩がゴロゴロしている場所によく生育している。また，埼玉県農林研究センターの崎尾さんの研究グループも秩父の渓畔林で，流路が移動して放棄され，砂礫が主な基質となっている旧河道で，サワグルミの実生や稚樹が多く生育していることを報告している（Sakio, 1997）。

4.2. カツラが示した矛盾

一方，カツラはどうだろうか。カツラの種子は調べた5種の中で最も小さくて軽い。1個の重さは0.0006gしかないのである。当然，当年生実生もきわめて小さい（図5）。したがって鉱質土層や腐朽木質タイプの基質で実生が出やすいのは直感的にも理解できる。

しかし，この結果は現在のカツラ成木の分布をうまく説明できるようには思えない。

現在，カツラはカヌマ沢渓畔林で最も優占している樹木である（大住，2006）。しかし，腐朽木質基質はそもそもあまり多くない。実生がこの基質に依存するばかりでは，現在のように成木が優占する状態とはならないのではないだろうか。

また，鉱質土層タイプの基質は渓畔林を囲む斜面部によく見られる。そこでは落葉が流れ去るからだ。しかし渓畔林内のカツラは，水面からの比高が2～4mでかなり長い間安定している高位段丘面に偏って分布している。そこでは砂礫タイプはおろか，鉱質土層タイプの基質もほとんど出現しない。つまり，この解析の結果からは現在のカツラの分布は説明できないのである。

4. 各樹種の好適な基質は何か？

表3 一般化線形モデルによる環境因子の影響評価
「++」（または「--」）はその環境因子が，種子が実生となる確率に正の（または負の）影響をおよぼすことをあらわす。なお，一部の年においてのみ有意な影響がみられた場合は（+）か（-）であらわした（Masaki et al., 2007 より作成）。

樹種	基質タイプ			ギャップ	同種種子密度
	砂礫	鉱質土層	腐朽木質		
サワグルミ	++			(+)	(-)
カツラ	(+)	++	(+)		--
トチノキ					(-)
ブナ					--
イタヤカエデ				--	(-)

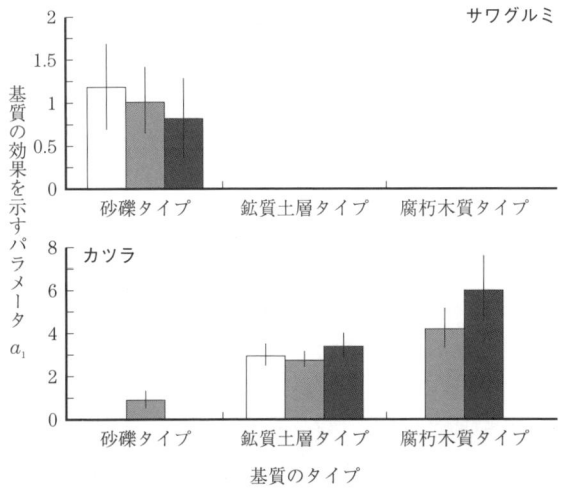

図4 カツラとサワグルミの種子から実生への段階における基質依存性 (Masaki et al., 2007 より作成)
□：1990年，■（灰）：1992年，■：1995年。縦線は標準誤差を示す。

図5 本葉を開いたばかりのカツラの当年生実生（撮影／星崎和彦氏）

4.3. 基質に鈍感なトチノキとブナ

ブナとトチノキは，カツラと対照的に種子のサイズが大きい。ブナの種子の重さは 0.12 g でカツラの約 200 倍である。トチノキの種子は日本の樹木の中での最重量クラスで，その重さは 6.0 g，カツラの 10,000 倍もある。このカヌマ沢でトチノキの研究をされている星崎さんの研究によれば，ブナ種子もトチノキ種子もネズミに好んで食べられている（星崎，2006）。このことから，砂礫タイプや鉱質土層タイプの多い（つまりリターの覆いの少ない）地点では種子がネズミに発見されやすく，出現率が下がると予想していた。

しかし，結果はそうではなかった（表3）。種子が実生となる確率において，基質タイプには統計学的に有意な影響が検出されなかったのである。トチノキは基質だけでなく，ギャップにも，自らの種子密度にも影響されていなかった。ブナは，自らの種子密度が高い地点では確率が下がる，という Janzen-Connell 仮説を支持するような結果が得られたが，基質やギャップの影響は見られなかった。

4.4. ギャップが苦手なイタヤカエデ

イタヤカエデは，ギャップのみに影響を受けていた（表3）。しかもそれは負の影響であるから，イタヤカエデはギャップでは更新しにくいことを示している。本書の第4章で清和さんは，播種実験によってイタヤカエデの種子の発芽率がギャップでかえって低下し，その原因はおそらく種子が乾燥に弱いためであろうと述べている。清和さんの研究は，野外で起こっている現象を実験によって確認したと言えるだろう。

5. 実生がどのように森林をつくっていくか

5.1. 種子から実生へのプロセスだけでは説明できない

さて，あらためて表3を見てみると，当初予想した基質による実生定着制限は，サワグルミとカツラを除いて見られない（何らかの基質からプラスの影響を受けるということは，その他の基質からはマイナスの影響，すなわち制限を受けているということである）。しかも上述の通り，カツラの場合はその作用が本当に成木の分布を左右しているとは言い切れないものがあ

る。

　したがって「渓畔林では基質ごとに実生定着制限がきめ細かく樹種ごとに作用する結果，多様な種が共存可能となる」という予想は外れたといってよい。少なくとも今回調べた，種子から実生までの過程を見る限りではなりたたなかったのである。

5.2. 実生の生態からイメージする森林の長期間の変化

　では，なぜ渓畔林で多様な種が存在できるのであろうか。筆者は2つの理由を考えている。

　1つは，芽生えてから数年間のふるまいが鍵となっている可能性だ。実際，樹木の分布は，実生の出現の段階よりもその後の生残と成長のプロセスに左右されるという報告は散見される。本章の前半で述べたように，渓畔林とブナ林でブナとイタヤカエデの実生の生残と成長が大きく異なり，それが両種の分布を規定していることは明らかである。これと同じような仕組みが，渓畔林の内部においても起こっているのかもしれない。

　2つ目は，さらに長期的な視点が必要かもしれない，という点である。前述の崎尾さんをはじめとする秩父の渓畔林の研究グループは，シオジの個体群が数百年前に起こった斜面崩壊を契機に成立したと推定している。つまり，樹木の個体群の更新は常にかつ徐々に行われているのではなく，断続的に，それも数百年に1回という頻度で行われている可能性があるのである。

　この研究では，基質や地形の影響を5年以上という年月をかけて調べたわけだが，それはほんの一瞬にすぎない。あるとき，大きな攪乱（地すべりや洪水など）が起こり，砂礫や鉱質土層タイプの基質がもっと大量に形成されるかもしれない。そういった出来事を契機にカツラが一気に更新する可能性があるし，トチノキやブナの実生も今のような安定した環境下とは異なる振る舞いを示すかもしれない。

　このような長期的な変動が渓畔林での多様な樹種の共存をもたらしている……これが筆者の予想である。今後は，これらの2つの仮説を念頭に研究を進めていくことになるであろう。

　樹木の寿命は百年以上におよぶ。カツラなどは少なく見積もっても500年以上生きると考えられている（大住，2006）。森林における樹木の分布の成立過程も，そのくらいの長い視点で分析しなければならないのだろう。

おわりに－芽生えが秘める可能性－

　実生は，それ自体はとても小さな存在である。しかし，実生の研究を続けていると，それはときに森林の将来の姿を左右する可能性を秘めていることが，実感としてわかってくる。そしてこの研究のように，そのほとんどが数年で消えていく実生から，数百年におよぶ森林の滔々たる営みがイメージできることもある。山で実生を見つめることは，実は森林を理解するための近道なのかもしれない。

　さて，本章の内容は，筆者が1993年～2002年に東北地方で研究していたときのものである。7年以上も続いた（そして今も続いている）気の長い研究が1人でできるわけがなく，多くの仲間と行ったものである。カヌマ沢でともに芽生えを見つめつづけた鈴木和次郎，大住克博，高橋和規，松根健二，星崎和彦，星野大介，山本シゲ子，関村和子，高野菊子の各氏に心より感謝を申し上げる。

参考文献

本章の内容が掲載されている原著論文

Masaki, T., K. Osumi, K. Takahashi & K. Hoshizaki. 2005. Seedling dynamics of *Acer mono* and *Fagus crenata*: an environmental filter limiting their adult distributions. *Plant Ecology* **177**: 189-199.

Masaki, T., K. Osumi, K. Takahashi, K. Hoshizaki, K. Matsune & W. Suzuki. 2007. Effects of substrate heterogeneity on seed-to-seedling process and tree coexistence in a riparian forest. *Ecological Research* **22**: 724-734.

その他の参考文献

星崎和彦　2006．トチノキの種子とネズミとの相互作用－ブナの豊凶で変わる散布と捕食のパターン　種生物学会（編）　森林の生態学：長期大規模研究からみえるもの，p. 63-82．文一総合出版．

大住克博　2006．カツラの生活史－攪乱依存種が極相を構成するパラドックス　種生物学会（編）　森林の生態学：長期大規模研究からみえるもの，p. 159-177．文一総合出版．

Sakio, H. 1997. Effects of natural disturbance on the regeneration of riparian forests in a Chichibu Mountains, central Japan. *Plant Ecology* **132**: 181-195.

Suzuki, W., K. Osumi, T. Masaki, K. Takahashi, H. Daimaru & K. Hoshizaki. 2002. Disturbance regimes and community structures of a riparian and an adjacent terrace stand in the Kanumazawa Riparian Research Forest, northern Japan. *Forest Ecology and Management* **157**: 285-301.

第2章　人工林を伐ると多様な植物が生えてくる

国際農林水産業研究センター　酒井　敦

はじめに——真っ暗な人工林から草木が生える

　最近新聞や本で図1（左）のような風景を見ることが多くなった。これはスギやヒノキの若い植林地（人工林）の内部の様子である。スギやヒノキなどの針葉樹は木材を利用するために戦後大量に山に植えられ，その面積は日本の森林面積の40%にも及んでいる。しかし，昭和40年代から外国産材が輸入されるようになり，日本の高度経済成長とともに外国産材の価格は安くなり，国産材の生産には逆に高いコストがかかるようになってしまった。その結果，せっかく植えられた植林地は手入れされなくなり図1（左）のような状態の山があちこちで見られるのである。このような人工林では林床（林内の地面）に植物がほとんど見られない。

　一方，図1（右）は間伐（木の成長を促進するため木を間引きすること）が行われたスギ林である。地面には隙間なく葉が生い茂り，植生調査をすれば何十種類もの植物が生育している。図1（左）のような状態の林も間伐をすれば，図1（右）のような状態に持っていけるのである。ではこの植生はいったいどこから来たのだろう？　本章では「人工林の植生回復には埋土種子が貢献している」という仮説のもとに，埋土種子の組成とはたらきを調べた研究とそれにまつわるトピックを紹介したい。

1. 埋土種子とは何か

　天然林の土壌にはさまざまな植物の種子が含まれていることがわかっている。これは埋土種子と呼ばれるものである（英語では土に埋まっている生

きた種子という意味で buried viable seed と言う)。土壌中の埋土種子の集まりを埋土種子集団といい，英語では soil seed bank などと言う。天然林で木が倒れて林冠ギャップができ，林内に日が当たるようになると (第5章)，今まで見られなかった植物が出現する。これは埋土種子集団のはたらきによるものである。一般に埋土種子は林内の安定した環境では発芽せず，倒木などによる環境変化が起きたときにそれを感知して発芽する。しかし，その仕組みは複雑で，種によってもさまざまな発芽機構があり，ここでは説明しきれない (第4章)。ここでは「埋土種子は環境変化を感知する仕組みがあり，明るくなると発芽する」というくらいの理解でよいだろう。

　天然林や雑木林などでは，広島大学の中越信和先生はじめ多くの先達により土壌の埋土種子集団の組成が詳しく調べられ，多くの埋土種子が存在することがわかっている (Nakagoshi, 1985)。では，スギやヒノキの人工林ではどうだろう？　人工林は天然林と同じく，木の集合体であるが，かなり特殊な生態系である。まず，天然林は一般に構成樹種が多く，木の大きさも大小さまざまである。人工林はほとんど単一の樹種で占められ，木の大きさも大体同じ，図1 (左) のように若い人工林では林床植生がほとんどなくなる。また，人工林は植えられた後数年間は下刈りといって，スギ・ヒノキの苗の成長を妨げる草木を刈り払う作業や，間伐などの人為的な影響を非常に強く受ける場所である。そのような場所ではどんな埋土種子がどれくらい存在しているのだろうか。またそれは人工林の植生にどんな影響を与えているのだろうか。

　筆者は学生時代からスギやヒノキ人工林の植生を見てきて，真っ暗な林に植生が回復する様子に興味を覚え，どんな埋土種子が含まれているのか調べてみたいと考えていた。そして日本有数の林業地帯である高知県 (森林総合研究所四国支所) に転勤してきたのを機会に，人工林の埋土種子組成とそのはたらきを研究テーマに選ぶことにしたのである。

2. 埋土種子組成を調べる

　埋土種子を調べるには大きく2つの方法がある。1つは土を篩にかけたり顕微鏡をのぞいたりして土から種子を直接より分ける方法 (直接検鏡法)，もう1つは土に含まれる種子を発芽させて実生を数える方法 (発芽試験法)

図1　林床植生がほとんどないスギ林（左）と林床植生がよく発達したスギ林（右）

で，どちらもそれぞれ得失がある（露崎，1990）。

2.1. 直接検鏡法

　土壌から直接種子をより分ける方法は，森林で埋土種子組成を調べた草分けといえる沼田眞先生や前述の中越先生が採用していた方法である。この方法は土壌中の種子を徹底的に探し出して調べるため，サンプル土壌に含まれる埋土種子組成をかなり正確に把握することができる。しかし，土の中から種子を取り出す作業は非常に手間がかかる。アカメガシワやミズキのように比較的大きな種子であれば容易に取り出せるが，ヒサカキのように種子が黒くて砂粒のように小さいもの，さらにヒメムカシヨモギやノリウツギのような埃のように小さい種子を分離するのは難しい。こういう種子まで取り出すには，土を炭酸カルシウム溶液等に浸し，浮いてきたゴミの中から種子を分けたり，遠心分離機にかけたりという作業が必要になってくる（露崎，1990）。

2.2. 発芽試験法

こうした手法で問題なのは，煩雑さのために処理できるサンプル量が限られてしまうことである。埋土種子組成を推定するために必要な土壌の量がいくつか検証されているが，筆者が高知県の人工林で調査した事例では40,000 cm^3（約90 cm四方×深さ5 cm）くらいの土壌を集めないと埋土種子の構成種を十分に検出できないという結果を得ている。これくらいの量になると種子を直接より分ける方法では間に合わない。さらに，直接検鏡法では取り出した種子が生きているか死んでいるか確認するために，種子を1つ1つつぶして胚の様子を見たり，試薬を使用する必要があり（**第7章**），ここでまた手間がかかってしまう。

こうした煩雑さを軽減し，発芽能力を持った種子を効率的に見つける方法が，実生を数える方法（発芽試験法）である。これは土壌を調査地から持ってきて日なたに広げて発芽してきた実生を数えるだけでよい。この方法だと経験的にかなり大量のサンプルを同時に処理することができる。とはいえ，実生の同定（種を特定すること）や実生を枯らさないための水の管理など厄介な問題がないわけではない。

発芽試験法の困ったところは，調査時期を選べないことである。この方法は種子が発芽する春先（3月〜4月）に行うのが一般的である。この方法だとこの季節の埋土種子組成しかわからず，中越先生が行ったような埋土種子組成の季節変化は把握できない。さらに，種子の中には発芽に必要な条件が揃っても発芽しない「休眠」を示すものがあり，土壌に埋土種子が含まれているのに発芽しない場合がある。また発芽試験をしている最中に種子が死んでしまうとその種子は埋土種子としてカウントされなくなってしまう。そんなわけで発芽試験法は実際の埋土種子の組成を過小に評価しているという報告がある（Brown, 1992）。そのような欠点はあるが，大量のサンプルを同時に処理できるという利点があるため，最近はこの方法で埋土種子組成が調べられることが多い。

2.3. 発芽した実生を同定する

筆者が最初に発芽試験法で埋土種子を調べたときには，当然ながら実生の見分けがつかなかった。森林総合研究所本所（つくば市）の先輩の調査につ

図 2　タケニグサの実生
発芽後 12 日。タケニグサはスギやヒノキ人工林の伐採跡地によく見られる背の高い草である。大きな草も芽生えた当初は小さく可憐である。

いて行って，樹木の実生を数える調査は行ったことはあったが，それは高木性の広葉樹に限られており，草を含めたさまざまな種の実生を同定するのは初めてである。実生の形態について図や写真で解説された本もすでにあった（浅野，1995）が，収録されていない種も多く，何より実際に自分で実生を見てみないと感覚がつかめない。こうして最初は手探りの状態から実生の同定を始めた。

　最初に埋土種子を調べた人工林は，スギとヒノキが混交した 75 年生の高齢林（スギやヒノキの寿命を考えると 75 年生ではまだ思春期くらいだが，木材をとる林分としては一般に高齢林と呼ばれている）である。山から持ってきた土壌サンプルから落ち葉や根や石など余計なものを取り除き，市販のプランターに入れてガラス温室に置いた。3 月中旬から試験を始めたが，試験を開始して 3 日後にはもう 3 本の実生が出てきたので，つま楊枝にナンバーテープをつけて 1 本 1 本標識をした。このような旗を立てるのは，**第 8 章**でも紹介されているように実生調査の定石である。最初の 1 週間は 1 日 1 本くらいのペースでこんなものかと思っていたが，日を追うごとに指数関数的に実生が増えてくる。初めのうちは種名がわからないので「ケダラケ」とか「スベスベ」とか「ミッ○ーマウス（ミヤマタニソバの実生はそんなイメージだった）」とか適当な名前をつけていく。そのうち 1 日あたり 100 本も実生が出るようになり，旗を作って立てるだけでも結構な手間であった。大多数の実生は子葉が開いた段階では種名がわからず，同定できる大きさになるまで待たないといけない（図 2）。種名がわかる前に枯死して結局何の実生かわからないというのも，終わってみると全体の 10％くらいあった。

　同定はどれも難しかったが，キイチゴのなかまは種類が多いうえ最初は同じような姿をしているので注意が必要だった（図 3）。キイチゴ属は結果的

図3 キイチゴ属の実生
a：クマイチゴ（発芽後12日），b：クマイチゴ（aと同じ個体；発芽後49日），c：ナガバモミジイチゴ（発芽後36日），d：クサイチゴ（発芽後53日）。スケールは1目盛り1mm。

に4種あったのだが，子葉の段階での同定はまず無理で，本葉が出てきても最初の2，3枚では区別できない。本葉が5枚くらい出てようやくその種特有の特徴が出て名前がわかるのである。見分けるポイントは，クマイチゴは本葉の表面に細かいしわが寄ったようになる，ナガバモミジイチゴは本葉が細長く先がとがり光沢がある，クサイチゴは本葉が3小葉に分かれる，フユイチゴは鋸歯の先がとがり腺毛が目立つ，などである。

同定のために最初はイラストを描いていたのだが，写真も撮っておこうと途中で思いつき，接写用のレンズを買って一眼レフカメラに取り付け，実生の写真を撮り始めた（当時デジタルカメラはまだ普及していなかった）。カメラは当然マニュアルで操作するのだが，接写する場合の露出と絞りの調節がよくわからず，写真全体が暗くなったり，実生が真っ白になったり，ピントが合っていなかったり，ずいぶんフィルムを無駄に使ってしまった。しかし，こうして撮りためた写真が後に思わぬところで役立つことになる。

2.4. 面積$1\,m^2$に1,000個以上の埋土種子

こうして6月には新しい実生が出るのは収束し，同定作業も進んでいった。最終的にこの75年生の人工林からは67種（木本35種，草本32種），$1\,m^2$あたり1,064個の埋土種子があったと推定された。1つの場所から埋土種子が67種という数字は，海外も含め，これまでの報告と比較してかなり多い数字である。今回はサンプル土壌が$108{,}000\,cm^3$，面積に換算すると$2.1\,m^2$

と，それまでの埋土種子の調査に比べるとかなり大量なので，検出される埋土種子の種数も多くなったと考えられる。また，調査を始めたときには意識していなかったが，調査地に選んだ場所が広葉樹林に近かったため，そこからさまざまな種子が持ち込まれていたと考えられる。いずれにせよ，人工林は非常に豊富な埋土種子を持つ可能性があることが示された。

　フィールドワーク系の調査は，時に単調で退屈な作業を辛抱強く続けなければならない。しかし，この実生を数える作業は，はじめ何もない真っ黒い土の表面に，さまざまな個性を持った実生が次々にあらわれるので，心躍る瞬間の連続であった（この感覚は**第4章**の清和さんや**第9章**の陶山さんと同じである）。そういう感覚があればこそ，他の人から見たら退かれてしまうような作業も続けることができるのだと思う。しかし，高知市は5月にもなるとヤブ蚊が来襲してきて，楽しんでばかりもいられなくなった。

3. 人工林にはどんな埋土種子があるのか

3.1. バラエティ豊かな顔ぶれ

　こうして調べた埋土種子組成の結果が**表1**である。コガクウツギという低木の種子が全体の半分近くを占めている。これは西日本の人工林の林床によく見られる低木で，比較的暗い林内でも花を咲かせ種子を生産することができる。次に多いのがカヤツリグサ，ハシカグサなどの草本である。これは日当たりのよい場所に生える草で人工林の暗い林床にはあまり見られない。次に多いのはクサイチゴ，ヤブウツギ，タラノキなどの低木類で，これも日当たりのよい場所に好んで生える。高木種ではモミやヒサカキなど耐陰性の強い種の他，アカメガシワ，カラスザンショウ，ヌルデなど伐採跡地によく出てくる，いわゆる先駆種も数多く見られた。**表1**では埋土種子数が$1\,m^2$あたり5個以上のものしか載せていないが，それより少ない種は42種もあり，実にさまざまな種から成り立っていることがわかる。

　この75年生の人工林には多くの埋土種子があることがわかったが，1か所だけのデータでは，たまたまその場所だけ豊富だったのだろうと言われたときに反論できない。より一般的な結論を得るためには複数の林で調査する必要がある。

表1 75年生の針葉樹人工林の主な埋土種子組成（上位25種）(Sakai et al., 2005 による)

生活型	種名	埋土種子数[a] (個/m²)	出現頻度 (%)	種子散布型[b]
高木	リョウブ	19.0	57	W
	ヒサカキ	12.9	34	F
	モミ	11.0	40	W
	ヌルデ	7.1	29	F
	アカメガシワ	7.1	26	F
	カラスザンショウ	7.1	31	F
低木	コガクウツギ	491.4	91	W
	クサイチゴ	38.6	54	F
	ヤブウツギ	27.6	49	W
	タラノキ	27.6	43	F
	クマイチゴ	14.3	40	F
	ヒメコウゾ	12.4	31	F
	マルバウツギ	6.7	14	W
	ナガバモミジイチゴ	6.2	26	F
多年生草本	コナスビ	25.7	40	G
	タケニグサ	9.0	23	G
	チヂミザサ	8.1	26	G
	タチツボスミレ	7.1	23	G
	タニギキョウ	6.2	14	G
	ヤマスズメノヒエ	5.7	20	G
一年生草本	カヤツリグサ	86.2	71	G
	ハシカグサ	53.8	46	G
	ミズ	5.7	11	G
	ヒメムカシヨモギ	5.2	20	W
つる	マタタビ	6.2	26	F
	その他42種	69.9		
	不明	86.2		
	合計67種	1064.0		

[a] 種子数が5個/m²以上の種を示す
[b] W：風散布，F：動物被食散布，G：重力散布

3.2. 天然林をしのぐ種数

最初の調査で実生の見分け方もわかってきたので，次の年からは調査地の数を増やし，さまざまな林齢の人工林の埋土種子の組成を調べた．また，人

表2 さまざまな森林の埋土種子組成

構成樹種	林齢（年）	種数[a]	埋土種子数（個/m^2）
スギ人工林	18	46	1,155
スギ人工林	29	33	383
スギ人工林	30	42	422
スギ・ヒノキ人工林	75	54	1,064
ヒノキ人工林	80	37	475
ヒノキ人工林	80	39	814
天然林（ヒノキ・ツガ・カシ類）	−	29	386

a：サンプル面積を1m^2としたときの計算値

工林と比較するために天然林でも同様に調査した。調査するたびに見たことのない実生が出てくるので，そういうものは写真に撮り後の同定に役立てた。こうして3年をかけて7か所で森林の埋土種子を調べた。表2はその結果を簡単にまとめたものである。採取した土壌サンプルの量は調査地によってばらついていたため，比較するにはデータを加工する必要がある。というのも，埋土種子の種数は土壌サンプルの量が増えると検出される種数も増加するからである。この種数が増加するカーブは対数式で近似することができ，ある程度サンプルが集まると種数の増加は緩やかになる。表2では累積調査面積が1m^2の時の種数を示している。

　これを見るとスギやヒノキの人工林は（高知県という限定がつくが）どの林齢でも30種以上の埋土種子が存在することがわかる。天然林では種数が29種であるから，それと比べると人工林の埋土種子集団は種数の上では豊富であるといえる。人工林の埋土種子構成種はどの場所もよく似ており，アカメガシワ，ヒサカキ，コガクウツギ，キイチゴ類，タケニグサ，コナスビ，ハシカグサなどは出現頻度の高い種である。

　スギ・ヒノキの人工林を，木材をとるために皆伐（ある一定地域の木をすべて伐採すること）すると，林床植生とはかなり組成が異なる植生が発達する（図4）。これらの伐採跡地植生を構成する種の多くは埋土種子にも見られた種である。このことから，人工林の土壌には（少なくとも高知県では）豊富な埋土種子集団が存在し，木が伐採されてもすぐに新しい植生に置き換われる機能を持っているといえる。本章の冒頭で触れた，間伐後の植生回復も同様に埋土種子集団が貢献していると考えられる。しかし，間伐後何年か

図4 ヒノキ人工林の伐採跡地の植生
カラスザンショウ，アカメガシワ，ススキなど何十種類もの植物から構成される。その多くは埋土種子由来である。

すると林冠に空いたギャップは再び閉鎖し，アカメガシワやタラノキなど耐陰性の低い種は衰退してしまう。林床植生として最後まで生き延びるのはヒサカキやヤブムラサキなど耐陰性の高い種である。

3.3. 埋土種子はどこから来るのか

　埋土種子を調査していて気になるのが，この埋土種子たちはいったいどこから来たのかということである。図5（上）は表1の埋土種子の種数を生活型と種子散布型に分けて描いたものである。種子散布型とは種子が何によって散布されるかを分類したもので，風散布，動物被食散布，貯食散布，重力散布などに分けられる（中西，1994）。これを見ると高木や低木，つる植物の埋土種子は，動物被食散布や風散布が多いことがわかる。

　風散布は文字通り風によって運ばれる散布様式で説明の必要はないと思うが，動物被食散布種子は果実や種子が動物に食べられ，排泄時に散布される（第7章）。樹木の果実を食べるような動物，すなわち果実食の鳥類やテンなどの動物の行動範囲は数十メートルから数百メートルに及ぶので，種子は広範囲にばらまかれる。人工林というとあまり動物がいないイメージを持つ人が多いと思うが，スギやヒノキ人工林で鳥類の生息状況を調べたところ，意外に果実食の鳥類が多くいることがわかった（佐藤・酒井，2005）。人工林は林冠が単一樹種で占められているが，人工林の周辺部——日当たりのよい林縁や林道わきなど——では鳥が好む果実をつけるアカメガシワやタラノキなどがたくさん分布しており，ここから種子が散布されて埋土種子になってい

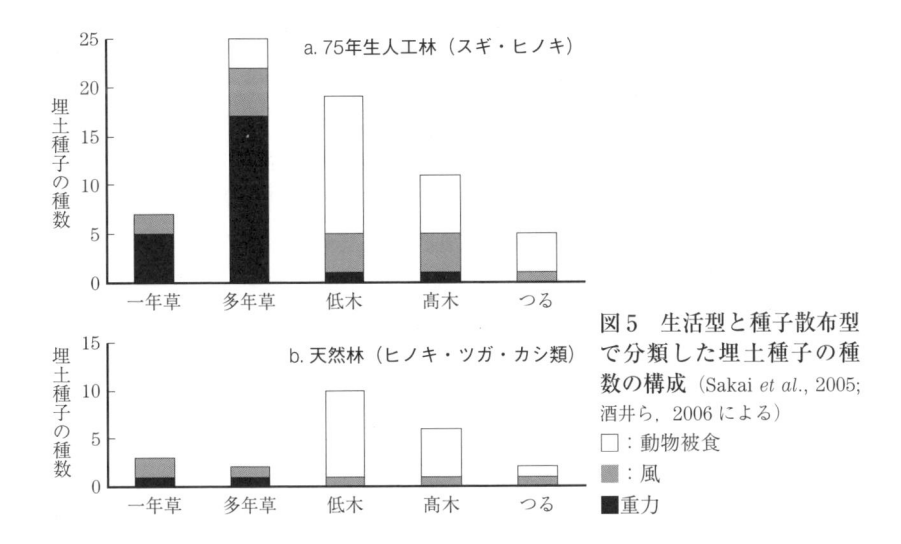

図5 生活型と種子散布型で分類した埋土種子の種数の構成 (Sakai et al., 2005; 酒井ら, 2006による)
□：動物被食
▨：風
■：重力

a. 75年生人工林（スギ・ヒノキ）
b. 天然林（ヒノキ・ツガ・カシ類）

ると考えられる。

　それでは，草本種に重力散布種子が多い（図5-a）のはどう解釈したらよいのだろう？　重力散布は種子または果実に特別な散布システムがなく，重力によってポトンと落ちるような種子のことである。表1にあるタケニグサやタチツボスミレの種子はアリによって散布されることが知られているが，その散布距離はそれほど長くない（中西，1994）ということで，ここでは重力散布種子とした。

　カヤツリグサやタケニグサは明るい環境を好み，林内で実をつけるどころか生存すらできない。しかもこれらの種子には移動能力がないのになぜ人工林の土壌に存在しているのだろうか？　ここから先は推測になるが，カヤツリグサやタケニグサの種子は何十年というスケールで土壌の中で生存できるのではないだろうか。すなわち，人工林の木がまだ植えられたばかりで，光が十分に利用できるときに成長した親が種子を生産し，そのままその場で埋土種子になったのではないだろうか。天然林の埋土種子組成を見ると（図5-b）草本種が人工林と比較して著しく少ない。天然林は人工林と違って，皆伐のような全面的かつ大規模な攪乱が少ない。従って，天然林の中では草本の種子が生産される機会が少ないため草本の埋土種子が少ないのではないかと筆者は考えている。

3.4. 地中で何十年も生きる種子

かなり昔（大正時代～昭和初期！）の実験であるが，林業試験場（森林総合研究所の前身）の小山光男氏はいろいろな樹木の種子を地中に埋め，どれくらい土の中で生存するのか調べた。この研究は小山氏が亡くなったあと小澤準二郎氏に引き継がれ，数年ごとに掘り出しては生存率が調べられた。その結果，アカメガシワで20年以上，ヌルデで50年以上，ホオノキは100年以上（実際に100年埋めたのではなく，23年間の埋土実験による生存曲線から生存年数を推測した）生存するであろうという結果が得られた（小澤，1950）。長い寿命を持つことは埋土種子になる重要な条件であると考えられる。

一方，コガクウツギやヒサカキ，チヂミザサなどは暗い人工林の林床でも花をつけ実をつけることができる。このような耐陰性の高い種が人工林内にあれば，その場で種子を生産し埋土種子を供給することが可能であろう。表1でコガクウツギの埋土種子が多かったのは，林内に成熟したコガクウツギが多くあったからである。以上をまとめると，散布距離が長い種子，長い期間生存できる種子，暗い環境でも生産される種子が埋土種子になりやすいと言えるだろう。

4. 埋土種子だけで森林が回復するのか

4.1. 多ければいいというものではない

針葉樹人工林には（くどいようだが，少なくとも高知県においては）埋土種子が豊富にあり，伐採後の植生回復に貢献していることがわかった。ここで注意しなければいけないのは，埋土種子の数が多いからといって，その種が伐採後の植生で支配的になるとは限らないということである。図6は種子の重さと埋土種子がフィールドで実生になる割合の関係を示したものである。コガクウツギのような小さい種子は，埋土種子から実生になる過程での死亡率が高い。一方，ヌルデのような（今回比較したなかでは）大きい種子は埋土種子の数が少なくても実生になる確率が高いことがうかがえる。さらにベニバナボロギクなどの草本やアカメガシワなどの先駆樹種は，発芽してからの成長が早いため，個体数は少なくても他の植物より目立つ。つまり，

伐採跡地で優占できるかどうかに焦点を合わせると，埋土種子の数ではなく，埋土種子の発芽率や実生の生存率，成長速度が重要であると考えられる。

伐採跡地を観察すると，伐採の最初の年はベニバナボロギクやダンドボロギクが優占し，伐採後2～3年目はクマイチゴやタケニグサが優占し，それ以降はアカメガシワ，カラスザンショウ，ヌルデ（この3種を筆者は伐採跡地の御三家と呼んでいる）が優占する。このように植生の組成が時間を追って変化していくことを植生遷移 plant succession という。ただ観察しているだけだと，次々に違う種が入って来るように見えるが，プロットを作って丁寧に調査してみると，伐採して最初の1年にほぼすべての種の実生が出そろっていることがわかった。

4.2. 万能ではない埋土種子

最近は，針葉樹人工林を皆伐したあとに，経済的な理由や後継者問題などから再植林できず，自然の成り行きに任せる場所が増えており，そうした場所がどんな植生になるかが関心を呼んでいる。これまで見てきたように，針葉樹人工林は伐採されても，埋土種子集団のはたらきですぐに植生が回復する。しかし，その中身を見ると寿命の短い先駆性樹種や草本が主体であり，その地域の自然林を代表するような構成種，例えばブナ科の樹木やモミ，ツガなどが見られない場合がある。特にブナ，ミズナラ，アカガシ，ウラジロガシなどのブナ科樹木は日本の自然林を構成する屋台骨といえる樹種である。こうした樹種は種子の寿命が短く，ほとんどの種子が暗い森林の中でも発芽して実生になるため埋土種子にならない（第5章）。従って，埋土種子は植生を回復させる機能はあるものの，その地域の自然林を代表する樹種まではカバーしていない。従って，人工林の潜在的な植生回復能力は埋土種子集団だけでなく，ブナ科樹木などの高木性の実生がどれくらい林床にストックされているかで決まると考えられる（Sakai *et al.*, 2006）。

また，上記とはまったく違う理由で植生が回復しない場合もある。西日本を中心に，人工林の皆伐後，森林が回復せずススキやシダの草原になっている場所が見られるようになった（図7）。こうした場所はほぼ例外なく，ニホンジカが異常に増加している場所である。こうした場所では，埋土種子集団やブナ科などの高木性の稚樹が存在していても，増えすぎたニホンジカのためにほとんど食べられてしまい，シカが好まなくて繁殖力の強いススキや

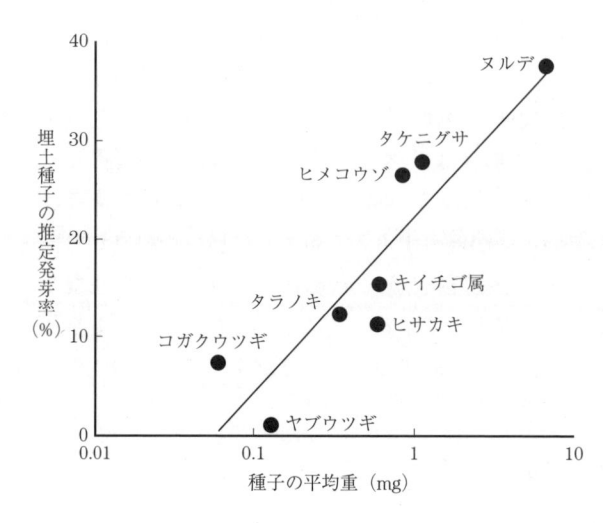

図6 人工林の皆伐跡地における埋土種子の重さと野外における推定発芽率の関係（Sakai et al., 2005による）
推定発芽率は（伐採後に野外で観察された実生数）／（埋土種子数）×100。横軸が対数軸になっていることに注意。

シダ類（ワラビ，ウラジロ，イワヒメワラビなど）が優勢になると考えられている。そのような場所は狩猟による頭数制限など別な対策が必要であろう。

5．ウェブサイト「芽ばえ図鑑」～研究の副産物～

　埋土種子の発芽試験をした際，同定と記録用に撮影した実生の写真がだいぶたまってきた。書店には数多くの図鑑が並べられ，特に植物では種子図鑑や樹皮図鑑など特殊な図鑑も多い。しかし，実生を扱った図鑑は少なく，あったとしても木本類を十分カバーしているとはいえなかった。そこで，これまで撮りためた写真を集めて，誰でも利用できるようにウェブサイトで公開しようと思い立った。初期にマニュアルカメラで撮った写真はフィルムスキャナーに取り込んでデジタル化した。しかし，最初から公開しようとして撮ったものではなく，またほとんどが失敗した写真なので，使える画像を探すのに手間取った。わりとよく撮れていた68種を選び，簡単な解説を加えて2002年5月17日に森林総合研究所四国支所のホームページにウェブサイト「芽ばえ図鑑」（図8）を公開した（最初は「図鑑」と名付けるのは気が引けたので「芽ばえ写真集」というタイトルだった）。

　その後，デジタルカメラという便利なモノが普及してきたので，そちらを使い始めるようになった。新しい実生の写真がたまると更新したが，埋土種

図7 ススキ草原になってしまった人工林の皆伐跡地
中に入ってみても高木性樹木の実生はほとんど見られない。図4との違いは歴然である。

図8 「芽ばえ図鑑」のタイトルページ
写真はアカメガシワ（中央），イイギリ（左上），ヨモギ（右上）ヒノキ（右下），サネカズラ（左下）。

子の実生だけではカバーできる種に限りが出てくる。前述したようにブナ科の樹木など埋土種子になりにくい種はたくさんある。そこで，秋から冬にかけて今まで収録されていない植物の種子を採集して，翌春に種子を発芽させ実生を撮影することを始めた。採集した種子は冬の間，四国支所のスギ人工林の土に埋めておき，春になったら掘り出して鉢に入れ，陽の当たる場所に置いた。あとは実生が出てきたら撮影するだけである。山から持ってきた土壌サンプルの実生を待つのは，何が出てくるかわからないという楽しみはあるが，撮影できる種がどうしても限られてしまう。また，それと併行して野外調査で実生を見つけたときも写真を撮るようにした。こうした方法で撮り始めてからは，カエデやブナなど収録する種に幅が出てきた。

こうして2006年8月までに収録種数は138種となり，「図鑑」という名前をつけても何とか許されるレベルになったのではないかと思う。ここまで

読んで頂いた読者はもうお気づきと思うが，このウェブサイトはかなり行き当たりばったりの経緯でつくられた。しかし，研究を始めるきっかけや経緯は，他の章を読んでもわかるように，偶然やなりゆきに支配されることが多いものである。このウェブサイトは埋土種子調査や野外調査の参考となるだけでなく，植物の形態の多様性を垣間見ることのできる場である。一度アクセスして「芽ばえ」の世界を楽しんでいただければ幸いである。「芽ばえ図鑑」へは，森林総合研究所四国支所のホームページ（http://www.ffpri-skk.affrc.go.jp/）から，「芽ばえ図鑑」をクリックすれば入ることができる。

参考文献

◆本章の内容が掲載されている原著論文

Sakai, A., S. Sato, T. Sakai, S. Kuramoto & R. Tabuchi. 2005. A soil seed bank in a mature conifer plantation and establishment of seedlings after clearcutting in southwest Japan. *Journal of Forest Research* **10**: 295-304.

Sakai, A., T. Hirayama, S. Oshioka, & Y. Hirata. 2006. Effects of elevation and postharvest disturbance on the composition of vegetation established after the clear-cut harvest of conifer plantations in southern Shikoku, Japan. *Journal of Forest Research* **11**: 253-265.

酒井敦・酒井武・倉本惠生・佐藤重穂　2006．四国の中標高域における天然林とこれに隣接する針葉樹人工林の埋土種子組成　森林立地 **48**(2): 85-90．

◆専門的な文献

浅野貞夫　1995．原色図鑑　実生とたね－植物3態／実生・種子・成植物－　全国農村教育協会．

Brown, D. 1992. Estimating the composition of a forest seed bank: a comparison of the seed extraction and seedling emergence methods. *Canadian Journal of Botany* **70**: 1603-1612.

Nakagoshi, N. 1985. Buried viable seeds in temperate forests. *In*: White, J. J. (eds.) The population structure of vegetation, p.551-570. Dr W. Junk Publishers, Dordrecht.

中西弘樹　1994．種子はひろがる　平凡社．

小澤準二郎　1950．土中に埋もれた林木種子の発芽力　林業試験集報 **58**: 25-43．

佐藤重穂・酒井敦　2005．暖帯林人工林における果実食鳥類群集の季節変動と先駆性樹種の果実熟期の対応関係．森林応用研究 **14**: 35-40．

露崎史朗　1990．埋土種子集団の研究法－種子の教材利用－　生物教材 **25**: 9-20．

第2部
環境に敏感な芽生えの姿

第3章　地形と実生の関係がもたらす森林の構造

鳥取大学地域学部地域環境学科　永松　大

はじめに——森林と地形

　日本の森は温暖な気候と豊かな雨，不安定で複雑な地形のもとにつくられている。幾多の渓谷があり，痩せた尾根があり，そこにさまざまな森ができあがっている。

　森の多様さは遠く離れた場所どうしを比較しなくても，数十メートルの高さの尾根に谷底から登ってみれば谷底から斜面，尾根の上と生えている木が変わっていくことで実感できる。この違いはどうして生まれるのだろう。この章では尾根－谷という地形がつくりだす森の多様性について，実生から考えた結果について紹介する。

　まずは尾根－斜面－谷という地形の入れ物の中で木が，森がどのように違っているのかについて述べていく。森の空間構造が見えてくると，次にはそれができあがるメカニズムを知りたくなる。その目的のため，実生の大規模野外実験に取り組んだ。大きくて丈夫な樹木の分布が，その生活のはじまり，弱々しい実生のふるまいとどのように関係しているのか，について紹介してみたい。

　この章は自らの大学院時代の研究をなぞったものである。一大学院生の研究日誌としても読んでいただけると幸いである。

1. 地形によって異なる植物——野山を駆けながら感じた疑問

　まだ自分の進むべき専門分野を決めかねていた大学の学部生時代，私は野山を走り回った。競技オリエンテーリングのために文字通り走り回っていた

のだ。これは野外活動のレクリエーションではなく，野山を猛スピードで駆け回るタイムレースで，選手としては芽が出なかったが，とにかく日本中のいろいろな里山を見る機会に恵まれた。

　明るいけれどもササやぶの多い東北の落葉樹林，手入れが行き届いた静岡のスギ人工林，谷地が入り組んで複雑な地形の関東の里山……。競技では地図から地形と通行可能度を読み取り，最短のルートを見つけて一目散に走ることが必要である。しかし私は最短の経路でなく，回り道をして出くわす多様な森の姿に次第に興味を持つようになった。

　なじみの深かった東北地方南部の丘陵地はブナ林（冷温帯）と照葉樹林（暖温帯）の境界域にあたり，モミやイヌブナの多い針広混交林（中間温帯林）（山中，1979）である。仙台市にある東北大学附属植物園の森には典型的な自然植生がよく残されている。この森を例として私が疑問を持った地形と森林との関係（森林構造の地形的分化）を見てみよう。

　図1は植物園自然森内の典型的な場所で尾根から谷までの森林断面を模式的にあらわしたものである。尾根やそれに続く緩斜面にはモミやアカマツなどの常緑針葉樹とイヌブナやコナラ，アカシデといった落葉広葉樹が多く，それらとアカガシやアラカシなど常緑広葉樹が混じる林ができあがっている。直径150 cmに達するモミが見られる成熟した林である。図には描き込んでいないが，森林の下層はササ（スズタケ）が広範囲に覆っている。

　スズタケをかき分けながら林を谷に向かって下り，谷近くの急斜面までくると林は大きく様相を変える。イイギリやミズキ，アワブキに代表される落葉広葉樹中心の林があらわれる。全般に細く樹齢の若い木で構成される林で，下層にはアオキやシロダモといった常緑広葉樹の低木が多くなり，ササはほとんど見られなくなる。スズタケをかき分けて歩いてきた身にはその林の変化は劇的に映る。地形の変化にともなって樹木が交代し，林の様子も大きく違う，このような構造をつくりあげる樹木のいとなみとはどんなものなのだろう。どのように維持されているのだろう。森林の空間構造を地形という場との関係から調べてみたいと考えた。

　と，いかにもスムーズに研究を始めたかのように書いてきたが，当時は自分で何をやりたいのか上手く表現できず，進路と研究内容に関する悩みは深かった。これを導いて下さったのが指導教官であった菊池多賀夫さん，三浦修さんであった。適切な指導に恵まれて丘陵地斜面における植生の違いを明

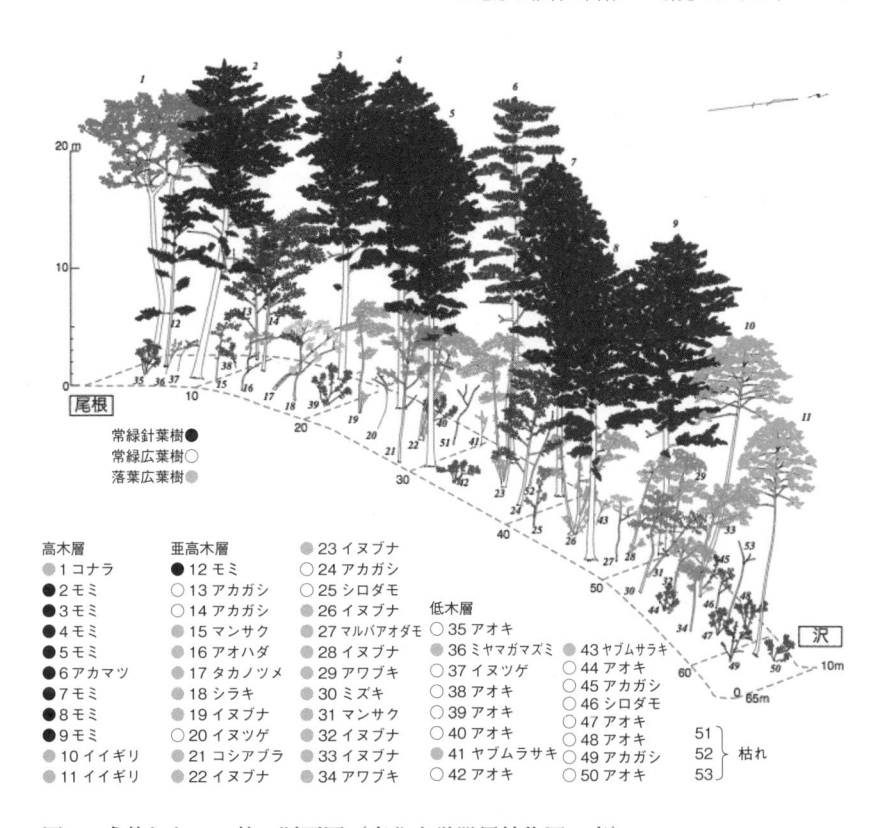

図1 成熟したモミ林の断面図（東北大学附属植物園の森）提供：東北大学植物園

らかにする研究を開始した。

2. 地形と植物の関係——研究のはじまり

　ところで，程度の差こそあれ植物の分布が地形に影響されていること自体は周知の事実である。その先に続く「具体的な影響の受け方とそのメカニズム」もまた素朴な疑問ではあるが，古今東西の多くの植生研究者の興味をかきたて，世界中で繰り返し報告されてきた。さまざまな成因を持つ「地形」と植物分布の具体的関係の報告は途切れることなく続いており，この問題の注目度の高さを見て取れる。残念なのは世界中の地域ごとに地質，気候などの条件が違いすぎて「地形と植物の関係」を一般化するのが困難な点である。

研究の流れが整理しにくく，知見の積み重ねと研究上のブレイクスルーが見えにくい結果となっている。

ただし不安定で複雑な地形を持つ日本列島の中に話を限ればかなり流れは鮮明になる。国内では近年，多くの研究者が丘陵地の上部斜面域と下部斜面域の違いについて重要な指摘を続けてきた。例えば小さな斜面崩壊が頻発する房総丘陵では，遷移後期の群落をつくる樹木は尾根側に，遷移初期に出現する樹木は谷側にかたよって出現することが報告されている（酒井，1995）。奄美大島では，成熟したシイ林は上部斜面域に限って成立しており，下部域には小さい個体ばかりが生育していて出現種にも多少の違いがあることが指摘されている（Hara et al., 1996）。

私自身もこれらの研究と同時期に同様のコンセプトで，丘陵地斜面における植生の違いを丹念に調べた。その結果，先の報告と同様に上部斜面域と下部斜面域の植生の違いにたどり着いた。さらに，合わせて行った土壌調査から，上部斜面域には地表の攪乱がほとんどなく，下部域の土壌には常に侵食や堆積の攪乱痕跡がみとめられることも見いだした（Nagamatsu & Miura, 1997）。上部斜面域の尾根・緩斜面と下部域にあたる凹形状の急斜面に生育する樹木に違いが見られることは沖縄島でも同様に指摘されている（Enoki, 2003）。小さな起伏が連続しさまざまな地形形成作用がコンパクトにまとまっている丘陵地斜面では，上部斜面域と下部斜面域という単位で，出現する植物の総体としての「植生」が異なり，地表面の攪乱の有無という点で両者の環境に大きな違いがみとめられるのである。

上部斜面域と下部斜面域の違いとはなにか？　丘陵地斜面を，固有の形態的な特徴を持ついくつかの部分に分割した「微地形単位」（田村，1996）を使って見ていこう。図２は Nagamatsu & Miura（1997）が用いた，丘陵地の微地形分類を示している。ここでは丘陵地斜面を７つの微地形単位に分割している。各微地形はそれぞれ異なる成因によってできたものである。総じて上部斜面域の微地形単位（頂部斜面，上部谷壁斜面，谷頭凹地）は数千年〜１万年単位で地表が安定している部分，下部斜面域の微地形単位（下部谷壁斜面，麓部斜面，氾濫原段丘，谷底面）は斜面の表層崩壊や谷底を流れる河川の侵食・堆積作用により数千年単位で地形変化が活発な部分に一致している。「侵食前線」という斜面上の傾斜変換線が両者の境界をなす。前述した植生の分化はこの２つの斜面域に対応している。微地形単位の成因から考え

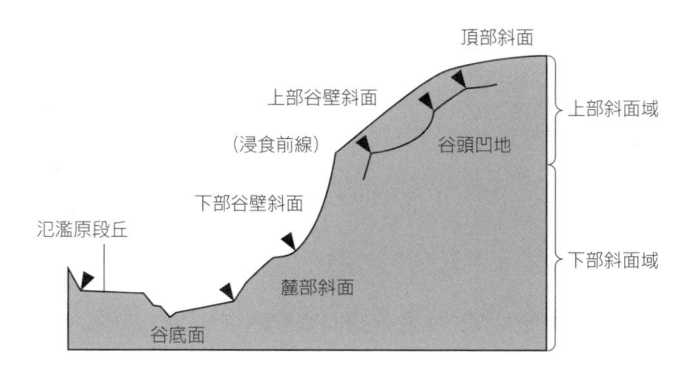

図2 斜面の微地形分類（断面図）
(Nagamatsu & Miura 1997 をもとに描く)

て植生の分化には地表面の攪乱が重要な成因として仮定され，かつ実際にこれを支持する地表攪乱の痕跡が見つかっているわけである．なお，丘陵地微地形分類の詳細は菊池（2001）に詳しい．

3. 野外播種実験に向かって――研究の展開

3.1. 重要な出会い

　修士論文として私がこれらの研究をまとめた頃，先ほど紹介した房総丘陵の研究をしておられた酒井暁子さんが理学部の同じ研究室に来られることになり，机を並べる幸運を得た．酒井さんや，専門は異なるが，研究に理解のあった彦坂幸毅さんとのディスカッションが研究進展の大きな原動力となり，野外での播種実験へとつながっていった．博士論文ではこれまで説明したような丘陵地の植生構造ができあがるメカニズムを，さらに掘り下げて研究することにした．博士論文の柱の1つとなった野外の播種実験について以下に紹介しよう．

　同じ頃に本書の**第4章**で種子サイズと実生の成長パターンについて執筆しておられる実生の専門家，清和研二さんが東北大学農学部に赴任してこられた．私と酒井さんは早速，清和さんの研究室に出入りするようになった．3人でセミナーを行い，野外を歩くなかで，斜面地形による樹木分布の違いを実生のふるまいから考えるための実生の野外実験が具体化していった．実態は清和さんや酒井さんに頼りきりだったが，ディスカッションから実験計画の策定，下準備へとテンポ良く事態が展開した．研究の醍醐味が少しわ

かったような気がした。まだ見ぬ実験結果をイメージし，わくわくしながら1995年の夏が過ぎていった。

　計画を練っていたこの時期，長く北海道におられた清和さんが，ディスカッションの中で「北海道では地形なんぞ意識に上ることもなかったが，東北に来ると地形に注目したくなる理由がわかる」とおっしゃったことがある。日本の中でさえ，植物に対する地形の影響の程度は場所によりさまざまであることがわかる。これを乗り越えて，地形の影響を一般化する必要がある。

3.2. 実生にとって地形の持つ意味

　樹木の空間分布について，特に実生に注目するのにはいくつかの理由がある。種子の発芽・実生の定着，成長，繁殖と巡っていく樹木の生活史の中で，親木から散布された大量の種子のうち次世代の種子をつけるまで生き残る個体はごく少数である。中でも樹木の実生定着期は一般に死亡率が高い。このため，この時期に地形に応じた何らかの偏りが生じる可能性が考えられる（第1章）。さらに，実生は地形が規定する環境条件の違いに敏感に反応する可能性が高い。成長してある程度大きくなった個体には耐えることのできる小さな攪乱（例えば落葉・落枝に覆われること）が実生の生存を左右することもありうる。

　このように，実生がその地形（が規定する環境）に定着・生存できるかどうかが結果的に，樹木の分布に大きな影響を与えているのではないか？　野外実験でこれを検証しようと考えた。

4. 実験計画の策定——大規模野外実験へ

4.1. 場所を決める

　清和さんが所属する宮城県鳴子町（現大崎市鳴子温泉）の東北大学農学部附属農場（現東北大学大学院農学研究科附属複合生態フィールド研究教育センター）は明治時代から軍馬放牧のために火入れや伐採が行われてきており，広大なススキ草地で有名である。敷地の西北端に位置する田代地区（146 ha）には自然状態がよく保たれたハルニレ，ハンノキを主体とした湿性林が残っている。標高は500～600 mで残雪が4月まで残る多雪地ではあるが，雪解けとともにキクザキイチゲやニリンソウが林床に咲き誇る明るくて気持ち

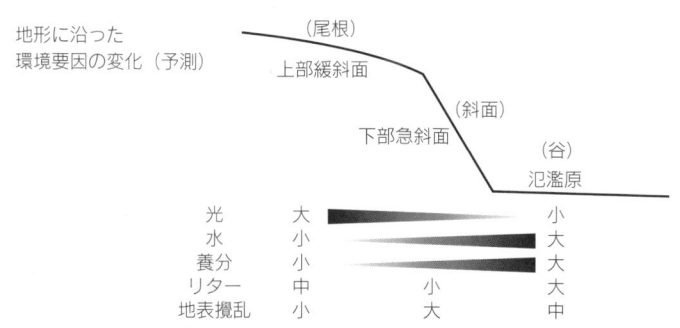

```
地形に沿った          (尾根)
環境要因の変化（予測）  上部緩斜面
                              (斜面)
                      下部急斜面
                                      (谷)
                                      氾濫原
              光    大 ────────── 小
              水    小 ────────── 大
              養分  小 ────────── 大
              リター 中      小    大
              地表攪乱 小    大    中
```
図3 地形に沿った環境要因の変化（予測）

のよい森が広がっている。一帯には湿性林の残る沢とコナラ，ミズナラ，ブナを中心とする二次林の広がる小尾根が配置されている。

自然状態が保たれており，かつササも少ないことから，ここで種子の野外播種実験を行うことにした。実験に選んだ沢は比高50 m程度の小さな尾根が東西に延びており，方位を南向きに揃えて播種実験に必要な3つの反復区をとることができる，他に得がたい場所であった。

想定したのは斜面位置（尾根，斜面，谷）によって，光，水，養分，リター（落葉・落枝），地表攪乱の程度が異なり（図3），各樹木実生の出芽（地上にまで芽が出てくる），生存，成長に違いがあるだろうという予測だ。果たして，成木が尾根に多い種は尾根での出芽・生存がよい，谷に多い種は谷でよいという構造があるのか。芽生えの定着程度は森林の構造をどこまで規定しているのだろうか。植生解析で示唆された地表攪乱の影響は，実生の定着過程で検出できるだろうか。このような点を明らかにするべく実験を立案した。

4.2. 条件を設定する

最も重要な条件である地形に関しては，3つの地形位置（尾根，斜面，谷）に実験区画（プロット）を設置することにした。先ほど紹介した微地形単位ではそれぞれ頂部斜面，下部谷壁斜面，氾濫原段丘にあたる（図2参照）。

また，実生にとって，というより植物全般にとって重要な光の条件について，2段階の処理区をつくって地形との組み合わせで比較することにした。上を樹木が覆っている林の中にある「林冠区」と，上に樹木がなく地面まで光が届く「(林冠) ギャップ区」の2種類である。自然状態では多くの実生

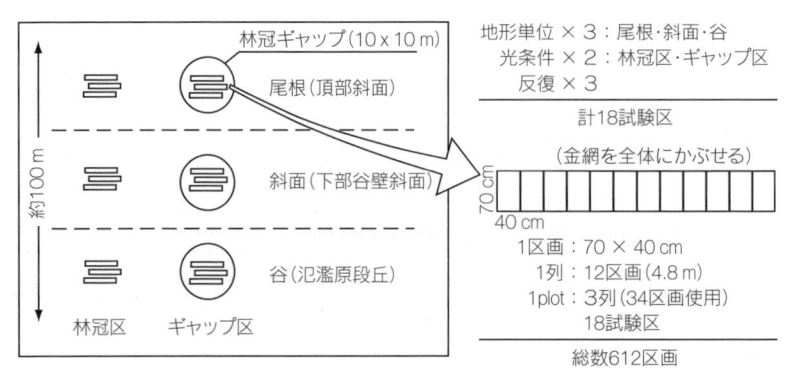

図4 実生播種実験の当初の試験区設定

は地面まで光が届く林冠ギャップに見られ，林冠下では少ない。林床まで光が届く林冠ギャップが試験地の林の中にそう都合良くあるはずもないので，プロット設置位置を先に決めてその場所の樹木を伐採してもらい，半径6mの林冠ギャップをつくった。こうして10m×10mのギャップ区が出現した。大学の施設内に実験場所を求めるのはこのような操作が可能という点も大きい。

統計処理を可能にし，実験結果に一般性を持たせるために実験区は3反復とすることにした。地形単位，光条件，反復を組み合わせて実験区は合計18プロットとなった（図4）。

4.3. 種子を集める

実験計画を練るのと同時に試験地周辺で実験に使用する種子の採集を行った。気配を感じて振り向くとカモシカにじっと見つめられていたり，ツキノワグマの親子と鉢合わせたりしながらも，試験地周辺の主要樹木をできるだけたくさん実験に加えようとがんばった。その結果16種の種子を実験に使用できることとなった（表1）。16種からはこの年不作で種子をまったく落とさなかったコナラ，ミズナラという主要樹種が抜けているが，この2種は次の年に改めて採集して1年遅れで追加実験した。

実生の出芽成功は特に小種子でリター（落葉落枝）の有無により影響される（**第4章**および**第1章**）が，この実験では播種区画のリターはすべて除去することにした。これは，倒木などにより林冠ギャップができて実生が定着するチャンスが生まれたときには地表面も撹乱されているだろうとの予測お

4. 実験計画の策定──大規模野外実験へ

表1　当初に播種した樹木とその特徴
播種数にかっこ（種子重）のあるものは重量を基準とした。表中の？は予測をあらわす。

種名	播種数	1,000粒重 (g)	発芽時期	発芽率	発芽年
サワグルミ	48	97.7	中？	中	当～翌年
ハンノキ	1,714 (6 g)	3.4	中	低	当年
ケヤマハンノキ	4,158 (6 g)	1.4	中	低	当年
アカシデ	1,060 (7 g)	6.2	早～中	低	当～翌年
サワシバ	266 (2.5 g)	8.8	？	低？	当～翌年
ブナ	100	179.5	早	高	当年
クリ	10	−	遅	高	当年
ケヤキ	60	−	早	中	当～翌年
コブシ	100	127.6	遅	中	当～翌年
ホオノキ	30	204.3	遅	中	当～翌年
イタヤカエデ	595 (50 g)	81.9	早	高	当年
ヤマモミジ	387 (15 g)	35.5	早	中	翌年
アオハダ	904 (9 g)	9.5	？	中？	？
イイギリ	450 (1.5 g)	2.2	？	中	当年？
ミズキ	100	47.9	中	中？	当～翌年
エゴノキ	50	271.7	中	中	当～翌年

＊1000粒重は採取・精選後に新鮮重として計測したもの

よび，実験の主な目的が出芽成功よりも出芽後の定着成功について検討したかったためである．

　リターを除去することにしたものの，煩悩の絶えない我々は欲張ってリターの影響も見てやろうと考えた．ブナ，ケヤマハンノキ，ケヤキの3種では，通常のリターはぎ取り区に加えてはぎ取りをしない区を用意した（が，このデータはまだ日の目を見ていない）．さらにクリとホオノキ以外の14種には，実験途中で個体をサンプルして実生の成長を調べる「抜き取り区」をつくることになった．結局，1つのプロットが16種全34区画を要することとなり，1列では長くなりすぎるため34区画を3列に分けて設置することにした（図4，5参照）．実験全体では計18プロット，612区画（これにさらに何も播種しない対照区が加わる）となり，播種種子数は全体で43万を超える大規模かつ野心的なものとなった．

　多雪によるプロットのダメージ，冬越し時の動物による食害ほかの影響による発芽可能種子数の減少，特に斜面プロットでの種子の下方への移動消失の可能性を嫌って，播種は春の雪解け直後を選んだ．採取した種子は塩水選後に冷蔵庫で冷湿保存し，播種計画を頭の中で温めながら1996年の春を迎えた．

図5　播種作業（左）と3列に並んだ播種後の区画に金網をかけている様子（右）

5. 播種実験——もくろみと現実と

5.1. 雪解けとともに種子をまく

　秋のうちに整備しておいた各プロットで，雪解けの順に1996年4月9日から播種を開始した。哺乳類による食害を防ぐため，全区画に金網をかけた（図5）。金網は出芽が落ち着いた6月に一斉に取り去った。

　野外の不整地，特に立っているだけでも精一杯の急斜面に播種し，ネズミが入れないように金網を土に差し込む作業は思った以上にたいへんで，農場の技官さんや研究室の学生さんにはたいへんお世話になった。彼らの手助けなしには実験は出だしからつまずいていたであろう。しかし，これがその後の苦労の始まりに過ぎなかったことはその後すぐに明らかになった。

　出芽と生存のセンサスは当初2週間おき，2年目は4週間おきに行った。播種の終わった順にセンサスを始めてみると，これがまた予想以上に労力と忍耐の必要なたいへんな作業であった。例えばアカシデやケヤマハンノキは想定外に出芽が良好（図6）で，たくさんの実生が出現したため個体識別のための竹串を刺す場所に苦心し，串が乱立してどの串がどの実生に対応しているのか確認するのに骨が折れた（図7）。急斜面のプロットは滑りやすく，

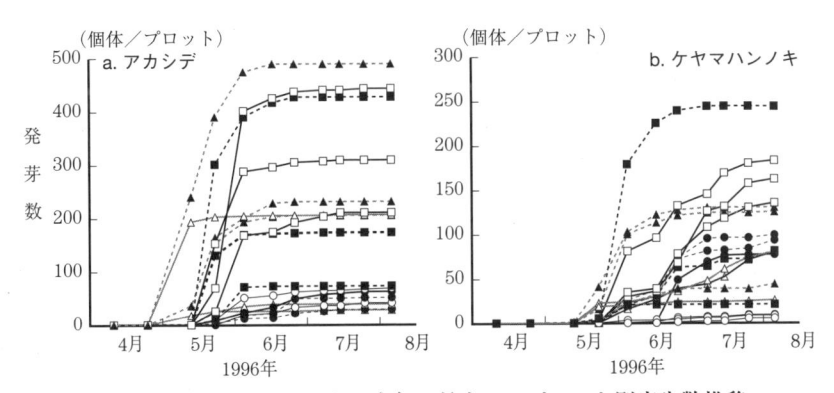

図6 アカシデとケヤマハンノキの当年8月までのプロット別実生数推移
―○― 尾根・ギャップ区　―△― 斜面・ギャップ区　―□― 谷・ギャップ区
--●-- 尾根・林冠区　　--▲-- 斜面・林冠区　　--■-- 谷・林冠区

実生センサスのためにその場所に留まること自体に苦労する場合もあった。
　しかし良好すぎる出芽は解析の面からは幸せな悩みであった。直面した最大の問題は実生がまったく出てこない種が多かったことだった。プロットの金網はできる限り丁寧に施工してネズミ侵入に備えたが，ブナやクリの種子はすべてのプロットで全滅に近い食害を受けた。この年に播種した16種のうち，解析可能な数が出芽したのはアカシデ，イタヤカエデ，ケヤマハンノキ，ケヤキ，イイギリ，ハンノキの6種だけだった。考えていた以上に出芽がそろわなかったため，実生を抜き取って成長解析する計画は中止のやむなきに至った。
　休眠性を持っているヤマモミジなど一部の樹種については，実験2年目に出芽することに期待していた。しかし残る10種の中から新たに解析に加えられるほど2年目に発芽が増えた種はなかった。種子の食害が進んでいたせいかもしれない。1年目の結果を受けて，2年目のコナラ，ミズナラの追加播種では種子の保護に施工の難しい金網ではなく，より扱いやすいプラスチックのバスケットを用いた。区画ごとにこれをかぶせ，縁をできるだけ地面深くに埋め込んだ。1プロットだけ（おそらくクマに）埋めたバスケットをあばかれて種子が全滅したが，残りのプロットでは食害を避けることに成功して，何とかコナラ，ミズナラを解析に加えることができた。

図7 センサスの様子
竹串で個体を特定し発芽時期により色を変えている。

5.2. データが出揃う

2成長期にわたって出芽・生存を追跡した後,何とか実験結果をまとめて論文として発表した(Nagamatsu et al., 2002)。解析したのは8種で,ケヤキを除く7種では,全般に種によらず谷・ギャップで最も実生定着率(2成長期後の生存数／当初の播種数)が良好という結果となった(図8)。

コナラとミズナラの結果はよく似ており,尾根・ギャップ区および谷・ギャップ区で定着が良好だった。両種はともに大種子で,すべてのプロットで出芽が良好だったが,定着成功は動物のふるまいに影響されており,林冠区全プロットおよび斜面・ギャップ区では茎切断による枯死が原因で定着できなかった。

ケヤマハンノキとハンノキのふるまいも互いによく似ていた。小種子であ

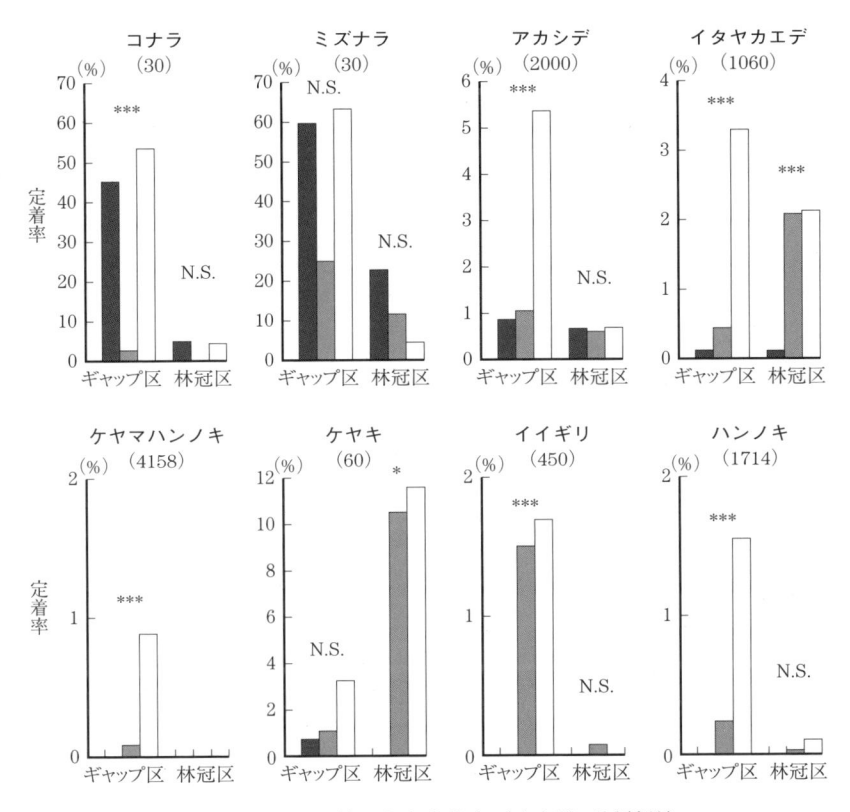

図8 播種から2成長期後の8種の実生定着率（生存数／播種数）
■：尾根，▨：斜面，□：谷

種名の下のかっこは播種数，図中の記号は地形単位（尾根，斜面，谷）間の定着率の統計的有意性をあらわす（違いの確からしさは＊＊＊，＊＊，＊の順に弱くなり，N.S.は地形単位間の定着率に統計的には差がないことを示す）。コナラ，ミズナラは1成長期後の結果。

る両種の出芽率は相対的には低かったが，尾根，斜面，谷の順に出芽率，生存率ともに高くなった。両種の実生は林冠区ではほとんど生存できず，結果として谷・ギャップ区に実生が集中した。

アカシデも谷・ギャップ区で最も定着が良かったが，小種子種の中では尾根での定着率が比較的良好だった。他種の実生が尾根に定着できない中で，コナラ，ミズナラとともに尾根への定着に成功した。

イタヤカエデはギャップ区と林冠区の実生定着成功に差が小さいのが特徴的だった。ケヤキとイイギリは定着が良好だったのがそれぞれ林冠区とギャップ区と光条件の点では正反対であったが，ともに斜面と谷底で同程度

に実生の定着に成功したという点で同様の傾向があった。

6. データが語る森林の仕組み——地形が決める実生の運命

さて8種の実生定着を地形，光条件との関係から整理してみよう。8種は大種子から小種子まで，種子生産数に大きな違いがあるため，単純に定着率を使って実生の定着成功を種間比較するのは難しい。そこで，3つの地形単位と2つの光条件の組み合わせに対する種内の定着率変化パターンをもとに，それぞれの樹種がどのような条件を好むかについて整理した。

6.1. 地形は成木の分布を説明しうるか？

8種は成木の分布をもとに3つのグループに分けることができる。尾根を中心に分布するコナラ，ミズナラ，アカシデ（尾根グループ），斜面下部から谷底面に分布するケヤキ，イイギリ，ハンノキ（斜面・谷グループ），地形的分化が不明瞭なイタヤカエデ，ケヤマハンノキ（分化なしグループ）である。それぞれの実生には成木の分布を裏付けるようなふるまいが見られたであろうか？

尾根プロットではコナラ，ミズナラの実生定着がよく，アカシデがこれに続いた（図8）。これら3種は尾根グループに対応しており，尾根では成木が分布する樹種を中心に実生が定着する傾向がありそうである。この結果には，コナラ，ミズナラで高く，それ以外の6種で低かった出芽率の影響が大きかった。実生の発芽と生存には水分条件が重要だが，尾根では土壌水分量が少なく（図9），生理的ストレスが強いと考えられる。これが出芽率に影響した可能性がある。アカシデは出芽率こそ低かったが，生存率は比較的良好で，これにより尾根での実生定着を成功させた。コナラ，ミズナラは尾根・ギャップ区で動物による茎切断が少なく，これが定着に貢献した。動物の問題はあるが，ともあれ，尾根の森林構造形成に実生定着期のふるまいが一定の役割を持っていることが確認された。

斜面プロットでは林冠区でケヤキが，ギャップ区でイイギリが良好な実生定着を示した。林冠区のイタヤカエデも定着は良かったが，その他の種では極端に定着が悪かった。ケヤキとイイギリは斜面・谷グループの樹種で，成木の分布特性に対応した実生の定着能力が示されたと言える。斜面・谷グ

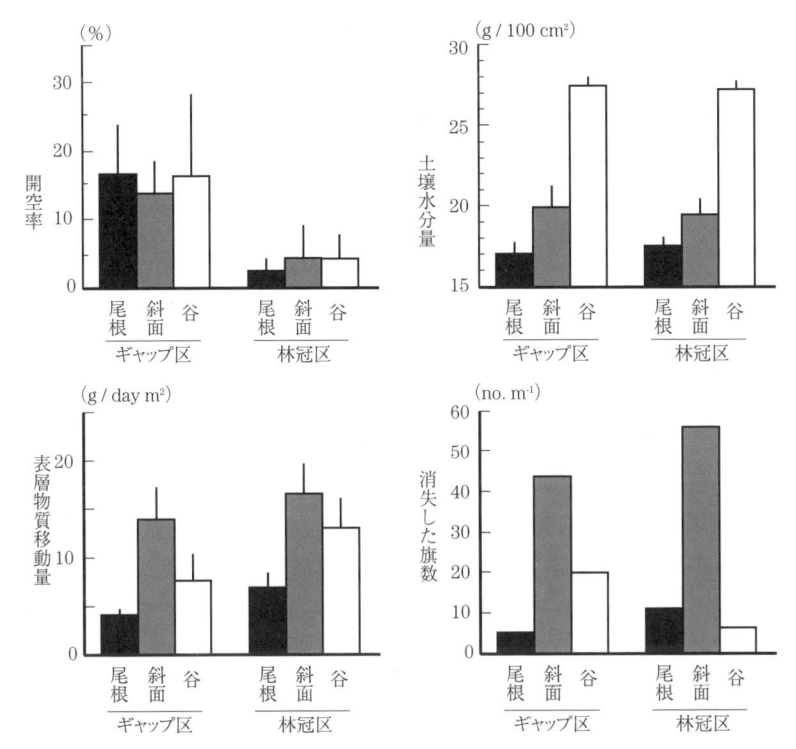

図9　地形による環境要因の違い
縦線は95％信頼区間をあらわす。

ループに区分されるハンノキは斜面ではほとんど定着できなかったが，もともとハンノキは斜面よりも谷底に偏って分布する種であり，実生が定着できなかったことが成木の分布に矛盾するわけではない。

6.2. 地面が動き，実生が枯れた

　実生の死亡要因として全体に占める割合こそ低かったが，斜面では尾根，谷と比べて物理的ダメージによる実生の死亡が目立った。図9に見られるように斜面では表層物質（リター（落葉・落枝）を含む）の移動量が多かった。これが斜面での実生の死亡に影響した可能性がある。実験期間中，個体識別用に実生の横に挿していた小さな旗が消失（倒れる，折れる，抜ける，流されるなど）することがあり，この消失密度は尾根，谷に比べて斜面で極端に高かった（図9）。個体識別用旗はどのプロットでも同じように挿しており，

地上部の高さが8cmほどであることから，消失密度の違いは実生が受ける物理的攪乱の量を反映しているものと考えることができる．斜面では物理的攪乱が多く，物理的ダメージが実生の定着に影響していることが想像される．より詳細な研究が必要ではあるが，ケヤキやイイギリは根系のシステムなどで，物理的攪乱に抗する能力を持っているのかもしれない．

谷プロットでは林冠区でケヤキが，ギャップ区で残りの7種が，最も高い実生定着率を示した．成木が見られない樹種を含めて，谷底ではさまざまな種類の樹木実生に定着のチャンスがあると言える．谷プロットには適度な土壌水分があり（図9），播種実験では植被やリター層をあらかじめ除去したため，多くの実生にとって生理的ストレスの少ない好適な環境が出現した可能性がある．

ただし谷底に定着した実生にとっては，定着後の生き残りの道は険しそうである．現在の森の構造が定常的（時間が経っても変化しない）だとすると，谷に成木が分布しない樹種の実生はいずれ草本や他の低木との競争，病気などが原因で谷から消えていく運命にあることになる．谷底では大雨による河川性の攪乱も一定頻度で起こるはずで，これらが自然状態での実生定着を制限しているのかもしれない．

6.3. 光の影響

光要求の高い種では地形よりも光条件の方が重要と見られる種もあった．ケヤマハンノキ，ハンノキがこれにあたる．両種は林冠区でも出芽するものの（図8），生存率が非常に低く，結果的に林冠区ではほとんど定着できなかった．両種の実生定着には光条件が重要といえる．逆にケヤキやイタヤカエデではギャップ区と林冠区の差が少なく，これらの種では地形条件のほうが実生定着に重要であったと考えられる．

6.4. 実験から見えてきたもの

準備を含めて3年間を費やした大規模野外実験の結果，実生の定着は地形要因に影響されており，実生定着と樹木の分布の間には一定の関係性があることが明らかとなった（図10）．尾根では乾燥ストレス，斜面では物理的ストレスに抗する実生定着能力が必要で，それぞれに定着可能な樹種は制限され，これが尾根や斜面の樹種構成に影響を与えていた．逆に谷では多くの

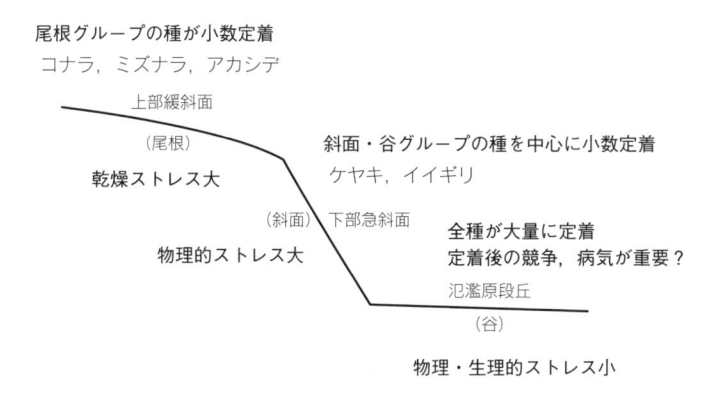

```
尾根グループの種が小数定着
コナラ，ミズナラ，アカシデ
        上部緩斜面
    (尾根)       斜面・谷グループの種を中心に小数定着
乾燥ストレス大    ケヤキ，イイギリ
        (斜面) 下部急斜面
                全種が大量に定着
        物理的ストレス大  定着後の競争，病気が重要？
                氾濫原段丘
                    (谷)
                物理・生理的ストレス小
```

図10　地形と実生定着の関係（模式図）

樹種が定着可能であり，その後の消長が森の種組成を決める鍵をにぎっている。地形は実生定着に関して不均一なハビタットを提供するとともに，それぞれの地形上で樹木個体群に異なる影響をもたらしている。

おわりに——研究にゴールはない

樹木の分布は地形によって制限されており，日本の丘陵地ではこの分化が明瞭に観察される場合が多い。地形が規定する環境要因の中で樹木に重要なのは尾根およびこれに続く緩斜面での乾燥ストレスと谷に近い急斜面での地表攪乱ストレスで，このようなストレスに最も弱い実生定着期にこの影響が顕著にあらわれる。実際に実生定着期のふるまいで地形に沿った樹木の分布がある程度説明されることがこの野外実験を通じて明らかになった。

寿命が長く，サイズが大きいために実験処理が困難な樹木研究の中にあって，実生の観察は刻々と状況が変化し，結果が見えてくる楽しさを与えてくれた。しかしセンサス1つにしても1人で行うのはたいへんで，この規模の野外実験を長期にわたり維持するのは難しい。今回の野外試験地も2年間の追跡後，就職のために遠く離れてしまったこともあり，今日まで約10年間再訪することさえできていない。試験地がその後どうなっているのか，自分の目でぜひ確かめたい。試験地をもう一度訪れよう。もう一度試験地の林

をしっかり観察し，新たな視点で実生の役割を見つめ直そう．死亡要因，成長特性，環境耐性など，実生と地形にまつわる課題はまだまだ残っている．

今回の野外播種実験は共同研究者である酒井暁子さん，清和研二さんをはじめ，この本の執筆者の1人である壁谷大介さんなど多くの方々のご協力があって進めることができた．さまざまな面で助けていただいたみなさまに感謝の意を表すとともに，この章をみなさまへの実験結果の報告としたい．

参考文献

◆本章の内容が掲載されている原著論文

Nagamatsu, D. & O. Miura. 1997. Soil disturbance regime in relation to micro-scale landforms and its effects on vegetation structure in a hilly area in Japan. *Plant Ecology* **133**: 191-200.

Nagamatsu, D., K. Seiwa, & A. Sakai. 2002. Seedling establishment of deciduous trees in various topographic positions. *Journal of Vegetation Science* **13**: 35-44.

◆その他，執筆にあたって参考にした文献

Enoki, T. 2003. Microtopography and distribution of canopy trees in a subtropical evergreen broad-leaved forest in the northern part of Okinawa Island, Japan. *Ecological Research* **18**: 103-113.

Hara, M., K. Hirata, M. Fujihara & K. Oono. 1996. Vegetation structure in relation to micro-landform in an evergreen broad-leaved forest on Amami Ohshima Island, south-west Japan. *Ecological Research* **11**: 325-337.

菊池多賀夫　2001．地形植生誌　東京大学出版会．

酒井暁子　1995．河谷の侵食作用による地表の攪乱は森林植生にどのように影響しているのか？　日本生態学会誌 **45**: 317-322．

田村俊和　1996．微地形分類と地形発達－谷頭部斜面を中心に　恩田裕一・奥西一夫・飯田智之・辻村真貴（編）水文地形学－山地の水循環と地形変化の相互作用，p.177-189．古今書院．

山中二男　1979．日本の森林植生　築地書館．

タネの大小が森林の神秘を紐解く

第4章　種子のサイズと実生の成長パターン

東北大学大学院農学研究科　清和研二

はじめに

　発芽したばかりの実生は赤ん坊が小さな手をひらく仕草に似て愛らしい。しかし，その後の成長のしかたは発芽直後の姿からは想像できないものが多い。この章では，まず，発芽当年の実生の成長過程を苗畑で詳しく観察した結果を紹介する。多くの種の広葉樹実生の成長パターンを比較したところ，一定の傾向が見えてきた。そこから，森の中のいろいろな環境で実生がうまく定着を成功させるための戦略がおぼろげながら浮かんできた。早速，苗畑での仮説が自然林でも成立するのかを調べるために，山地で播種実験を行った。しかし，人為環境で生まれた仮説はそのままあてはまらず，自然林の精緻なメカニズムを感じることになった。本章では，さまざまな実生の成長観察から見えてきた，実生の光獲得戦略やハビタット選択，さらには森林の多種共存のメカニズムまで，研究の過程をたどりながら考えてみたい。

1. 北海道の苗畑で

　1980年代の半ば，北海道美唄市郊外にある道立林業試験場には改良ポプラの防風林に守られた広い苗畑があった。そこには，緑化樹や防災林，人工林管理などの研究に用いるために数十種あまりの広葉樹や針葉樹の苗木が養成されていた。当時，私の研究テーマはカラマツやトドマツの密度管理であったが，苗畑に行くたびに見られるさまざまな広葉樹の実生の姿や形に深い興味をそそられた。特に子葉や最初に開く本葉は面白い形をしたものが多く，シナノキやサワグルミなどの子葉は子供の手のひらのようで，本葉とは似て

図1 シナノキの実生

も似つかぬ形であることに驚いた（図1）。

　当時，同じ試験場におられた菊沢喜八郎さんは，さまざまな広葉樹を対象に枝先の1つの冬芽から展開する葉の枚数の変化を調べ，刺激的な論文を次々と発表されていた。葉の開き方や落ち方にはさまざまなパターンがあることを見いだし，開葉や落葉の仕方は，それぞれの樹木の生活場所の環境を大きく反映しているというものであった。小さな冬芽から伸びるシュートのふるまいから大きな樹木の生存戦略を推しはかるというところに深い興味を感じた。

　冬芽から新しく葉を開くのも，種子が発芽し実生が葉を開くのも，樹木が生き延びるための戦略としてとらえることができるだろう。生活史のステージが違うだけだ。とにかく広葉樹の実生を調べてみよう。思い立つとすぐに苗畑に行った。

　しかし，多くの樹種はすでに発芽していた。予備試験だと割り切ることにして，手あたり次第に芽生えている実生の伸長成長パターンを調べてみることにした。20種あまりの実生の伸長成長と展葉数を1〜2週間おきに調べ始めた。発芽直後からグーンと伸び，すぐに大きくなるものから，夏頃まではほとんど伸びないけれど後から大きくなるものまで千差万別であった。発芽して間もない頃は大小さまざまだった実生の高さも，秋に伸長が止まる時点では皆同じくらいになっていた。発芽直後の大きな差異がひと夏過ぎると解消されるのはなぜだろう？　しかし，よそ様の研究材料をそっと使ったこの観察では，はっきりとした答えは出せなかった。途中で抜き取られたりし

て，最後まで調べることができたのは12種だけであり，それも高木，低木，つるなどいろいろな生活形をもつ種が混ざっていた。しかし，何となく，実生の成長パターンには種子の重さがかかわっていそうだと類推することはできた。が，種子重も調べていなかった。きちんと準備し，多くの種を比較したら面白いことがわかるだろう。

2. 種子の重さと実生の成長パターン－苗畑試験－

2.1. 畑に種子を播く

多くの樹種の比較を思い立ったものの，種子が取れる母樹がどこにあるのかはまったく見当がつかなかった。幸い研究室の先輩，浅井達弘さんと水井憲夫さんが性表現や豊凶の研究をしておられ，多くの樹種の種子を集めてくれた。豊作年でもあり，本章で取り上げる落葉広葉樹高木種31種ばかりか，低木・つる40数種のタネを苗畑に播くことができた。木製のラベルが数列の苗畑に立ち並び，壮観な眺めに翌春への期待がふくらんだ。

実生の生育環境として，森林の暗い林床を想定した被陰区と裸地や伐採跡地などを想定したオープンな対照区を設定した。被陰区は寒冷紗をかけ対照区の9%の明るさとした。発芽した実生は，そばに小さな旗を立てて個体識別し，伸長成長や新しく開いた葉の数や落葉数を調べた。最初は数日おき，そのうち1週間おきに調べた。種数が多いので毎朝お日様が登る前にでかけ，朝飯前に家に帰るといった日課になった。持ち物は紙と鉛筆と物差しと，あとは新しく展開してきた葉につける油性ペンだけである。紙にはカミさんに記入してもらい熱いコーヒーを啜りながらの調査だった。

2.2. 種子の重さの大きなバラツキ

播種前に種子の重さ（生重）を調べた。高木種の中で，最も重いトチノキは1個約10g，大きいものは30gに達するものもある。ミズナラのドングリ（堅果）も3gほどもある。一方風によって散布されるシラカンバやオノエヤナギはそれぞれ0.25mg，0.16mgといった1万分の1gの単位である。同じ北海道の広葉樹林に生育する樹木でも，種子重には最大と最小で10万倍ほどの開きがあることになる。親木の高さは20〜30mとほとんど変わらないのに比べ，子供（種子）の大きさが極端に違う。親から切り離され飛び

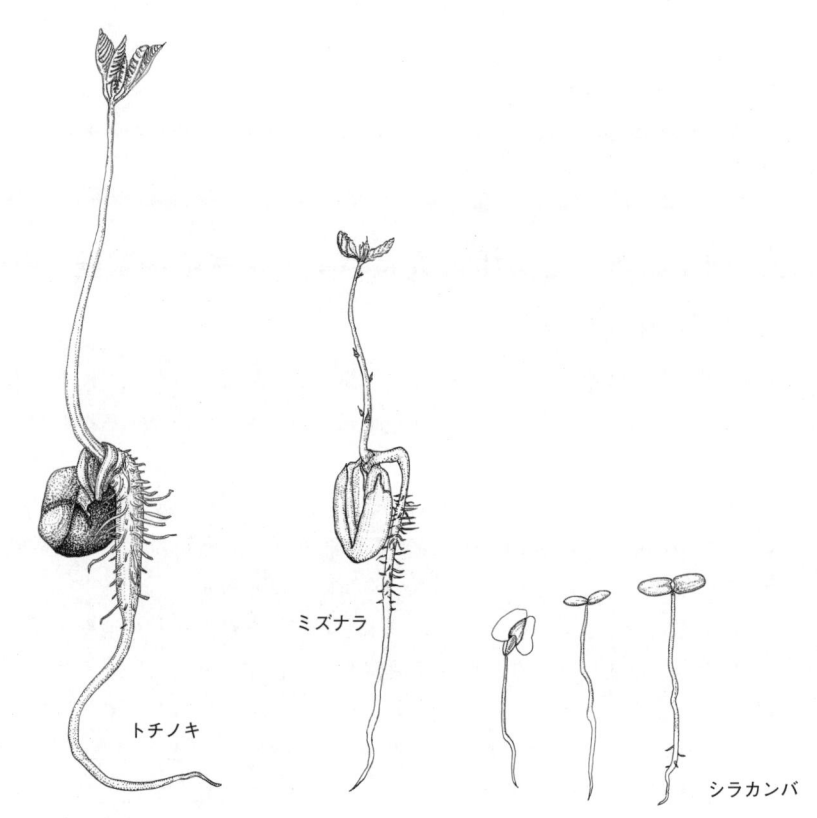

図2　発芽直後の実生の成長

　立っていった1つ1つの子どもの側から見れば，カンバ類やヤナギ類などは兄弟姉妹の数は多いが親からはほとんど養分をもらっていない。一方，トチノキやミズナラでは子供1つ1つにたっぷりと親の投資が行きわたっていると言える。このような種子貯蔵養分の違いは実生の成長にどんな影響を与えるのだろう？

2.3. 種子の大小と実生の伸長量

　発芽した実生はまず種子の貯蔵養分を利用して大きくなる。大種子のトチノキは発芽直後に一気に伸長しはじめ，あっという間に20〜30 cm，ミズナラは5〜10 cmに達した（図2）。一方，種子が小さく0.2 mgほどしかな

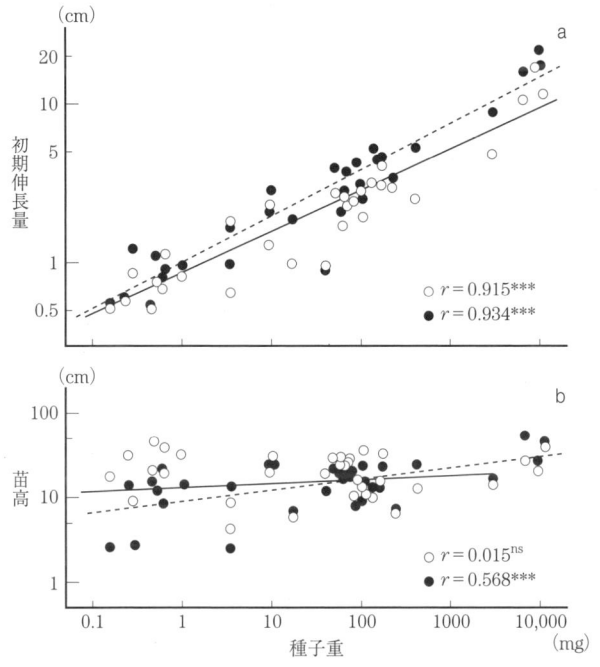

図3 落葉広葉樹31種における種子重と当年生実生の初期成長（上）および秋の苗高（下）との関係（清和・菊沢, 1989）
○：開放下
●：被陰下

いシラカンバは小さな子葉2枚を展開したまま3〜4mm程度の高さで伸長成長を休止してしまう（図2）。種子の貯蔵養分だけに依存して実生が伸びる高さを初期伸長量と定義すると，種子重ときわめて高い正の相関関係を示した（図3-a）。ただし，地上子葉型では初期伸長量を子葉の高さとし，地下子葉型（第5章）では本葉第1葉を展開しはじめた直後の高さとした。種子が重いほど発芽直後の実生の伸長量も大きく，初期伸長量は種子の貯蔵養分量に大きく依存することがわかった。

しかし，夏が過ぎ，秋になり，すべての種で発芽当年の成長が止まった時点で苗高を比べると，対照区では大種子も小種子もあまり変わらず，ほとんどの種が15〜30cmに達していた（図3-b）。つまり，きわめて小さいタネから発芽し発芽直後は高さ3mmにも満たないシラカンバやウダイカンバと，はるかに重いタネから発芽し春先にすでに10〜20cmにも達していたトチノキやミズナラとは，秋には同じくらいの高さになっていた。10万倍もの種子サイズの差を挽回して，なぜ小種子から発芽した実生は大種子に遜色ないサイズに到達できたのか？　そのメカニズムは実生の葉の展開の仕方

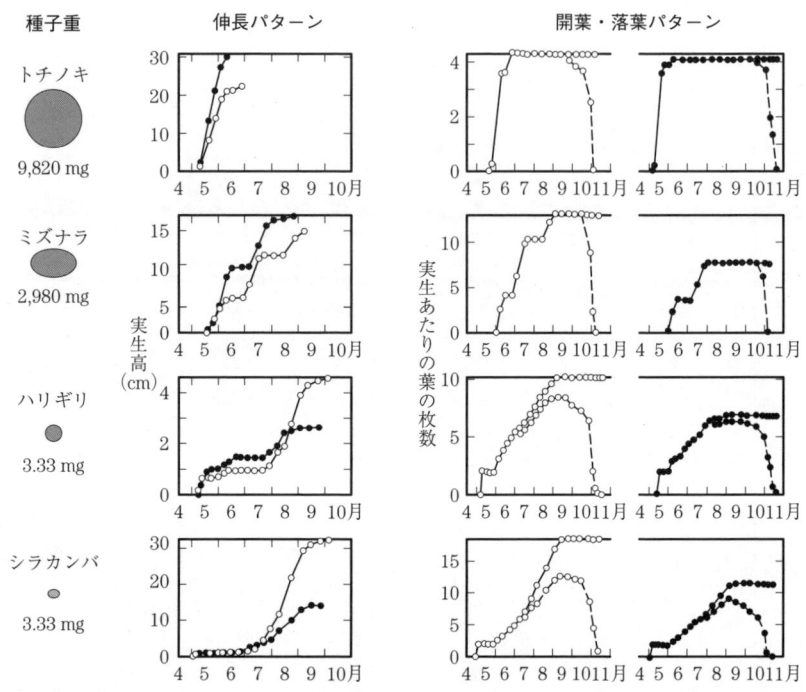

図4 種子重の異なる落葉広葉樹4種の当年生実生の伸長パターンと開葉・落葉パターン (Seiwa & Kikuzawa, 1991)
○：開放下，●：被陰下。実線・破線はそれぞれ個体あたりの積算展葉数・着葉数を示す。

に秘密があった。

2.4. 小種子はどうして大種子に追いつくことができるのか？

　種子サイズの異なる4種の実生の伸長パターンを葉の展開・落葉パターンと見比べると小種子が頑張って最初のハンデキャップを挽回していくメカニズムが推測できる（図4）。

　子葉のがんばり：大種子をもつトチノキやミズナラは上胚軸が地上に出現してから1～2週間で一気に伸長し一斉に開葉を終える（図4）。一方，小種子から発芽したシラカンバやケヤマハンノキでは，子葉は最初きわめて小さく子葉が展開してから本葉を展開するまでに1か月以上もかかった（図4）。ハリギリなども1か月近く子葉のままだった。子葉を展開してから（地下子葉型の種では実生が地上に出現してから）本葉を展開するまでの日数と

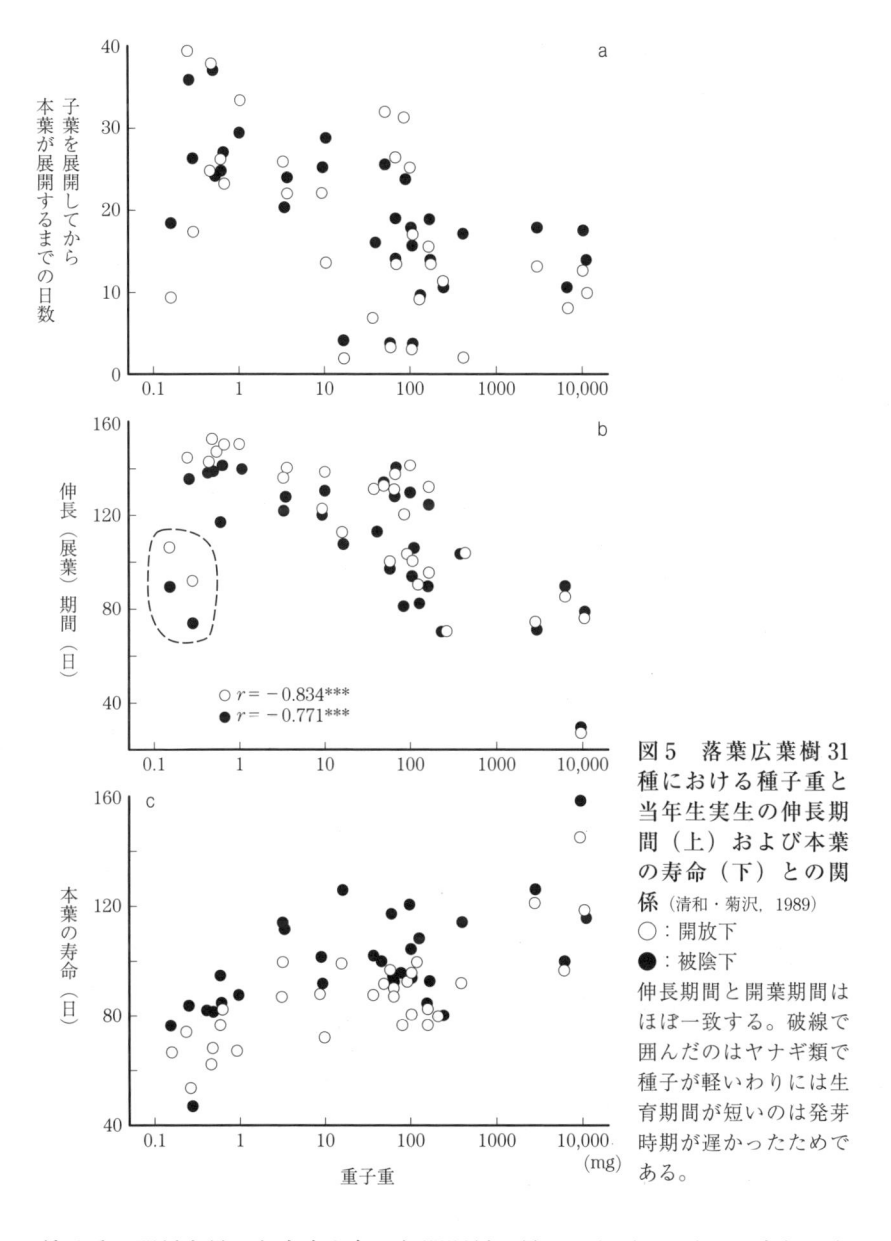

2. 種子の重さと実生の成長パターン-苗畑試験-

図5 落葉広葉樹31種における種子重と当年生実生の伸長期間（上）および本葉の寿命（下）との関係 (清和・菊沢, 1989)
○：開放下
●：被陰下
伸長期間と開葉期間はほぼ一致する。破線で囲んだのはヤナギ類で種子が軽いわりには生育期間が短いのは発芽時期が遅かったためである。

種子重の関係を見ると有意な負の相関関係が見られた（図5-a）。つまり、小種子ほど発芽後に本葉を展開するまで長い日数を必要とすることを示している。小種子は子葉内の貯蔵物質が少なく子葉面積が狭いので、発芽後すぐに

図6 発芽後2か月頃の実生
a：ウダイカンバ，b：ハリギリ。

は本葉を展開できないのだろう。しかし，子葉の葉面積を少しずつ増加させ長期間にわたって光合成産物を貯めこみ，それによってやっと本葉を展開できるようになったのだと考えられる。

　光合成器官への投資：小種子を持つシラカンバやウダイカンバ，ハリギリ，コシアブラなどは本葉を展開し始めてもすぐに上長伸長を行うことはなかった（図6）。図4の伸長パターンと葉の展開パターンの図を見比べるとよくわかるが，子葉を2枚開き，さらに本葉を5～6枚開いた後，7月末になって初めて急激に伸長を始めた(図4)。このように小種子から発芽した実生は，最初は小さな子葉しか展開できず，すぐに実生を伸長させ得るような原資がない。しかし，子葉自体の面積をまず増やし，まずは小さな本葉，次は少し大きな本葉というように次第に葉面積を増やして光合成のポテンシャルを高めていく（図6）。そして，ある程度の閾値に達するとその後一気に伸長す

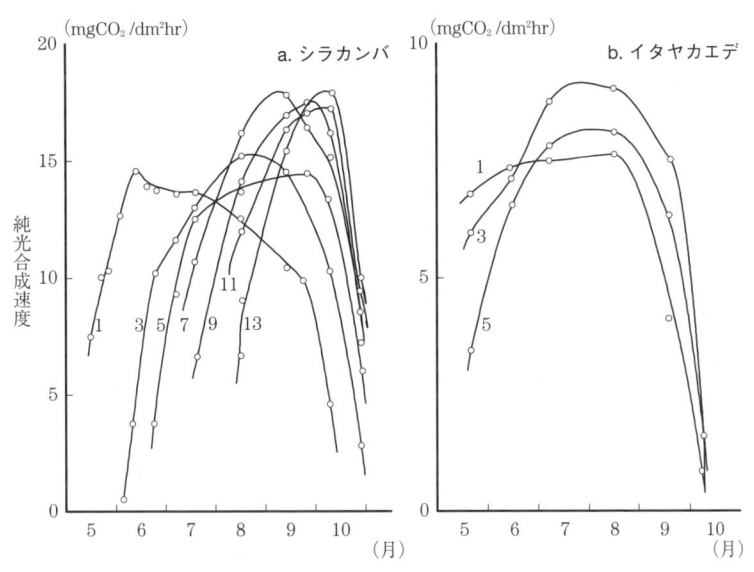

図7 順次開葉型のシラカンバと一斉開葉型のイタヤカエデにおける個葉の光合成速度の季節変化 (Koike, 1989 より作成)
図中の数字は葉位を示す。光合成速度は光合成適温時の純光合成速度の光飽和値を示す。

るものと考えられる。

成長期間の長さ：大種子を持つ種は一般に展葉期間が短く，トチノキは2～3週間で一斉に開葉を終えた(図4)。ミズナラも明るい場所では2次伸び，まれに3次伸びするが展葉期間は短い（図4）。一方，小種子を持つケヤマハンノキやシラカンバでは，展葉期間は長く，秋口まで葉を展開しながら伸び続けた。伸長期間と開葉期間はほぼ同じであった。調査した31種を比べてみると種子サイズが小さいほど実生の伸長期間（展葉期間）は長く，両者には負の相関関係が見られた（図5-b）。つまり，小種子由来の実生は，葉を開きながら長い間伸長し続けることによって初期サイズの小ささを挽回しているものと考えられる。

葉の寿命の短さ：小種子のシラカンバやハリギリは長期間にわたって新しい葉を先端にどんどん展開しながら，同時に古い葉を次々と落としていった（図4）。その結果，小種子由来の実生ほど，葉の寿命が短い傾向が見られた(図5-c)。小種子を持つカンバ類やハンノキなどは葉の純光合成速度は展葉後まもなく最大になるがその後急激にその能力を低下させる(図7)。したがって，

小種子ほど高い光合成能力を維持し続けるため，新しい葉を絶えず光環境のよい先端部分に展開し続ける必要がある。同時に下の方で被陰されて光合成能力の落ちた古い葉を早めに落とすことによって呼吸によるロスを最小限に食い止め，旺盛な成長を続け得るのだろう。

2.5. 被陰の影響は小種子で大きい

被陰下での実生の苗高は，明るい所と比べ，大種子では大きな変わりはなかったが，小種子では大きく減少した（図3-b）。大種子の成長は種子貯蔵養分に依存して一気に行われるため，被陰には無関係だったのだろう。一方，小種子は子葉展開後の葉の光合成に大きく依存するため，たとえ長期間展葉し続けたにしても，被陰下では光合成効率が低いため，あまり成長できなかったものと考えられる。つまり，小種子ほど発芽した場所の環境に影響されやすいと言える。

2.6. 実生の成長フェノロジーと更新成功に関する仮説

植物の種子重はその更新場所と密接な関係があることが温帯・熱帯を問わず広く知られている。一般に小種子は台風や洪水など大きな攪乱後に生じた裸地に更新する種に多く，大種子は暗い林冠下でも更新する種に多いと言われている（第3章）。本試験に用いた北海道の落葉広葉樹31種でも同じような傾向が見られた（清和・菊沢，1989）。その大きな理由として，大種子ほど貯蔵炭素量が多いので，暗い林床での炭素同化量の減少を補うことができるため，ということが挙げられている。それだけだろうか？ 温帯林では実生の季節的な成長パターンや葉のフェノロジーとも関係しているのではないか？ 苗畑試験の結果からさらに新たな2つの仮説を考えた。

　仮説1：大種子は種子の貯蔵養分を利用して一気に成長するので，落葉・落枝などの落葉層（リター）が厚く堆積している成熟した森林でも落葉層を突き破って地表面に出現できるだろう。一方，小種子はギャップなどの地表面が攪乱され鉱質土壌が裸出したり落葉層が薄くなったところでのみ出現できるだろう。

　仮説2：大種子由来の実生の成長は種子貯蔵養分に依存し環境の資源量にあまり依存しないので暗い林冠下でも成長量は大きくは減退せず，

生存率も高い。一方，小種子は発芽場所の光環境に大きく左右されるので，葉を長期間展開し高い光合成速度を維持できる明るい林冠ギャップでのみ大きく成長できる。

これらの仮説を実際に確かめてみた。

3. 苗畑での仮説を自然林で検証する－山地播種試験－

3.1. 山に種子を播く

苗畑で考えた上記の2つの仮説が自然林でも成立するかを検証するため，実験林内の広葉樹林で播種試験を行った。苗畑では寒冷紗をかけた暗い場所とかけないオープンな場所という対比をしたが，実際の広葉樹林はそんなに単純ではない。特に老齢の天然林では，病虫害による立ち枯れや強風などによる根返りなどによって小さなギャップ（隙間）があちこちで見られるばかりか，まれには大きな台風や地滑り山火事などによって大きなギャップができることがある。このように森林の光環境は暗い林内に大小さまざまなギャップが混じり，空間的に不均一なモザイク状を呈している。

そこで，我々も大ギャップ（70 m × 50 m，3,500 m^2），小ギャップ（10 m × 7 m，70 m^2）と林内といった3つの播種場所を設定した。また根返りなどによってギャップがつくられる時，落葉・落枝やその腐植などからなる落葉層が除去されて鉱質土壌が裸出する場合が多い。そこで落葉層の影響を見るためそれぞれの場所で落葉層を取り除いた鉱質土壌裸出区とそのままにした落葉層区をつくった。そこに種子重の異なる落葉広葉樹5種（ミズナラ，イタヤカエデ，ケヤマハンノキ，カツラ，シラカンバ）のタネを播いた。まずササや低木を刈り，落葉層を除きタネを播き，落葉層区では再び落葉を掛けた。さらにはネズミなどにタネを持ち去られないように細かい金網で覆った。邪魔な根を切ったり，金網を土に埋めるための穴を掘ったり，野外の操作実験は下準備がたいへんである。

翌春，雪解け直後にイタヤカエデが発芽し始めた。北海道の森の中，早朝に1人でしゃがんで調査しているとなにかしら大型動物の気配がすることがあった。たいていは向こうが早く気付いて遠ざかっていったが，一度だけかなり近づいてきたことがあった。ナタを握りしめ緊張したこともあったが，

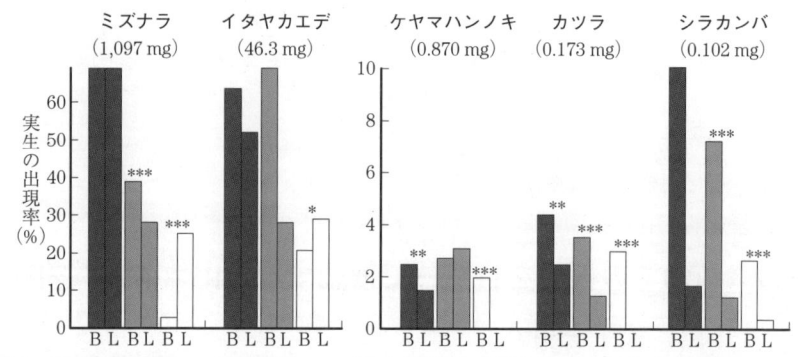

76　第4章　種子のサイズと実生の成長パターン

図8　林内・小ギャップ・大ギャップそれぞれの鉱質土壌裸出区と落葉層区における実生の出現率（Seiwa & Kikuzawa, 1996）
■：林内，▨：小ギャップ，□：大ギャップ，B：鉱質土壌裸出区，L：落葉層区
種名の下の括弧には種子の中の貯蔵用分重（乾重）を示す。＊印は鉱質土壌裸出区と落葉層区で実生出現率が有意に異なることを示す（＊：$p < 0.05$, ＊＊：$p < 0.01$, ＊＊＊：$p < 0.001$）。

森の朝の景色は何かしら元気がよく実生も生き生きしているように見え，調査は楽しいものであった。

3.2. 落葉層の思わぬ効果

　小種子を持つカツラ，ケヤマハンノキ，シラカンバはいずれの場所でも落葉層（リター）によって実生の出現が大きく阻害された（図8）。一方，大きな種子を持つミズナラやイタヤカエデは落葉層が厚く堆積していた林内でも地上への実生の出現は阻害されなかった。発芽直後の成長量が大きいため，種子の上にかぶさったリターを突き破ることができたためである（図9-a）。この結果は仮説１の通りであった。しかし，大ギャップでは逆にミズナラ，イタヤカエデは落葉層がないと実生の出現率が低下した（図8）。鉱質土壌裸出区では発芽直後に乾燥で死亡したためである（図9-b）。大ギャップのような日射量の多い所では，落葉層はたとえ薄くても地表面の乾燥を防ぐ効果がある。乾燥に弱い大種子由来の実生にとってはむしろ保護効果があることがわかった。これは仮説にない新しい発見であった（第１章）。

3.3. 光環境の季節変化に対し　　大種子は臨機応変，小種子は頑迷

　苗畑では寒冷紗で被陰し林床として見立てたが，実際の森林の光環境は

図9　林床の実生
a：林内の厚い落葉層を突き破って出現したイタヤカエデの実生，b：大ギャップの鉱質土壌裸出区で発芽直後に乾燥で死亡したイタヤカエデの実生，c：落葉の隙間からかろうじて顔を出したケヤマハンノキの実生。

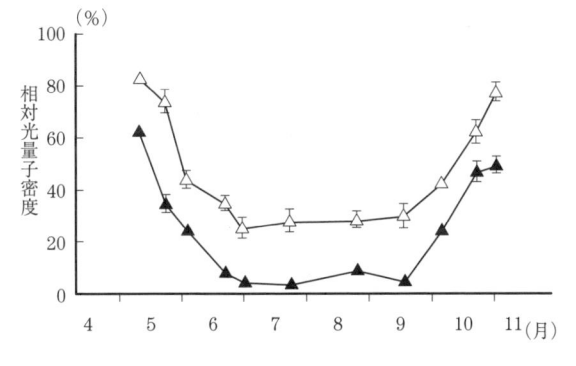

図10　光環境の季節変化(Seiwa & Kikuzawa, 1996)
△：小ギャップ
▲：林内
大ギャップを100とした場合の小ギャップ・林内の相対光量子密度を示す。

まったく異なるものであった。苗畑では生育期間を通じてずっと暗いままであるが，落葉広葉樹林の林床では光環境は季節的に大きく変動した。林冠木の開葉前はかなり明るかったが，林冠木の開葉とともに暗くなっていった(図10)。暗い状態は夏の間だけで，秋にはまた落葉によって再び明るくなった。

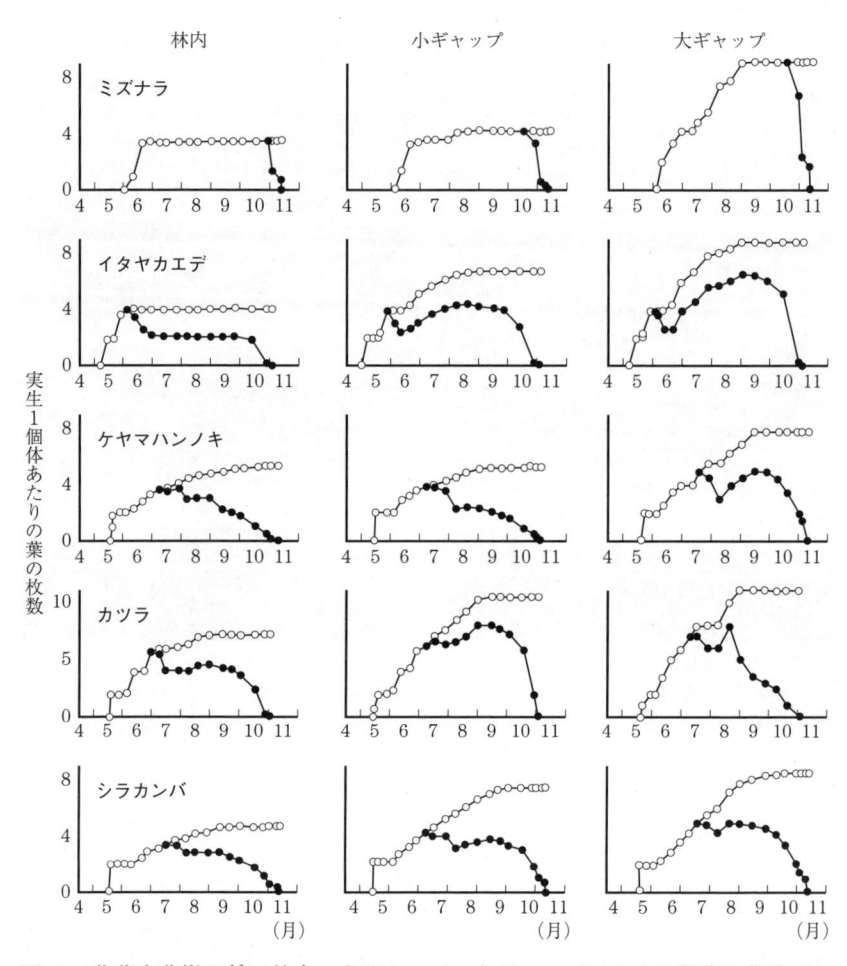

図11 落葉広葉樹5種の林内・小ギャップ・大ギャップにおける開葉と落葉パターン (Seiwa & Kikuzawa, 1996)

小ギャップでも同じような季節変化が見られたが，林内よりは全体的に明るかった．苗畑と違い実際の森林では実生が利用できる光量は季節的に大きく変化した．このような光量の季節変化に対して，実生はどう応答しているのだろうか？

ミズナラ，イタヤカエデは，光環境の季節変化にうまく対応した葉の展開の仕方をした．林内では春先に一斉に開葉し（図11），春先の明るいうちに葉を開き終えた．これは春先の豊富な光量を利用するうえで有利にはたらく．

さらに，ギャップサイズが大きくなるほど，すなわち明るい環境がより長く持続するほど，長期間にわたって葉を開き続けた。この2種は発芽場所の光量の季節変化に対し可塑的に葉を展開した。それぞれの生育場所における利用可能な資源量を最大限に利用する可塑的な葉のフェノロジーを持つと言える。

　一方，小種子を持つケヤマハンノキ，カツラ，シラカンバは，いずれの場所でも大種子を持つミズナラやイタヤカエデより長い期間次々と葉を開き続けた。長期間の展葉は，特に大ギャップのような光環境の良い所で効率的に炭素獲得ができる。若い葉を光環境のよい上部に展開し，光合成速度の低下した古い葉をどんどん葉を入れ替えることによって高い光合成を長期間維持できる。特にハンノキやシラカンバでは苗高の伸長が促進され，発芽後2年目でミズナラやイタヤカエデの苗高を追い越した（Seiwa & Kikuzawa, 1996）。しかし，林内ではほとんど伸長しなかった。弱光下での長期間展葉はむしろ個体内の炭素収支を悪化させたのではないかと考えられる。このような非可塑的な葉のフェノロジーは，明るい場所にたどり着くことだけを想定した風散布型小種子に特有な資源獲得戦略だと考えられる。逆に言えば，カンバ類やハンノキ類は，ギャップなどの定着適地に到達する確率を上げるため，種子を小型化し大量に散布していると考えられる。したがって，どうせ定着適地が限られているのなら，可塑性を発達させるよりも，適地（ギャップ）だけに適応した葉のフェノロジーを発達させたと解釈すべきだろう。

　一般に遷移初期種ほど，光合成特性などの生理的な形質の可塑性が高いと言われているが，逆にフェノロジーの可塑性は遷移後期種，大種子を持つ種

Box 1　遷移初期種と遷移後期種

　火山の噴火や洪水，地滑りなどによって裸地化した場所や森林の伐採や台風などによる倒木によって生じた大きな明るい空間（大ギャップ）にいち早く侵入・定着する先駆的な樹木種のことを遷移初期種という。一方，遷移後期種とは耐陰性が高く暗い林冠下でも長い間生存し続け，ギャップなどに依存してゆっくりと林冠に達する樹種をいう。遷移初期種の方が後期種に比べ，小さな種子を大量に，風などによって長距離散布されるものが多い。また，遷移初期種の方が成長が早く個体の寿命も短い。

の方が高いと考えられる（Box 1）。このような葉のフェノロジーの可塑性はハビタットの広さを示唆しているものと考えられる。

　山地試験での結果は，おおむね苗畑での仮説を支持するものと言えよう。しかし，当初考慮に入れていなかった光環境の季節的変化は実生の成長を考えるうえできわめて重要だということがわかった。光に対する実生の応答を考える場合，季節性があまり見られない熱帯雨林や暖温帯の照葉樹林では，ギャップは明るく林内は暗いといった空間的な違いを主に考えればよいが，温帯林ではさらに時間的な変化（フェノロジー）も加えるべきである（清和,2005）。

4. 生存と成長のトレードオフが多種共存系をつくる

4.1. 単純なモデルで考える

　これまで種子サイズと開葉フェノロジーが実生の「成長」に大きく関与していることを見てきたが，実生の「生存」にはどうかかわっているのだろう。「成長」と「生存」は，適応度を構成する最も重要な要素であるが，両者の間には種間でトレードオフ（第5章）関係が成立することが近年報告されている。この関係から多種共存系が導かれるモデルが提出されている。あまりにも単純で拍子抜けするような考え方だが，光環境の違いだけでなく，病原菌や植食者との複雑な相互作用を含んでおり奥が深い。まずは山地播種試験のデータでも成立するか試してみた。

4.2. 多種共存の条件

　森林には多くの樹木が共存して生育しているが，どんな樹木であれ種子をたくさんつくり，自分の子どもをなるべく多く残そうとする。つまり，適応度を上げようとしている。そのためには，自分が生んだ実生が皆生き延びてなるべく早く大きくなることが一番だ。しかし，1つの森林で特定の樹種の子どもが生き残りやすくかつ成長も早ければ，その森はその1つの種の実生や稚樹でいっぱいになり，多くの種は共存できない。多種が共存するにはより長生きする種は成長速度が遅く，一方，早く成長する種はより短命であるといったトレードオフ関係が成り立つことが重要である。この関係が1つの森

林群集を構成する多くの種で見られることが多種共存の重要な要件となる。

もう1つの多種共存の条件は森林の環境のバラツキ（不均一性）である。成熟した天然林にはさまざまなサイズのギャップが混在しており，光環境1つとっても広いスケールで見ると空間的に不均一である。1つの森林において多くの樹種が共存するには，空間的に不均一な環境における「生存」と「成長」のトレードオフ関係の成立が必要である。もし，光の豊富なギャップで成長率が高い種が暗い林内でも生存率が高ければ，この種はスーパーマンとして森林内のどこでも繁栄しその種が優占してしまう。特定の種の寡占状態となり多様性は減少する。多くの種が共存するには，ギャップで成長率が高い種は林内ではむしろ生存率が低く，また林内で生存し続けるような種は逆にギャップでの成長率は低い，というトレードオフ関係が成立する必要がある。そうであれば，これらの複数の種はそれぞれのハビタットでの更新確率は同じとなり，環境の不均一性（ヘテロ性）に応じて共存できることになる。

4.3. 早い成長と高い生存率は両立しない

山地播種試験で調べた落葉広葉樹5種の間には，実生の成長率と生存率の間にきれいなトレードオフ関係が見られた（図10）。ミズナラとイタヤカエデは林内での生存率は高いが大ギャップでの相対成長率は低い。一方，シラカンバやケヤマハンノキは大ギャップでは勢い良く成長するが林冠下での生存率はきわめて低くなった。したがって，1つの森林内に大小のギャップが混在するような環境ではこのような複数種が共存できることになる。このようなトレードオフ関係が種多様性を導くという考えは熱帯林では近年注目されているが，温帯林での検証例はほとんどない（Seiwa, 2007）。

4.4. 小さなギャップだけでなく大きなギャップも混じった方が多くの種が共存できる

全般的に実生の相対成長率は小ギャップより大ギャップの方が高くなる。この傾向は大種子を持つ種より小種子を持つ3種で高くなり，特にシラカンバで著しく高くなった（図12）。したがって大ギャップでは，小ギャップより成長率の種間差が大きくなり，トレードオフ関係もより明確にあらわれた。これはギャップがいかに頻繁にできてもギャップサイズが小さければ多くの種が共存するには不十分であることを示している。たまには大きな攪乱があ

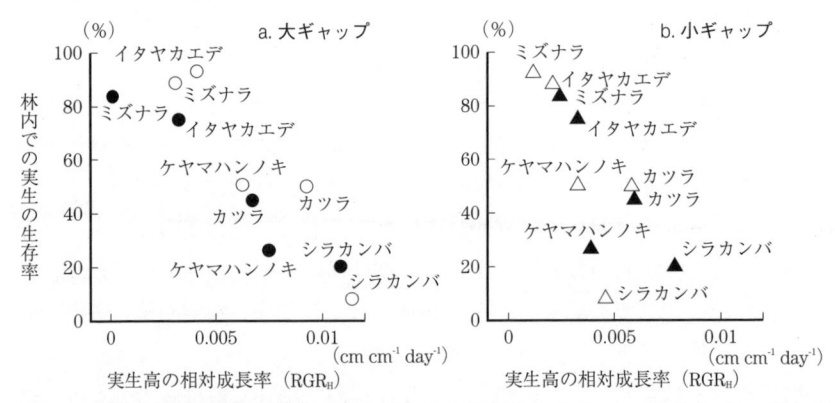

図12 落葉広葉樹5種の林内における実生の生存率と大ギャップ（a）および小ギャップ（b）における実生の成長率の関係 (Seiwa, 2007)
○・△：鉱質土壌裸出区，●・▲：落葉層区
同様の関係は個体重の相対成長率（RGR_M）でも見られた。

り大ギャップができることでより多くの樹種の共存が促される。すなわち，1つの森林内で光環境のバラツキがより大きいほど多くの樹種がニッチェを分割でき，共存できると考えられる。

4.5. 同種内のトレードオフは何を意味するのか？

　種間でのトレードオフ関係は多種共存系を示すが，1つの種内におけるさまざまな生育場所における生存と成長の関係は何を示すのか？　種間関係で見られたことを追認するのか，それとも新しい解釈が必要となるのか？　そこで，5種それぞれの種内における，実生の成長率と生存率の関係を図13に示した。シラカンバでは成長率・生存率とも，林内で最低となり大ギャップで最大となった（図13）。シラカンバは大ギャップのような明るい場所に適応するような強い選択圧を受けてきたものと考えられる。一方，イタヤカエデは，明るい所ほど成長率が大きくなったが，逆に生存率は林内で最も高くなり，成長と生存には種内でトレードオフ関係が見られた。大ギャップでは発芽直後の乾燥で多くの実生が死亡したものの成長は良好だった。一方，暗い林内では成長量は小さいが，生存率が高かった。林内では林冠木の開葉前に発芽し，被陰や病原菌などを回避できたためである（Seiwa, 1998）。いずれにしても，種内でのトレードオフ関係は，イタヤカエデが明るい大ギャッ

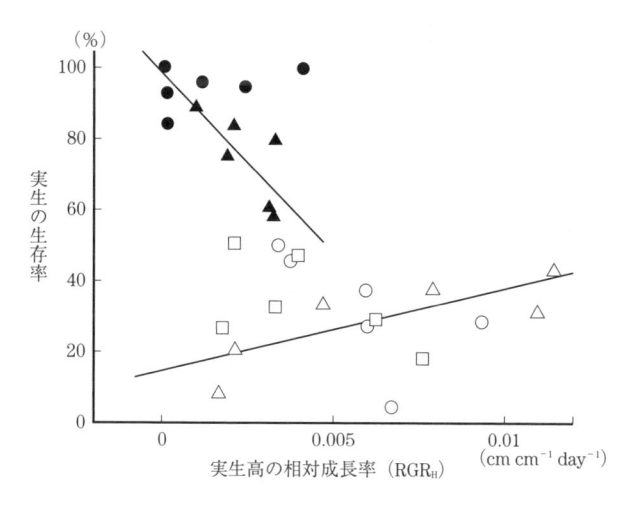

図13 落葉広葉樹5種それぞれの種内における生存率と成長率の関係 (Seiwa, 2007) ●：ミズナラ，▲：イタヤカエデ，□：ケヤマハンノキ，○：カツラ，△：シラカンバ 各種それぞれ6か所（林内・小ギャップ・大ギャップそれぞれの鉱質土壌裸出区と落葉層区）での関係をプロットしてある。

プ，小ギャップそして暗い林内いずれの場所でも同等の実生定着の可能性を持つことを示している。実際，いくつかの野外観察ではイタヤカエデはギャップや林内いずれに偏ることなく分布していることが報告されている。

このような種内での関係（図13）を種間関係（図12）と並べて見ると，シラカンバはいずれにしても典型的な大ギャップ依存型として解釈できる。しかし，イタヤカエデは種間関係から見ると相対的に暗い林内をハビタットとしているように見えるが，種内でのトレードオフ関係から推定するとかなり幅広い環境で同等の更新確率を持つことが推定される。冷温帯林の多くの種と比べれば遷移後期種として位置づけられるが，実際は比較的広いハビタットを持つ種だと言えよう。個々の種のハビタットの幅 habitat width や遷移系列における地位 successional status を知るには種間・種内両方のトレードオフ関係から推定すべきであろう。

4.6. 病原菌や植食者がつくり上げる多種共存系

「生存」と「成長」のトレードオフ関係は光や水分・土壌の肥沃性など非生物的な環境の不均一性を仮定しているが，実は病原菌や植食性の昆虫や哺乳動物などに対する防御戦略と深い関係がある（図14）。暗い林内での実生の死亡は，光補償点以下の弱光下で光合成量より呼吸量が増加し炭素収支のバランスが崩れることが大きな要因だと考えられている（第5章）。しかし，実際に実生の死亡要因を丹念に調べると病原菌の感染によって葉が枯れた

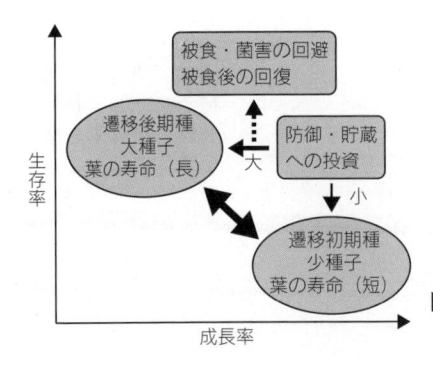

図14 成長と生存のトレードオフ関係と防御・貯蔵への投資量

図中ラベル：生存率／成長率／被食・菌害の回避　被食後の回復／遷移後期種　大種子　葉の寿命（長）／防御・貯蔵への投資／大／小／遷移初期種　少種子　葉の寿命（短）

り，胚軸（茎）が黒く萎縮したり，またネズミに茎を齧られたり，といった外敵による加害によるものが大半である。したがって暗い林内で生存し続けるには，弱光に適応した光合成系の整備だけでなく，さまざまな外敵に対する防御への投資が必須である。防御のためのフェノール類（縮合タンニン，リグニンなど）は高分子化合物でありその生合成にも大きな投資が必要で実生には大きなコストとなる。また，食害の厳しい林床で生き抜くには食われた部分を補修しなければならない。その際，根にデンプンや可溶性の糖類（フルクトース，スクロース）などの非構造性炭水化物 total non-structural carbohydrate（TNC）をより多く貯蔵している樹種ほど被食後の再生がうまくいくだろう。しかし，暗い林内で生育している小さい実生にとっては，限られた資源を防御や再生に投資すると逆に成長への配分を削る必要がある。したがって，暗い林内での生存率は高められるが，逆に成長率は期待できないといった制限が生じる。一方，大きなギャップで更新を成功させるには，隣接する他個体との光をめぐる厳しい競争に勝つためいち早く成長し，被圧されないようにすることが最も重要である。ギャップに依存して更新する種は被食防衛や貯蔵はさておきどんどん成長できるような資源配分をとるものと考えられる。早く成長するという戦略を選ぶか，それとも確実に生き残る戦略を選択するか，個々の樹種はそれぞれのハビタットでの定着を確実にするために最適な資源分配をしているものと考えられる。

　しかし，防御や貯蔵への投資が実生の生存率を実質的に押し上げているのか？　生存率と成長率のトレードオフ関係に個々の種の実生の資源分配がどのように作用しているのか実際に野外で調べられた例はまだない。今後，研究の進展が期待される。

おわりに

　最初，北海道の苗畑でシナノキの子葉を見るだけで喜んでいたが，いつの間にか引き込まれるように森の仕組みを考えるようになった。本論では系統的な制約を無視し，科 family を超えて種子サイズと実生のフェノロジーの関係について比較した。本来，種子サイズの影響を見る場合，系統発生に独立した対比 phylogenetically independent contrast（PIC）を行う必要がある（清和，2003）。つまり，属を越えた対比より，最近の共通祖先を持つ同属内で対比する方が系統的な制約から独立した比較ができるからである。したがって，PIC も併用するのが一般的になっている。また本論では基本的な大まかな傾向を書きあらわしたが，実は例外も多かった。例外の存在は重要であり，そこに次の研究の課題が見え，重要な現象の解明につながって行くことが多い。例えば，林内での光獲得には大種子の一斉開葉も大事だが，発芽時期の早さもさらに重要だろう，と考えるに至り，次に発芽タイミングの研究を始めた。いろいろな問題点や解決すべき課題は研究の進展とともに指数関数的に増えてくる。いずれにしても，よく観ること，なんべんも見ること，また同じ所を丹念に歩きまわることによって面白いことが次第に見えてくるのではないかと感じている。本論の内容はいろいろな先輩後輩との議論によってできたものであり，北海道の豊かな森とともに感謝したい。

参考文献

◆本章の内容が掲載されている原著論文

清和研二・菊沢喜八郎 1989．落葉広葉樹の種子重と当年生稚苗の季節的伸長様式　日本生態学会誌 **39**: 52-54.

Seiwa, K. & K. Kikuzawa. 1991. Phenology of tree seedlings in relation to seed size. *Canadian Journal Botany* **69**: 532-538.

Seiwa, K. & K. Kikuzawa, K. 1996. Importance of seed size for the establishment of seedlings of five deciduous broad-leaved tree species. *Vegetatio* **123**: 51-64.

Seiwa, K. 1998. Advantages of early germination for growth and survival of seedlings of *Acer mono* under different overstorey phenologies in deciduous broad-leaved forests. *Journal of Ecology* **86**: 219-228.

Seiwa, K. 2007. Trade-offs between seedling growth and survival in deciduous broad-

leaved trees in a temperate forest. *Annals of Botany* **99**: 537-544.
◆その他，執筆にあたって参考にした文献
菊沢喜八郎　1986．北の国の雑木林　蒼樹書房．
Koike, T. 1987. Photosynthesis and expansion in leaves of early, mid, and late successional tree species, birch, ash, and maple. *Photosynthetica* **21**: 503-508.
清和研二　2003．種子　生態学事典　共立出版．
清和研二　2004．種子発芽と実生の生理生態　小池孝良（編）樹木生理生態学, p.175-183．朝倉書店．
清和研二　2005．森林の遷移　中村太士・小池孝良（編）森林の科学, p.54-59．朝倉書店．

第5章　光への応答反応からみた実生の戦略

森林総合研究所企画部木曽試験地　壁谷大介

1. 森林はどのような光環境下にあるか

1.1. 森林という環境は厳しい
——初めに光をめぐる競争ありき

　公園の木立や里山の森の中を散策してみると，さわやかな風や降り注ぐ木漏れ日といった心地よい空間を体験することができる。また神社の裏の鎮守の森などは鬱蒼と茂り，昼なお暗い厳かな空間を創り出している。このように森林の中では，生えている樹木の種類や場所，そして時間の違いによって，多様な環境が生み出されている。森林環境の多様性は，樹木の成長・生存に不可欠な資源の量の偏りを生み出す。さらに実生の生存を脅かす損傷・死亡要因（ハザード）の多様性もまた森林環境の多様性から生じる。固着性生物である植物は，自分が定着した環境が気に入らないからといってそこから逃げだすわけにはいかない。資源に乏しい・ハザードが多い環境に定着したとしても，そこで生きていくしかないのである。

　実生の生育環境内で不足しがちな資源としては，水・栄養塩そして光が挙げられる。このうち主に根から吸収される水と栄養塩の２つは，地下環境が獲得できる資源量に影響を与える。一方，光資源の獲得には，地上部の環境が重要となる。とりわけ，他の植物個体との間で繰り広げられる光を巡る競争は，地上部の環境を決定する重要な要素の１つといえる。何故なら，普通光は上方向からしか供給されないため，他の個体に上層を覆われれば一方的な不利益を被ることになるからだ。このような競争関係にあるうちの片方が他方に対して一方的に影響を与えうる競争のことを，一方的競争 asymmetric competition と呼ぶ。

図1 光は上方より
光資源は上層に葉を展開できた個体が一方的に利用できるのに対して，水・栄養塩は大小双方の個体が利用可能。

　なお，水や栄養塩などの根からの資源吸収もまた他個体との競争が考えられるわけだが，この場合は資源の供給方向が光ほどは厳密ではないために，競争は個体サイズによらず双方共に影響を与えあう可能性がある（もちろん程度の大小はあるだろうが）。このような競争を双方向的競争 symmetric competition と呼ぶ。実生は地上部・地下部双方で繰り広げられる競争を通して，他の植物との間でしのぎを削りあっている（図1）。

　森林内に定着した実生にとっては，林冠を形成するような高木から低木まで複数の階層にわたって存在する樹木や林床の草本類などすべてが競争相手になる。しかもいずれの競争相手も普通は発芽したての実生より大きいため，実生はこと光資源に関してはこれらの競争相手から一方的な不利益を被ることになる。森林内の実生の置かれた環境（とりわけ光環境）というのは，つまり他の個体との競争の結果（といっても，はじめから負けが確定しているのだが）形成されたものなのである。

　実際に上層を樹木に覆われた林床では，どれくらいの光が届いているのだろうか？　これを調べる方法の1つとして，魚眼レンズ付きのカメラで上層180°すべてを撮影した全天写真を用いて空の見える割合（開空率）を計算する方法がある（Box 1）。この方法で林床の光環境を推定すると，落葉広葉樹の閉鎖林冠下では，開空率は5％程度しかないことがわかる（図2）。もっともこの値は，林冠を構成する樹種や林冠の発達具合で変化し，林内の低木層・草本層が発達していれば，さらに低い値になる。このように閉鎖林冠下で発芽・定着した実生は，前途多難な生活を送ることになる。

Box 1. 魚眼レンズを用いた全天写真の撮影とその解析方法

　ここでは全天写真を利用した光環境測定について簡単に説明する。光環境測定についてより深く知りたい向きには『光と水と植物のかたち：植物生理生態学入門』（種生物学会，2003）をお勧めする。

機材：ニコンの COOLPIX 900 シリーズ＋魚眼コンバージョンレンズ FC-E8 のゴールデンコンビがいずれもカタログ落ちとなった 2007 年 6 月現在，新たな機材を入手するとなると，35mm 画像素子を持つデジタル一眼レフ（とても高価）＋シグマの円周魚眼レンズ（2007 年 11 月，APS-C サイズ画像素子に対応した円周魚眼レンズが発売された）か，現在でも入手可能なコンパクトデジカメ対応の魚眼コンバージョンレンズ，UWC-0195 (Fit)，DCR-CF185PRO (Raynox) を適当なデジカメに装着して利用する形になるだろう。なお解析ソフトによっては特定の射影方式しか対応していないので，レンズを選択する際には注意が必要である（例えば FC-E8，UWC-0915 は等距離射影方式，シグマの魚眼レンズは等立体角射影方式を採用）。

撮影：全天写真の撮影は，できるだけ直達光や青空の写り込まない曇天の日に行うのがよい。撮影時にはレンズの中心が天頂に向くよう，水準器などでレンズ面を水平にする必要がある。また写真に方位マーカーが写り込むようにしておくと，開空率に加えて site factor（相対光量）などが算出できる。また，露出は林外での適正値に固定するか，オートブラケット機能を利用して数段階の露出値で撮影しておき，画像解析に適した露出の写真が得られるように工夫する。

画像処理と解析：撮影した写真は，パソコンに取り込んだうえで必要ならばフォトレタッチソフトで画像を解析可能な状態に修正する。そしていよいよ解析であるが，全天写真解析ソフトは，Hemiview などの市販物以外にも研究者の開発したフリーウェアがいくつか存在する。最後にその一例を挙げておく。

　CanopOn2（竹中明夫）http://takenaka-akio.cool.ne.jp/etc/canopon2/index.html

　GLA（Frazer, G.W. & Canham, C.D.）http://www.ecostudies.org/gla/

　LIA32（山本一清）http://www.agr.nagoya-u.ac.jp/~shinkan/LIA32/index.html

　＊上記のソフトウェアはいずれも Windows 用，アドレスは 2008 年 1 月現在

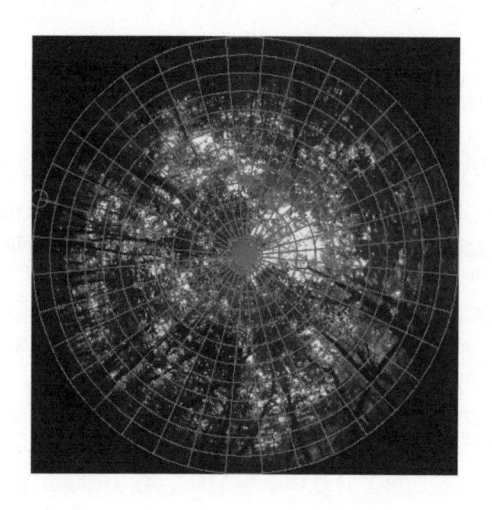

図2 ミズナラ林の林床で撮影した全天写真
グリッドごとに空の見えている割合を求めて平均することで全天の開空率を計算する。

1.2. ギャップ・ダイナミクス——天からの光

　上層を他の個体に被覆された林床で発芽を迎えた樹木の実生は，光獲得の面で大きな不利益を被る。しかし，上層を覆う木々は永遠に存在し続けるわけではない。寿命を迎えた木々はやがて枯死するし，台風や落雷といった自然災害を被って枯損したり人為的に伐採されたりもする。その結果，林冠にある程度まとまった空隙が形成される。これを林冠ギャップ（あるいは，単にギャップ）と呼ぶ。

　一度林冠ギャップが形成されると，林内の光環境は劇的に改善される。さらには，土壌温度の上昇・土壌有機物の分解促進・土壌水分量の増加など，地下部の環境改善も期待される。こうして実生は資源不足の劣悪な環境から解放され，成長が促進される。やがて実生だった個体が成木となり，林冠ギャップを埋めることで樹木の更新が完了する。このように林冠ギャップの形成を通して生じる樹木の世代交代をギャップ更新と呼ぶ。ギャップ更新を基本とした森林の生まれ変わり（森林動態）をギャップ・ダイナミクスと呼び，森林生態学の基礎理論の1つとして多くの研究者が取り扱っている。

2. ササという厄介者

2.1. 日本の森林の林床を優占するササ——数十年に一度のチャンス

　一見，何の変化もないように見える森林の林冠構造も，長い目で見ると林

冠ギャップ形成 – 回復という過程を繰り返して動的に変化している。そして，林冠ギャップ形成にともなって林内の光環境は大きく改善される。では林冠ギャップが形成されれば，樹木実生の生活は安泰なのだろうか？　実は話はそれほど単純ではない。日本を含む北東アジア地域の森林は，林床植生としてしばしばササを伴う。ササは，分類上はイネ科の植物なのだが，高さが50 〜 300 cm に達し，1 年を通して着葉する常緑植物でもある。

ササをともなう林床においては，樹木の実生はササの丈を越えるまでは常にササに被圧されていることになる。そのため，たとえ林冠ギャップが形成されて林内の光環境が改善されたとしても，その影響が実生の生活する林床にまで及ばないことが多々ある。光環境の改善が望めなければ，林床で生活する樹木実生の生存率はなかなか改善されない。その結果，樹冠を形成していた高木が枯死しても次世代への更新がなかなか生じず，立木密度の低い林になる（さらには篠地になる）ことがある。このため林床のササの存在は，樹木の更新を阻害する大きな要因の 1 つとして長らく森林施業・管理に従事する人々を悩ませ続けてきている。

このように，森林動態の観点からすると頭の痛いササなのだが，この植物はとても興味深い特質を持っている。第一にクローナル植物（Box 2）であること。生い茂った篠地には多数の笹稈が生えているが，これらは広範囲にわたって地下茎でつながった 1 個体に由来するものだったりする。そして第二に長寿命一回繁殖型の植物であること。ササはイネ科の植物である。田んぼで育つイネがそうであるように，ササもまた基本的には開花・結実後には寿命を終えて枯死する。ただ，イネが籾種から稲穂を付けるまでの一生を 1 年で終えるのに対し，ササの一生は，数十年以上の非常に長い時間をかける。長い年月を経て空間的に広がったササ個体は，ある年に花をつけ結実すると，その年のうちに枯死する。ササは 1 個体でも数百 m^2 を占めることがあるのだが，時には複数の個体が同調して開花するという現象が見られる。これがササの一斉開花である。これは昔から知られた現象で，会津民謡に謡われる「会津磐梯山は笹に黄金がなり下がる」は磐梯山一円のササの一斉開花の様子を謡ったものだ，という説もある。

1995 年，筆者が大学の学部 3 年生の時のこと。青森県と秋田県の間に位置する十和田湖の湖畔で，チシマザサの大面積一斉開花枯死が起きた（図3）。実際には，開花は前年の 1994 年から部分的に起き，翌 95 年に広範囲に広がっ

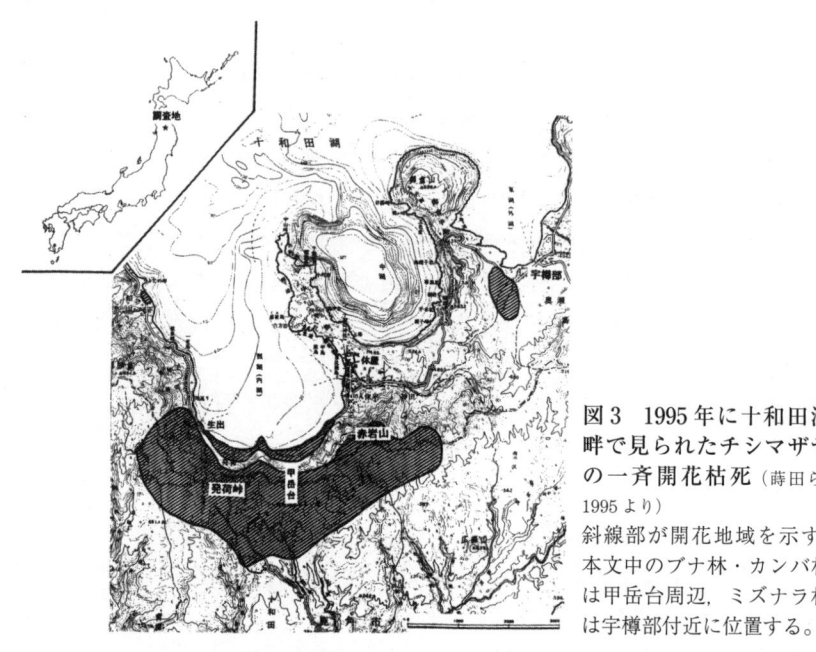

図3 1995年に十和田湖畔で見られたチシマザサの一斉開花枯死（蒔田ら，1995より）
斜線部が開花地域を示す。本文中のブナ林・カンバ林は甲岳台周辺，ミズナラ林は宇樽部付近に位置する。

たようである。その開花面積は1000 haを超える広大なものだった。1996年，この機会を逃すまいと，京都大学を中心とする研究者グループが十和田湖畔のブナ林に固定試験地を設定して，樹木実生の動態調査を開始した。幸運なことに，筆者は学部4年に進級した直後，まだ自分の研究テーマも決まらないうちだったが，このチシマザサ開花地での試験地設定に参加させてもらうことができた。そして，1996年にはもう1つの偶然が重なった。それは1995年がこの地方のブナの豊作年だったことだ。このため，筆者は研究室配属と同時に生態学の教科書に出てきそうな現象をいきなり観察することができたのである。

2.2 ブナの話──5年に一度のチャンス

ここで少しブナ林の話をしよう。世界自然遺産に登録されている白神山地に代表されるブナ林は，中部−北日本の日本海側山岳地帯に形成される代表的な天然林である。ブナを中心として，カエデ属やホオノキ，ミズナラ等の落葉性広葉樹種で構成されており，多くの場合その林床にはササが優先している。ササの存在がブナ林の更新を阻害していることはいくつかの研究で明

らかにされてきた。

　ただ，発芽 – 定着初期に関してはなかなか研究が難しい。というのも，ブナの種子は毎年結実するわけではなく，種子生産の大部分が3～5年ごとの豊作年に集中する。そしてブナ実生の発生は豊作年の翌年にしか観察されないことが普通なのである。ちなみに，何故結実量が年ごとに大きく変動するかは生態学の重要なテーマの1つであり，「たくさんの種子が同時に生産された方が捕食者による食害を免れる確率が高くなる」，「種子生産に必要な資源を蓄積するのに数年を要する」といった仮説が提示されている。

　このように，ブナ実生の動態を追跡するには，長い期間チャンスが来るの

Box 2. クローナル植物

　羊のドリーや映画「アイランド」で知られるクローンとは，もとになる個体と同一の体細胞遺伝子を持った生物のことである。クローンは人間が創り出すだけではなく，自然界においても性を伴わない繁殖（無性繁殖。あるいは栄養繁殖とも）によって誕生する。種子植物は普通種子（生殖器官）を介して個体数を増やす有性繁殖を行うが，中には有性繁殖のほかに走出枝（ランナー）や球根，むかごなど生殖器官以外の器官を介して増殖する無性繁殖（栄養繁殖）を行う種が存在する。このような繁殖様式を持つ植物をクローナル植物と呼ぶ。

　クローナル植物は，多くの場合自立的に生存可能なクローン個体（ラメットともいう）からなる集団を形成する。本来的には，このラメットの集団が1つの個体（ジェネット）である。例えばオリヅルランやイチゴは，伸ばしたランナーの先端に新たなラメットを創ることで増殖する。ラメットどうしがランナーで結ばれているときには，ラメット間で水や養分のやりとりを行うが，ランナーが切断されても各々のラメットは生存できる。そして，切り離された株から新たなランナーが伸びることでラメットは増殖し，空間的に分散していく。このようにクローナル植物は，1個体（1つのジェネット）で広い空間を占有するのに効果的な繁殖方法をとっているといえる。

　タケやササのラメット（稈）は，ランナーの代わりに地下茎を介して連結している。親ラメットが伸ばした地下茎上に娘ラメット（タケノコ）を創り出すというサイクルを繰り返してラメットを増殖させ，長い年月と共に自分の陣地を拡大していくのである（ササのジェネット1つがどれくらいの面積を占めるのか？というトピックは，『森の分子生態学』（種生物学会，2001）で紹介されている）。

を待つ必要がある。さらに数十年周期で生じるササの枯死が、実生の動態に与える影響を調査できる機会を待つとなると気が遠くなってくる。その両方の条件をクリアできた1996年というのがいかに恵まれた年であったか、わかっていただけると思う。

2.3. カンバ林でのできごと——恐るべきはササの実生

と、ここまで書くと、筆者の話の中心はブナ林の光環境の多様性とブナ実生の環境応答を調べたものになると思われることだろう。しかし、さにあらず、話は変わる。十和田湖畔のチシマザサの枯死エリアは、広大であったためにブナ以外の樹種の優占する林も含んでいた。当時同級生だった中野暁君が研究テーマを決めている際、指導教官の彦坂幸毅先生が「ブナ林は京大の連中が調査するし、どうせやるのならブナ林以外の方が面白いのでは？」とそそのかしたのである。この一言で中野君の4年生時の研究テーマが決まった。そして彼が修士課程以降に別の研究室に移ったことをきっかけに、筆者が彼の試験地を引き継いで調査を継続したのである。このときに調査対象としたのが、ダケカンバ林と後に出てくるミズナラ林だった。

ダケカンバ・シラカンバ等のカバノキ属の樹種は、生育にはブナよりも明るい環境が必要とされている（第4章）。このため、これらの樹種が優先する林が形成されるためには比較的大規模な攪乱が生じて、光環境が大きく改善される必要がある。光資源に対する要求性の高いカンバであるから、実生の更新過程はギャップの形成＋ササの枯死という光環境の改善にブナ以上にヴィヴィットに反応するだろうと予想される。

果たしてその通り、林冠ギャップ＋ササ枯死以外の調査地のカンバ（ダケカンバ＋ウダイカンバ）個体は、たとえ発芽したとしてもほとんどすべてが当年のうちに消失してしまった（図4）。そして、なんとか生存は可能であった林冠ギャップ＋ササ枯死のサイトでも思わぬ伏兵がいたのである。それはチシマザサの実生だった。考えてみれば当然のことだ。チシマザサとて次の世代を残すために開花・結実したうえで枯死したのであるから。さらにチシマザサの実生は、良好な光条件のもとであれば旺盛な成長を見せるカンバもたじろぐような勢いで成長をし、調査開始3年後にはササの高さは70cmを超えるまでになった（図5）。その結果、チシマザサ実生の海の中にかろうじてカンバの島が点在するといった状況になってしまった。ただ、良好な

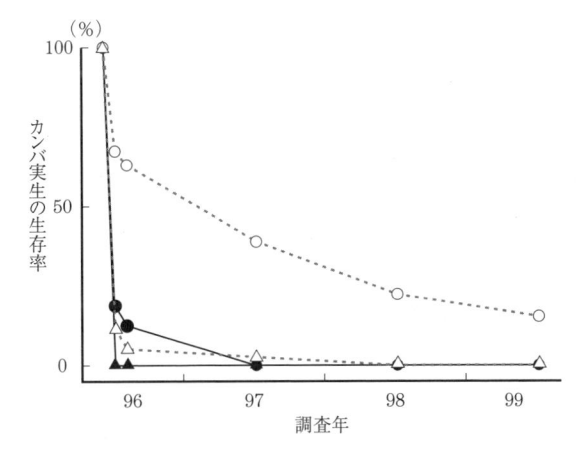

図4 異なる光環境下におけるカンバ(ダケカンバ＋ウダイカンバ)実生の生存率

ササ	林冠状態	
	ギャップ	閉鎖
枯死	─○─	--●--
生存	─△─	--▲--

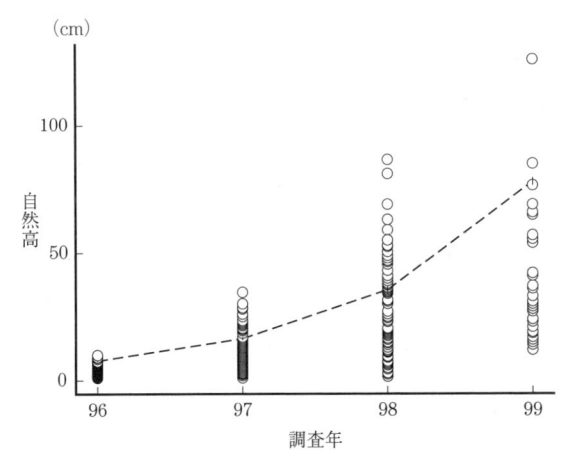

図5 ギャップ＋ササ枯れ林床に定着したカンバ・ササ実生の自然高の変化
図中の折れ線はササ実生の平均自然高(縦線は標準誤差)。○はカンバ実生各個体の自然高をあらわす。

光環境の下では極めて旺盛に成長できるカンバは，ササとの間で繰り広げられる光を巡る競争に，少なくとも一部の個体は善戦することができたといえる。

　一方でブナ林の方はどうだったのだろうか？　ブナはカンバと比較して弱光環境でも比較的生存率が高いことが知られている。ただし良好な光環境のもとでの成長は，カンバよりも劣る。その結果，林冠ギャップ＋ササ枯死のサイトではチシマザサ実生との競争に負けてしまった(Abe et al., 2005)。ブナの実生にとっては，むしろササの枯死した閉鎖林冠下の方が，ササ実生の成長も抑制されるために生き延びやすい環境となるようである。

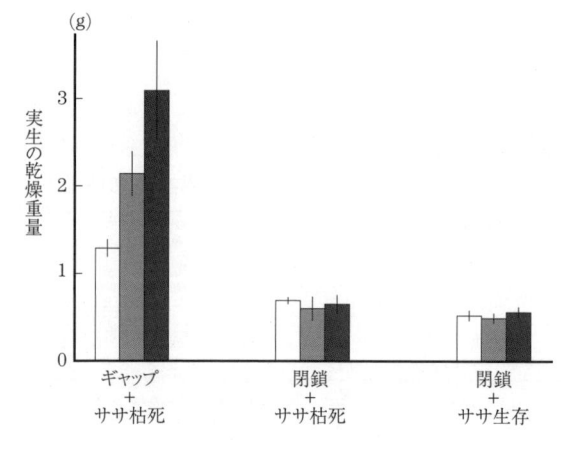

図6 ミズナラ実生の個体重の変化 (Kabeya et al., 2003 より一部改変)
□：1年生，■（灰）：2年生，■：3年生
縦線は標準誤差。対象としたミズナラ林には1995年に発生した実生が優占していた。そのため調査開始時点では1年生の実生を扱った。縦線は●●を示す。

2.4. ミズナラ林でのできごと
——異なる光環境下での実生の生きざま

では閉鎖林冠下や林冠ギャップ下といった異なる光環境に定着すると，樹木の実生はどのように反応するのだろうか？　そのあたりをもう少し詳しく見てみることにしよう。

学生時代の筆者が取り組んだもう1つの森林は，ミズナラを主体とする二次林である。この林は十和田湖畔の南東岸，ブナ林・カンバ林からは数km離れたところに位置する。離れているにもかかわらず，この森林の林床に生育するチシマザサもまた一斉開花・枯死を迎えていた。ただこのミズナラ林では，ササの開花・枯死後もチシマザサの実生がほとんど発生しないという特徴があった。これは元々のササの密度が低かったことが原因かもしれない。ササ実生との競争がシビアではなかったおかげで，林冠ギャップ下でのササ枯れは樹木実生の成長・生存にプラスにはたらいた。

ミズナラの光要求性はブナとカンバの間くらいであるとされている。実際，ササの残存する閉鎖林冠下でも何年も生存を続けるミズナラ実生が数多く見られた。ただ，ミズナラの実生はササの枯死した林冠ギャップの下で旺盛な重量成長をしたのに対し，閉鎖林冠下では実生の重量はほとんど増加しなかった（図6）。その傾向は，ササの残存する林床でより顕著だった。ミズナラの実生は閉鎖林冠下のような光環境ではほとんど成長が望めず，生き延びるだけで精一杯のようである。

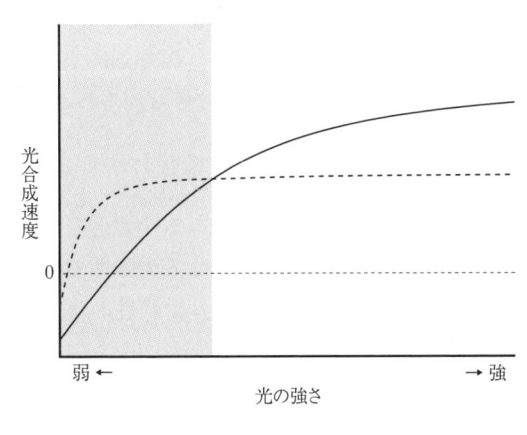

図7 光強度と光合成速度の関係の模式図
実線：耐陰性の低い種，破線：耐陰性の高い種
図中の灰色部の光強度では，耐陰性の高い種の光合成速度の方が大きくなる。なお，縦軸は見かけの光合成速度（光合成速度－呼吸速度）であり，0となる光強度を光補償点という。補償点以下の光強度だと光合成速度よりも呼吸速度が大きくなり，収支がマイナスになる。

3. 光環境と資源貯蔵からみた各樹種の戦略

3.1.「耐陰性」という植物の性質
——樹木の性質をあらわす便利な概念

これまでカンバ林・ブナ林・ミズナラ林と，その実生についての話をしてきた。これらの樹種は，それぞれ成長・生存のための光要求性が異なっている。この光要求性のことを，「耐陰性」という言葉であらわす。文字通りに解釈すれば，日陰に耐えて生き残り成長する能力のことである。では樹種間の耐陰性の違いは何で決まっているのだろうか？

耐陰性の違いは，以前は葉の光合成能力の差で説明できると考えられてきた。植物の葉は光合成のための器官である。十分な光を受けることで，光合成によって二酸化炭素から糖やデンプンといった炭水化物を合成する。光合成速度はある程度までは光強度に依存して増加し，やがて最大光合成速度に達したところで飽和する。その依存の度合い（曲線の最初の傾き）と最大光合成速度は樹種間で異なり，同じ樹種であっても生育環境によって異なる。一般的に，耐陰性の高い樹種は光補償点（光合成量と呼吸量が等しくなる光強度）が低く弱光条件でも収支がプラスである反面，最大光合成速度が低く，中程度の光で最大光合成速度に到達してしまう（図7）。一方耐陰性の低い種は，光補償点・最大光合成速度が高く，かなり強い光まで光合成速度が上昇するとされている（図7）。

強光条件のもとでは耐陰性の低い種の方が光合成速度が大きいのだが，弱光条件ではこの関係は逆転して，むしろ耐陰性の高い種の方が光合成速度が

高くなる。光合成速度の違いは植物の成長速度の違いに反映される。つまり，強光条件では耐陰性の低い種の方が成長速度が速いものの，弱光条件では耐陰性の高い種の方が成長速度が大きくなり有利になる，と考えられるわけだ。

3.2. 耐陰性の概念に疑義あり——光合成だけ見てもわからない

しかしながら，近年（と言っても10年以上前になるが）この考え方に疑問を呈する興味深い実験結果が報告された。ハワイに自生する耐陰性の異なる樹木13種の実生で，光合成能力などを比較したところ，耐陰性のランクと光補償点・最大光合成速度のランクは無関係であることがわかったのである（Kitajima, 1994）。さらに，強光・弱光のいずれの光条件においても耐陰性の低い種の成長速度が大きいことが示された。どうやら光合成能力や異なる光環境における成長速度の違いだけでは，樹木の耐陰性を説明できないようである。

その一方で耐陰性の高い樹種は，葉が厚い・個体サイズに対して相対的に葉面積が小さい・幹の密度が高い・個体重に占める地下部（根）の割合が大きい，といった形態的な特徴があることが明らかになった（図8）。これらの結果は樹種ごとの耐陰性の決定に関する別の仮説，「耐陰性の程度は，強光条件下における成長速度と弱光条件下における生存率のいずれかを重視するかで決まる」を支持する。

この仮説についてもう少し詳しく述べてみよう。上記の実験で扱われた耐陰性ランクの高い樹種の実生は，厚くて丈夫な葉・密度の高い幹・大きな根，といった形態的な特徴を持っていた。これらの種は，この形態的特徴によって弱光環境下で発生する病菌害・食害といったハザードに対する高い抵抗性を備えているのだと考えれば，耐陰性の高さが説明できる。しかしながら，厚い葉や高密度の幹を形成するためには，大きなコストがかかる。さらに，根や幹に多くの資源を分配すれば，光合成器官である葉を作るための資源への投資割合が減少し，葉のサイズが小さくなる。その結果，実生の獲得できる資源量も減少し，成長速度が小さくなってしまう。

一方で耐陰性の低い樹種は，薄い葉・相対的に大きい葉面積・大きな地上部・低密度の幹という形態的特徴を持っている。これらの形態をとることで，耐陰性の低い樹種はより多くの資源獲得を期待でき，成長速度が速くなると考えられる。ただし，薄い葉や低密度の幹というように植物の構造を形作る

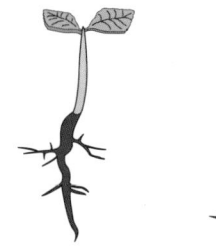

耐陰性の高い種		耐陰性の低い種
小 ←	成長速度	→ 大
厚 ←	葉の厚さ	→ 薄
小 ←	相対的な葉面積	→ 大
高 ←	幹の密度	→ 低
高 ←	根の割合	→ 低

図8 耐陰性の高低と実生の形態の関係 (Kitajima, 1994の模式化)

部分のコストを抑えた分，とりわけ弱光条件下でハザードを被った際の生存率が低下する（第4章）。

　さまざまな植物を見ていると，何故耐陰性の異なる樹木が存在するのか？言い換えれば，何故強光環境でも弱光環境でも成長・生存能力の優れた種が存在しないのか？という疑問が生じる。しかしながら上で書いたような考え方に基づくと，成長と生存の両方を同時に実現するのは無理なのだ，ということになる。生態学では，このような二兎を追うことができない状況を想定することがよくある。これを「トレードオフの関係」と呼んでいる。さまざまな場面でトレードオフの関係を想定することで，生物の生き方の多様性を説明できるようになる。例えば強光条件下での成長と弱光条件下での生存をどのようなバランスで重視するのが好ましいかは，植物の生育する環境によって異なる。個々の種がそれぞれ生育する環境に適応した結果が，耐陰性の多様性につながるのである。

　さて，耐陰性の高い樹種の形態的な特徴の1つに，大きな根，というのが挙げられていた。耐陰性はさほど高くないとされているにもかかわらず，ミズナラの実生はブナと比較してきわめて大きな根を持っている（図9）。発達した根という形態は，ミズナラを含むコナラ属の実生に共通して見られる特徴で，コナラ属の生態学的な位置づけに深く関与していると考えられている。このことをもう少し詳しく説明してみよう。

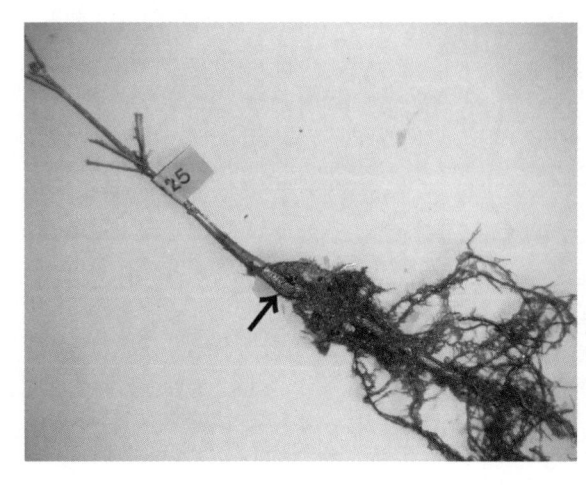

図9　強光条件下で栽培した1年生ミズナラ実生
葉は取り除いてある。矢印より右下の部分が根にあたる。

3.3. ミズナラの資源貯蔵
——親の遺産を食い潰す放蕩息子的生き方

　ミズナラを含むコナラ属の実生は，きわめて発達した根（直根），という形態的特徴を持っている．この発達した直根の役割として従来考えられてきたのが，水分吸収能力の向上のため，そしてもう1つが貯蔵器官としての役割である．

　秋にミズナラやコナラの種子——いわゆるドングリ——を森の中で拾ってみると，すでに根の出ているものに出合うことがある．実はドングリには休眠性がほとんどなく（第2章），種子散布直後に発芽（発根）をスタートさせ，根を伸ばした状態で冬を越す．直根は，翌年の生育期間中に20 cm近い深さにまで到達する．この結果，コナラ属は他の樹種の実生に比べてより深い場所に存在する水や栄養塩などの資源を獲得できるようになる．この特徴は，特に乾燥しやすい環境で有利にはたらく．コナラ属の多くの種が地中海性気候などの半乾燥地帯に分布していること，また日本国内においてもコナラなどは尾根のような乾燥しやすい地形に分布していること（第3章）と，発達した直根という形態とは密接な関係があると考えられている．

　発生の初期段階から形成されているミズナラの直根のもう1つの役割は，資源貯蔵器官としてのはたらきである．この資源貯蔵がミズナラ実生の弱光環境下での生存に重要なはたらきをしている．

　ブナとミズナラ実生との間で，個体重に占める根の炭水化物（デンプン＋

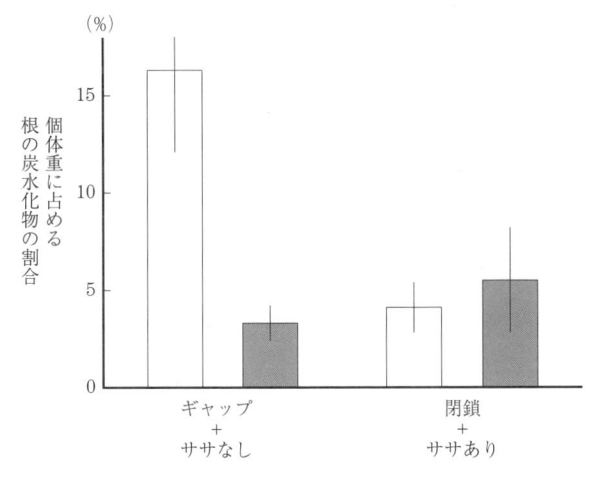

図10 異なる光環境下に生育するミズナラ・ブナ実生の個体重に占める根の炭水化物の割合
□：ミズナラ，■：ブナ
いずれも1年生実生。縦線は標準偏差。

糖）の割合を比べてみると，ミズナラ実生は，良好な光環境のもとでとりわけ多くの炭水化物を貯蔵していることがわかる（図10）。興味深いのは，ミズナラの耐陰性はブナよりも低いといわれているのもかかわらず，弱光条件であっても，ブナ実生と同程度の炭水化物の貯蔵が観察されることである。先程，ミズナラは閉鎖林冠下のような弱光環境では，ほとんど十分な稼ぎが得られず重量成長できないことを示した。では根に貯蔵されている炭水化物はどこから来たのだろうか？

ミズナラを含むコナラ属の種子，すなわちドングリは，日本に自生する植物の種子の中では大きい部類に入る。特にミズナラのドングリは大きなものでは乾燥重量で4g近くある。種子の大部分は子葉が占めており，子葉の重量の約60％を炭水化物が占めている。この子葉は発芽しても展開することなくドングリの中にとどまり続ける。この大きな種子から発芽する実生は，ブナやカンバと比べると巨大である。先にも述べたように，光を巡る競争は相手よりも少しでも高い位置に葉を展開できれば一方的に有利になるから，大きな実生を形作ることは光獲得競争の観点からすると重要になる。

だからといって，ミズナラは子葉のすべての炭水化物を大きな実生の形成に使うわけではない。ミズナラの実生の発生時期を通してドングリ内の子葉と根に含まれる炭水化物量の変化を追跡してみると，実生の発達に伴って子葉の炭水化物量は低下していき，それと同時に根の炭水化物量は増加していくことがわかる（図11）。面白いことに，根の炭水化物の増加は，実生の展

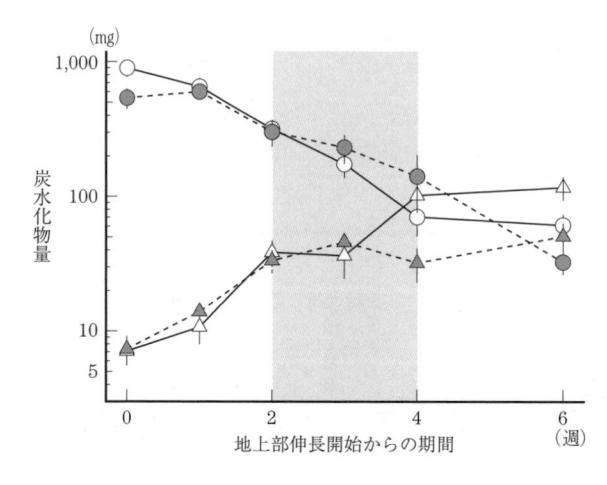

図11 ミズナラ実生の発芽時における子葉および根の炭水化物量の変化（Kabeya & Sakai, 2003より一部改変）
□：強光，■：弱光．
○●：子葉，△▲：根
縦線は標準誤差．図中の斜線部は実生の展葉期間をあらわす．縦軸は対数値になっていることに注意．

葉が始まる前からすでに生じている．このことから，子葉の炭水化物の一部が根に転流していることがわかる．

　ドングリのように，発芽時に地上部に展葉しないタイプの子葉を地下子葉と呼び，ブナ属を除くブナ科の樹木やトチノキなど，比較的大きな種子をもつ双子葉植物で見られることがある．地下子葉は，地上部に展開しないため発生初期の光合成器官としては役に立たない．その代わりに発生初期の実生の資源貯蔵器官として重要な役割を占めていると考えられている．ただしこの地下子葉は，ネズミやカケスなどの食害を受けることが多々ある．ミズナラのように発生の早い段階で貯蔵資源の一部を別の器官－根－に移しておくことは，子葉を被食されることで貯蔵資源を失うリスクを減らす役目を果たしているのではないかと考えられる．

　発生の初期段階から貯蔵器官としてはたらいているミズナラの直根は，良好な光環境のもとでは実生の成長と共に発達し，多量の炭水化物を蓄える役目を果たす（図12）．一方で閉鎖林冠下のような弱光環境では，貯蔵資源量は増えないばかりでなく，実生を維持するのに利用されて減少していく．このようにミズナラは，弱光環境下では親から貰った遺産（＝子葉由来の炭水化物）を頼りに細々と生き延びているのである．いずれ林冠ギャップが形成されて，光環境が改善される日が訪れるのを待ちながら．

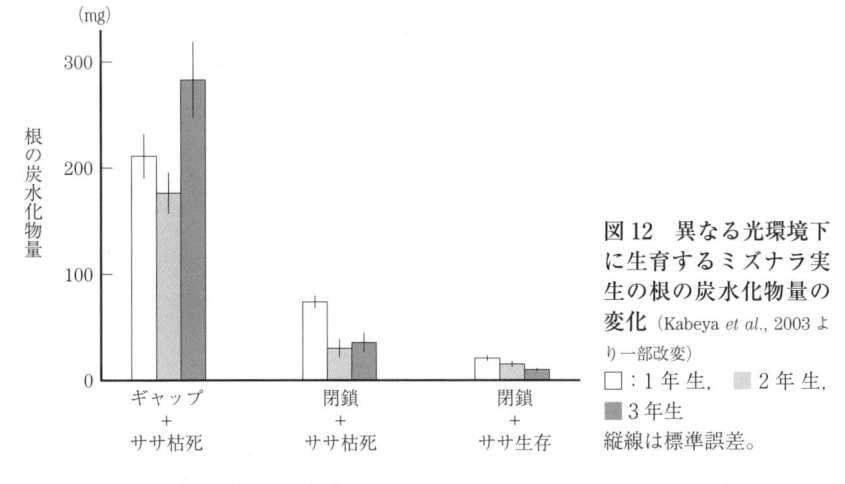

図12 異なる光環境下に生育するミズナラ実生の根の炭水化物量の変化 (Kabeya et al., 2003 より一部改変)
□：1年生，▨：2年生，■：3年生
縦線は標準誤差。

3.4. 地上部損傷の発生――ブナの実生，一晩で全滅す

　ミズナラの根に蓄えられた炭水化物は，弱光環境下での生存用のエネルギーの他に別の役割も果たす。それは，損傷からの回復の際のエネルギー源としての役割である。

　樹木の実生はさまざまな要因によって損傷を受ける。ミズナラ実生の損傷・死亡要因を追跡してみたところ，最も多いのは病原菌感染によると思われる立ち枯れ，次いで小型齧歯類による食害であることがわかった。ネズミをはじめとする小型哺乳類による食害は，樹木実生にとって重大な損傷であり死亡要因であることが数多くの研究で報告されてきている。ネズミなどによる食害は，ネズミ自身が猛禽類などの捕食者に狙われやすくなる林外や林冠ギャップ内などのオープンな環境では発生率が低く，閉鎖林冠下，とりわけ下層植生の発達した林床で頻繁に発生する。従って，下層植生の発達した閉鎖林冠下という環境は，光資源の不足と高頻度の食害といった2つの意味で樹木の実生にとってありがたくない環境になるわけだ。

　2000年の秋は，東北地方では1995年以来のブナの大豊作年にあたった。この年の秋，筆者は何年も前から計画していたブナの栽培実験用のブナの種子を集めるために，ホウキとちりとりを持って八甲田山周辺のブナ林に面した道路をウロウロしたものである。

　この年のブナの大豊作はしかし，翌2001年のブナ林内の樹木実生の生存にマイナスの影響を及ぼした。「たくさんの種子が同時に生産された方が捕

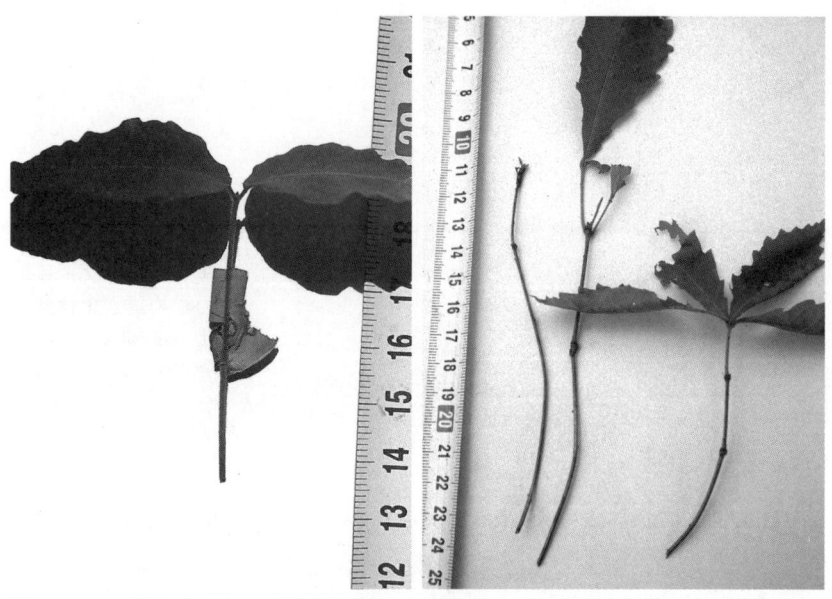

図13　2001年のネズミの大量発生時に食害を受けて切り取られたブナ（左）とミズナラ（右）実生の地上部

食者による食害を免れる確率が高くなる」，という仮説の話は前にも述べた．実際2001年には，種子の時期のハザードを逃れることのできたブナの実生が，あちらこちらの森林で大量発生した．ただ，大量に見られたのはブナの実生だけではなかった．大量に散布されるブナの種子は，それを捕食するアカネズミなどにとっても快適な環境をつくり出したようで，2001年の春にはこれら小型齧歯類の個体数がかなり増えたのである．

このネズミの大量発生ぶりは地元の新聞でも取り上げられるほどだった．たちの悪いことに，これらのネズミ類は樹木の種子だけでなく樹木の実生も捕食する．その結果，2001年にはブナ林内での樹木実生の食害が激増してしまった．それもブナの実生に限ったことでなく，ミズナラや他の樹種の実生も食害の被害を被ったのである（図13）．どうやらこのときばかりは，多量の種子を散布することで捕食者から逃れられる確率を高くする，という植物側の作戦は上手くいかなかったようだ．

実はこの年には苦い思い出がある．筆者が東北大学の八甲田山植物実験所の圃場で栽培していた実験用のブナ実生が，ことごとくネズミに齧られる，

図14　食害によって地上部を切除されたブナ（左）とミズナラ（右）の実生
ブナ実生はこの後死亡したのに対して，ミズナラ実生は萌芽再生によって生き伸びた。

という被害に遭い，夢にまで見たブナの栽培実験を泣く泣く実験を諦めることになってしまったのである。

3.5. そして萌芽再生——地上部損傷からの回復

　食害による地上部の損傷は，実生にとっては重大な損害だが，致命的であるとは限らない。2001年のネズミの大量発生の際に，多くの樹種の実生が地上部を齧られたことを先ほど述べた。地上部を失ったブナの当年性実生は，ほとんどすべてがそのまま死亡してしまう。その一方で，ミズナラの実生は地上部喪失個体の4割が新たな地上部を再生させた（図14）。いわゆる萌芽再生反応である。ミズナラを含むコナラ属は，高い萌芽再生能力を持っていることが知られている。その高い萌芽再生能力を裏付けている特徴の1つが，根での炭水化物貯蔵である。

　地上部のほとんどすべてを失うような損傷を受けた場合，何よりも重大な問題は光合成による炭水化物の獲得が期待できなくなることである。このため，損傷後に新たな地上部を形成するための材料と，再生の間個体を維持するための炭水化物が別に必要になる。このときに役に立つのが，根の貯蔵炭水化物なのである。

オーストラリアや地中海地域，北米西海岸などの半乾燥地帯では，自然火災が頻発し植物群落が甚大な被害を受ける。これらの地域では，火災によって失われた地上部を萌芽再生で回復する種と，親個体は死亡してしまうものの次の世代が種子からの一生をスタートさせる種との二極化が見られる。両者の間には，地下部に貯蔵された炭水化物量に大きな違いがある。一般に火災の後は土壌の栄養塩条件は改善され，地上部の競争も緩和されるために植物の成長にとっては有利な環境が用意される。したがって，火災跡地で残された地下部から萌芽再生をすることができれば，大きなアドバンテージが得られるわけだ。半乾燥地域に分布するコナラ属もまた，大量の貯蔵炭水化物に裏付けられた高い萌芽再生能力で火災などのハザードに対抗できる。

火事とコナラ属との関係は半乾燥地帯のみにとどまらない。例えば北米大陸では，湿潤温帯林におけるコナラ属の分布もまた火災の発生頻度と関係している，という仮説が提唱されている。また北東北地方の太平洋側にミズナラ林が多く分布しているのも，冬から春にかけて頻発する山火事と関係しているのではないかと考えられている。実生から成木までのライフステージを通して，ミズナラなどコナラ属の樹種は攪乱環境に適応することで分布を維持している可能性がある。

3.6. 資源を投資するか貯蔵するか

ここまで資源貯蔵の重要性について話を進めてきた。では何故すべての樹種が十分な資源を貯蔵しないのだろうか？　例えばブナの貯蔵炭水化物量は，良好な光環境のもとであってもミズナラと比較して少ないことは先程見た通りである。そして，実際にブナの萌芽再生能力は高くない。またハワイの樹木の例で見たように，耐陰性の低い種は，概して個体重に占める地下部の割合が小さく，資源貯蔵能力も低いと考えられている。このように植物の種類によって資源貯蔵を重視している種といない種とがある。

これは一体何故なのだろうか？この疑問に対する答えも，先程出てきたトレードオフの考え方を当てはめることができる。この場合は，「成長への資源投資と資源貯蔵の間のトレードオフ」だ。資源を貯蔵するにあたって，まず貯蔵のための器官を形成するのにコストがかかる。また貯蔵器官を維持するにもコストがかかり，資源を貯蔵器官まで輸送し貯蔵体に変換するのにもコストがかかる。さらには，貯蔵されている資源をエネルギー獲得器官（葉

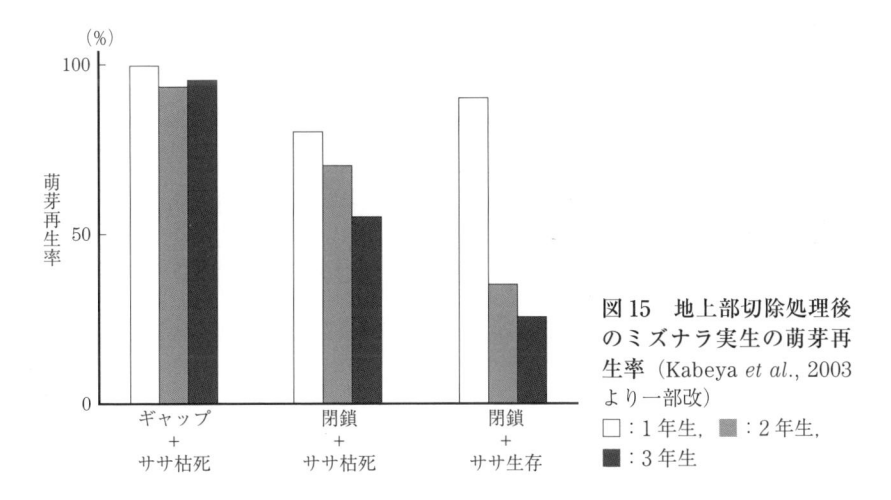

図15 地上部切除処理後のミズナラ実生の萌芽再生率 (Kabeya et al., 2003 より一部改)
□：1年生，■：2年生，■：3年生

や根）として活用すれば得られたであろう稼ぎもまた，コストとして見積もることができる（これを「機会のコスト opportunity cost」と呼ぶ）。これらのコストは，貯蔵資源が必要とならない通常の状態では，植物の成長，ひいては他個体との競争にマイナスにはたらく。このため，いざというときのために資源を貯蔵することで普段の成長を犠牲にするか，むしろ普段の成長を重視して競争に打ち勝つか，いずれかの生き方が考えられるのである。資源の得やすさやハザードの頻度といった生育環境のバリエーションによって，いずれの生き方が有利になるかが変わってくるだろう。そしてそれぞれの環境には，そこに適した生き方をしている樹種が生き延びて次世代をつくることができるのである。

少し抽象的な話になってしまったので，ミズナラの実生の話に戻ろう。

ミズナラの実生は，発生初期には種子（子葉）由来の炭水化物を，そして良好な光環境のもとに定着できれば，自身の光合成で得た炭水化物を地下部に貯蔵する。そして食害などで地上部を失うようなことがあると，貯蔵炭水化物を利用して萌芽再生することで損傷から回復する。ミズナラの実生は，根に十分な炭水化物が貯蔵されていれば9割近い確率で萌芽再生が可能だ（図15）。ただし，弱光環境下に定着してしまったミズナラの実生は，根の貯蔵炭水化物を個体維持のための呼吸で消費してしまうため，貯蔵量はしだいに減少していく（図12）。そして貯蔵炭水化物の減少とともに，実生の萌芽再生能力（萌芽再生できるかできないか）も低下していくのである（図

15）。

　閉鎖林冠下とは，十分な稼ぎが得られないために成長が期待できないうえに，いざハザードが生じたときの対応用の備えも危うくなる（しかもハザードが生じやすいというオマケもつく），実生にとって実にありがたくない環境なのである。しかしそんな環境下でも，実生たちはなんとか生き延びていつかひと花咲かせようと頑張っているのだ。

4. 林業に活かす話

　最後に林業との関連について考えてみよう。林業では，樹木を伐った後に次世代を担う個体を定着させなければならない。現在，日本の林業で一般的に行われているのは，苗畑で適当なサイズにまで育て上げた苗木を林地に植栽する植栽施業である（第11章）。一方で，すでに存在している成木を親木として，林内に自然発生した次世代（種子由来の実生だったり伏状枝由来のクローン個体だったりする）をそのまま育て上げる方法がある。これを天然更新施業と呼んでいる。しかし，日本ではこの天然更新に失敗している事例がたいへん多い。その原因の一部は，実生の生態についての情報が不足していたことにある（第10章）。

　これまで実生の定着する環境として，基本的に他の植生の下は望ましくないということは述べてきた。人工植栽の場合，苗木を植栽するのは基本的には伐採跡地であるから，少なくとも植栽直後は，光環境が重要な更新制限要因にはなることはないだろう。しかしながら天然更新施業の場合，自然まかせでは林床が上層植生から解放されるイベント（例えば，林冠ギャップ形成）はまれにしか生じないので，そもそも次世代がなかなか発芽・定着しない。そこで天然更新施業では選択的に親木を切り出すことで生じた林冠ギャップを次世代の更新地として利用する。さらに本章では触れなかった土壌環境も重要である。樹種によっては林床に落ち葉が堆積していると土壌微生物の影響などで実生の定着がうまくいかないものもあるからだ（第4章）。そういう樹種の実生の定着を促すためには，上層の処理と同時に林床の落ち葉を取り除いて土壌表面を出す処理も行う（第10章）。

　ここで重要なのが，とにかく上層植生を除けば実生の定着が上手くいく，とは限らないことである。ササの開花・枯死後のブナ実生の更新の例のよう

に，良好な光環境は目的とする樹木の実生だけでなく，他樹種や草本・低木の発生もうながす（第2章）。これら他の植物は，往々にして目的とする樹種よりも耐陰性が低く，良好な光環境下での成長が早い。その結果，目的の樹種がカンバのような低耐陰性の樹種ででもなければ，光を巡る競争に敗れてしまうこと必定である。これを回避するのには，こまめな除草・下刈りを行う必要が出てくる。ただ，通常株立ちするような低木は，刈られても萌芽再生能力が高く，すぐに回復してしまうことが多いのが問題だ。

そこで，対象とする樹種とそれの競争相手となる植物の耐陰性の差を利用することで，競争相手の成長をコントロールする方法が考えられる。例えばササ実生は，親稈が枯死した林冠ギャップでは高い成長速度を示すが，閉鎖林冠下では成長は抑制され死亡個体も多くなる結果，個体密度も低下する。閉鎖林冠下ではブナ実生の成長速度も低下するし，食害の発生率も高くなりはするのだが，それでもササ実生とのシビアな競争は経験しなくてすむ。その結果，長い年月はかかるものの適当な量の稚樹バンクが閉鎖林冠下に形成されれば，後の更新への寄与につながることが予想される。

ここではブナとササの例で考えてみたが，同様の更新は多くの植物種の組み合わせで可能であると思われる。ただ，実際の施業として実行するためには，個々の植物の環境応答特性に関する知識が必要になる。とりわけ耐陰性のランクは有効な指標になるのだろうが，耐陰性は経験則に基づいた定性的な指標の感がある。すでに多くの研究者がさまざまな植物種の生き様（環境応答）を研究してきている。これらの成果が何らかの形で統合され，指標化あるいはデータベース化されれば，実際の森林管理にも役立つことと思う。

参考文献

◆**本章の内容が掲載されている原著論文**

Kabeya, D., A. Sakai, K. Matsui & S. Sakai. 2003. Resprouting ability of *Quercus crispula* seedlings depends on the vegetation cover of their microhabitats. *Journal of Plant Research* **116**: 207-216.

Kabeya, D. & S. Sakai. 2003. The role of roots and cotyledons as storage organs in early stages of establishment in *Quercus crispula*: a quantitative analysis of the nonstructural carbohydrate in cotyledons and roots. *Annals of Botany* **92**:

537-545.

◆その他，執筆にあたって参考にした文献

Abe, M., H. Miguchi, A. Honda, A. Makita & T. Nakashizuka. 2005. Short-term changes affecting regeneration of *Fagus crenata* after the simultaneous death of *Sasa kurilensis*. *Journal of Vegetation Science* **16**: 49-56.

Kitajima, K. 1994. Relative importance of photosynthetic traits and allocation patterns as correlates of seedling shade tolerance of 13 tropical trees. *Oecologia* **98**: 419-428.

蒔田明史・牧田肇・西脇亜也 1995. 1995年に十和田湖南岸域でみられたチシマザサの大面積一斉開花枯死 *Bamboo Journal* **13**: 34-41.

第3部
芽生えをとりまく生物の世界

第6章　種子菌の化学的性質

筑波大学大学院生命環境科学研究科　山路恵子

1. 研究のきっかけ

　発芽直後の実生は，一見してひょろひょろで，ひ弱である。この見た目というのは案外と正確で，この本の第1章や第4章にもあるように，実際にこの時期の実生は病気に感染して枯死しやすい。その理由として，1）実生の組織が物理的に柔らかいこと，2）抗菌物質を多く含んでいないこと，3）共生菌である菌根菌（ミニレビュー参照）が十分に感染しておらず共生菌による防御システムが確立していない場合があること，などが挙げられ，結果として病原菌が植物の体に入りやすい状況になっていると考えられる。

　以前，縁あって北海道で研究を行っていた私は，アカエゾマツ *Picea glehnii*（Box 1）の実生を研究することにした。アカエゾマツも小さい頃はやはり，ひょろひょろでひ弱である。実際に，アカエゾマツ実生は生育初期に

Box 1　アカエゾマツ *Picea glehnii* (Fr. Schm.) Masters について

　アカエゾマツはトウヒ属の一種で，シベリア東部から中国東北部，朝鮮半島，そして北海道からサハリンに分布している。常緑の針葉樹で，高さは大きいもので30〜40mに達し，直径も1〜2mに達する（辻井，1995）。

　その生育地は湿原，火山灰地，砂丘，岩れき地，蛇紋岩地帯に多く，山火事の跡地にもしばしば群落をつくる。これらの生育地は共通して表層土壌が薄く痩せており，他の針葉樹の生育は見られないが，アカエゾマツは生育が遅いため競争力に乏しく，通常の樹種の生育が難しいような場所に群落を形成することで生存すると言われている（Tatewaki, 1958）。

　アカエゾマツは北海道の天然林の主要樹種で，その材は均一で堅密なため，ピアノの響板に用いられることもある優秀な木である。

病気になり，死んでしまう現象が森林や苗畑で観察されている。

予備実験では発芽直後のアカエゾマツ実生は，1) 組織が柔らかいこと，2) 抗菌物質を十分に含んでいないことが確認された。また，苗畑での共生菌（外生菌根菌）の接種試験で1年近くも共生体の形成が確認されなかったという報告(Kasuya, 1995)もある。以上のことから，生育初期のアカエゾマツ実生は，病気に強い実生と考えることはできなかった。

「何とかして殺菌剤以外の方法で，アカエゾマツ実生を病気から守ることはできないだろうか？」私の研究はそんな考えからスタートした。

2. 種子菌に着目

2.1. 拮抗微生物による生物防除

近年，抗菌物質をつくる微生物（拮抗微生物）を種子につけて，病気を起こさせにくくする「Biological Control（生物防除）」という考え方が，農業分野で世界的に進んでいる。しかし，実際の種子から拮抗微生物を分離し，種子につけるという研究は多くはない。むしろ，さまざまな土壌から強い抗菌物質をつくる微生物をランダムに分離し，それを種子や苗につける，というものが一般的であった。しかも苦労して拮抗微生物を種子につけたのにもかかわらず，それらが土壌中で根圏に定着しないために期待したような効果が得られないということが報告されている。

それならば，と私は考えた。

「よそから菌を持ってくることに問題があるのではないか？　そもそもアカエゾマツ種子に付着している微生物（種子菌 seed fungi）の中から，拮抗微生物を分離できないものだろうか？」

2.2. 種子菌を育て，探し当てる

まずは，アカエゾマツ種子についている微生物（種子菌）を増殖させることから始めた。

種子は樹上で採取し（私は木に登れないので採取した種子を分けていただいた），冷蔵保存してあったものを使用した。種子についている菌を増やすためには，栄養価の高い培地（通常，ジャガイモの煎汁培地である Potato-dextrose agar(PDA)や，麦芽成分の含まれる Malt extract agar が用いられる）

図1　アカエゾマツ種子の種子菌（土壌抽出培地）

に種子を置く必要があると考えるのが普通である。しかし，私はこれまでの経験で，培地の種類によっては，菌が抗菌物質をつくらなくなってしまうことを確認していた。そこで，まず，アカエゾマツ林の土を採取し，土壌成分を主成分とする貧栄養培地をつくり，種子菌を育ててみることにした。

札幌市にあるアカエゾマツ人工林の土に脱塩水を加え，オートクレーブ（高圧を加えて滅菌するための装置）で土壌成分を溶出させた。その液を寒天で固め「土壌抽出培地」をつくった（土壌微生物研究会，1997）。その培地の上に種子を置き1週間近く培養すると，種子の周りから菌が増殖するのを確認することができた（図1）。

種子菌から離れたところにアカエゾマツ実生の病原菌の1つ *Pythium vexans* を接種して観察を続けたところ，種子菌の周りには病原菌が生育できない「生育阻止領域」が形成された。その後，アカエゾマツ種子は発芽し，種子菌がいても病気になることもなく，元気に生育した。種子菌は，ここで利用したような貧栄養な培地でも，アカエゾマツに毒性を示すことなく，病原菌に対して抗菌物質をつくることが予想された。

そこで次に，本格的に抗菌物質をつくる種子菌の分離[*1]を始めた。図2にその方法を示す。正式には，「濾紙上寒天平板法」という。つまり，一層目に寒天，その上に滅菌した濾紙を置き，一番上にPDAを重ねる方法である。

最上層のPDAの上に種子を置き，1週間近く培養すると，種子から菌が出てくる。次に，PDAを濾紙ごとはずし，寒天の上に病原菌 *P. vexans* を混

＊1：分離：いくつかの微生物が混ざっている状態から1種類の微生物を分けること。

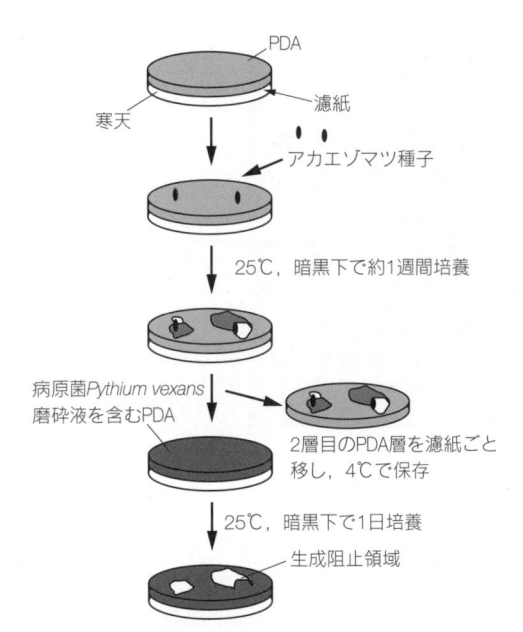

図2 濾紙上寒天平板法の概略図

合した培地（病原菌の菌糸を細かに砕いたものをPDAに混合した培地）を流し込む。もし種子菌が抗菌物質をつくっているとすれば，1層目の寒天に抗菌物質が拡散しているはずなので，病原菌が生育できない生育阻止領域が観察される。また，その種子菌が分布している形に生育阻止領域が形成されるので，そこから種子菌を正確に分離することができるのである。

以上の方法で，400粒の種子について調べた結果，「抗菌物質をつくる種子菌」として149菌株を分離することができた。菌の顕微鏡観察により菌の種類を確認し，抗菌活性試験を繰り返した結果，その中から特に強い抗菌性を示した4菌株を選抜した。それらの菌はすべて Penicillium 属糸状菌で，顕微鏡観察の結果，Penicillium cyaneum（T5株），Penicillium damascenum（O7株），Penicillium implicatum（S4株とS16株の2菌株）と同定することができた。

2.3. 種子菌がつくった抗菌物質を手に入れる

種子菌はどのような抗菌物質 antifungal compound, antibiotics をつくっていたのだろうか。それを知るため，それぞれの菌を培養液（Potato-dextrose broth, PD）に接種し，1週間，25度で静置培養した。培養液から菌体を濾

別した後，酢酸エチルを加えて抽出を行い，培養液に含まれる抗菌物質を酢酸エチルに移動させた。次に，酢酸エチル抽出物内の化学物質を薄層クロマトグラフィー（TLC；Box 2）で分離し，TLCバイオオートグラフィーを行った。TLCバイオオートグラフィーとは，化学物質をTLCで分離した後，その上に試験菌 *Cladosporium herbarum* の胞子を噴霧し，加湿条件で培養する実験である。3～4日すると，試験菌の生育できない，白く抜けている部分がTLCの上に観察される。この生育阻止領域の化学物質が抗菌物質である，と判断できるわけである。

図3に種子菌の培養液の酢酸エチル抽出物のTLCバイオオートグラフィー結果を示す。いくつかの化学物質のある部分がきれいに白く抜けていることがわかる。*Penicillium cyaneum* T5株は「A」，*P. damascenum* O7株は「B」，*P. implicatum* S4とS16株は「C」，「D」と，特有の抗菌物質をつくることがわかった。これらの抗菌物質は，アカエゾマツ実生の病原菌 *P. vexans* にも抗菌活性があることが確認できた。

2.4. 抗菌物質の正体

それでは，それぞれの種子菌がつくる抗菌物質A，B，C，Dはどのような構造の化学物質なのだろうか。それを知るためには，抗菌物質を単離する

Box 2　抗菌物質の単離・同定について

「クロマトグラフィー」とは，「2相間への分布の差異を利用して，多成分混合物から各成分を分離分析する技術」を指す。抗菌物質を単離する際に，私は「薄層クロマトグラフィー板（ガラス板に吸着剤としてシリカゲルがコーティングされている）」・「順相シリカゲルカラム」・「LiChroprep Diol カラム」などを使用した。これらを有機溶媒とともに使用することで，多成分から，目的の化学物質を分けることができる。カラムで混合物を分けることを「分画」，分けたものを「画分」という。

抗菌物質がどのような構造をしているか調べるために，質量分析，NMR，UVなどの機器分析を行った。化学物質は固有の物理化学的性質を示すため，質量分析（分子量がわかる）やNMR（核磁気共鳴スペクトル：分子構造の推定，同定ができる），UV（紫外線吸収スペクトル：特徴的なスペクトルから分子の電子状態や立体構造が推定できる）を行うことで，化学物質の構造が決定できる。

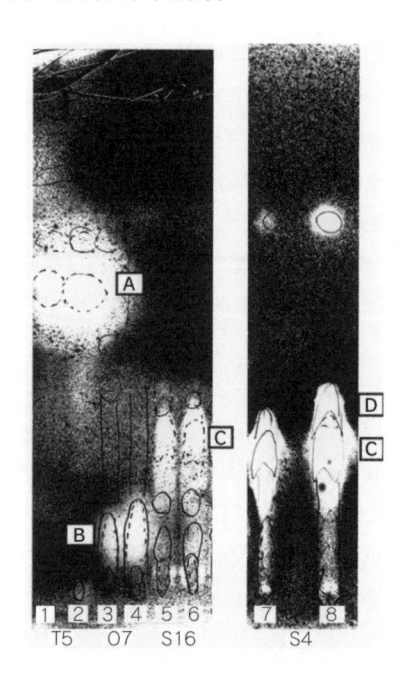

図 3　TLC バイオオートグラム
抗菌活性のないスポットの周辺では C. herbarum の菌糸が伸び，胞子をつくるため暗黒色に見え，抗菌活性のあるスポットは白く抜ける。1・2：T5 株，3・4：O7 株，5・6：S16 株，7・8：S4 株の酢酸エチル抽出物の成分。

必要がある。しかし，培養液には抗菌物質だけでなく，菌がつくる他の多くの化学物質が存在するので，それらの中から目的の化学物質だけを取り出すのは，なかなかたいへんなことである。それぞれの化学物質は異なる性質（極性と言う）を持つため，単離方法には決まったマニュアルがなく，性質に応じた工夫が必要となる。さらに，化学物質をさまざまな機器で分析しなければならないので，ある程度の量を単離することが必要になってくる。

種子菌のつくる抗菌物質をどのように単離したのかについては，Yamaji et al.（1999, 2001）および山路（2005）に詳しく記載されているので，そちらをご覧いただければ幸いである。ここでは例として，P. implicatum S4 株がつくる抗菌物質 D の単離をどのように行ったのかについて，簡単に説明させていただく。酢酸エチル抽出物を濃縮した時に，粗結晶が析出したので結晶を濾別し（結晶は，抗菌物質 C だった），母液を分離に使った。濃縮乾固した母液をクロロホルム - メタノール（9:1, 1％ギ酸）に溶解し，順相シリカゲルカラムにチャージした後，同じ混合溶媒で溶出をし，分画した（Box 2）。抗菌物質 D が溶出された画分 26-37 をまとめて濃縮乾固し，ヘキサン - 酢酸エチル（1:1）に溶解し，LiChroprep Diol カラムでさらに分画を行った。

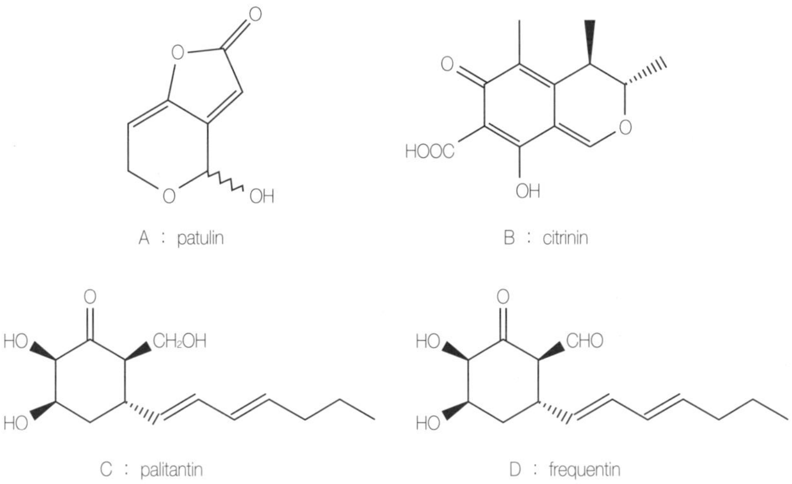

図4 抗菌物質 A, B, C, D
A: patulin, B: citrinin, C: palitantin, D: frequenitn。

同じ混合溶媒で溶出し，最終的に抗菌物質 D を含む画分 41-54 を得た。

単離した抗菌物質 D を，質量分析，NMR，UV などの機器分析および，融点測定，旋光度測定の分析を行った結果，frequentin であることがわかった（図4）。他の抗菌物質についても，種々の単離方法を経て，単離することができた。*P. cyaneum* T5 株のつくる抗菌物質 A は patulin，*P. damascenum* O7 株のつくる抗菌物質 B は citrinin だった。*P. implicatum* S4，S16 株のつくる抗菌物質 C は palitantin だった。

3. 抗菌物質は種子や実生に有害だった？

3.1. 抗菌物質には毒性がある

化学物質を単離すると，私たちはその化学物質に関連する，過去のすべての文献にざっと目を通す。その結果，patulin, citrinin には，さまざまな微生物への抗菌性のほかに，高等植物に対する毒性作用が報告されていることがわかった（Nickell & Finlay, 1954; Damodaran *et al.*, 1975; Betina, 1984, 1989）。植物に対して強い植物毒性作用を示すとなると，アカエゾマツの種子や実生に対して抗菌物質がどのように影響するのか，さらに調べる必要が出てきた。種子菌のつくる抗菌物質は，果たしてアカエゾマツ種子や実生に

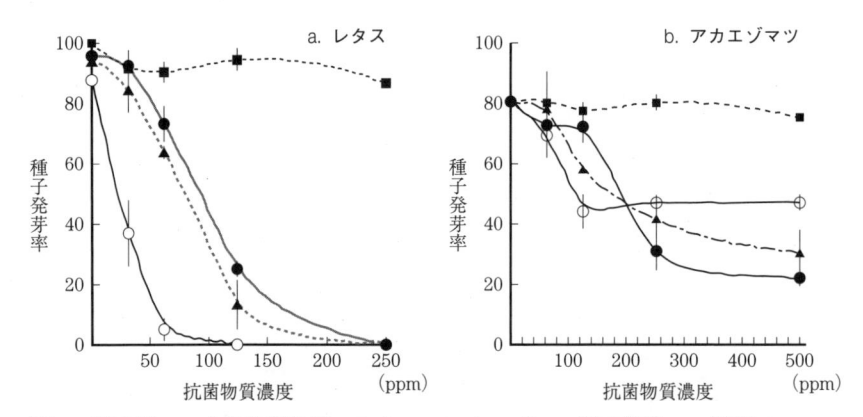

図5　種子菌のつくる抗菌物質のレタス・アカエゾマツ種子発芽への影響
●：patulin，▲：citrinin，■：palitantin，○：frequenin。縦線は標準誤差実験方法の詳細についてはYamaji *et al.*（2001）を参照。

対して毒性があるのだろうか。

　もしも，顕著な毒性，すなわち種子の発芽や実生の生育を抑制するような作用があるとすれば，種子菌を接種することで実生を病原菌感染から防御する，という本来の目標は達成できないことになる。そこで，通常の植物毒性試験によく使用されているレタス，そしてわれらがアカエゾマツを用いて，発芽と実生の生育に対する抗菌物質の影響を調べることにした。

3.2. 抗菌物質がアカエゾマツの発芽を阻害する？

　レタスの発芽試験は濾紙に各濃度の抗菌物質溶液を加え，その上に種子を置いて行った。その結果，植物毒性物質との報告があったpatulin, citrinin, 植物毒性の報告がなかったfrequentinがレタス種子に対して顕著な発芽阻害活性を示した。一方，植物毒性の報告がなかったpalitantinは，発芽阻害活性を示さなかった（図5）。

　アカエゾマツの種子発芽試験は，滅菌種子をバーミキュライト（なぜか濾紙上では発芽率が低い）に播種することで行った。抗菌物質の濃度は，バーミキュライトに含まれる水分量を元に，調製した。その結果，レタスと同様に，patulin, citrinin, frequentinがアカエゾマツ種子に対して発芽阻害活性を示した。そして, palitantinはやはり発芽阻害活性を示さなかった（図5）。

　以上のことから，種子菌のつくる抗菌物質はレタスのみならず，アカエゾ

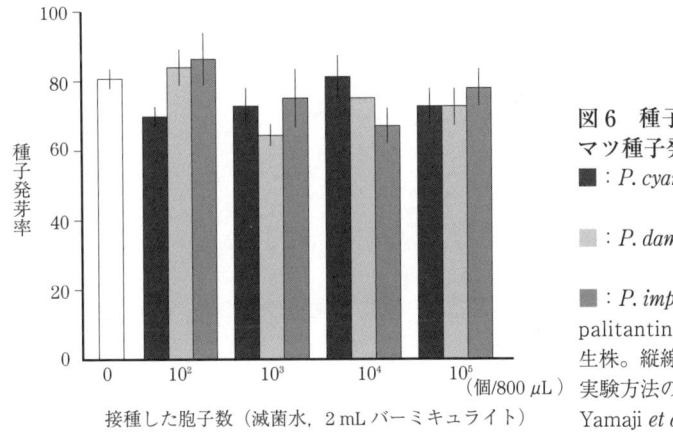

図6　種子菌のアカエゾマツ種子発芽への影響
■：*P. cyaneum* T5, patulin産生株,
▨：*P. damascenum* O7, citrinin産生株,
■：*P. implicatum* S16, palitantin, frequentin産生株。縦線は標準誤差。実験方法の詳細についてはYamaji *et al.*(2001)を参照。

マツ種子の発芽阻害を引き起こす可能性が出てきた。

3.3. アカエゾマツは発芽した

でも本当に，種子菌はアカエゾマツ種子発芽時に阻害を起こさせるのだろうか？

そこで，アカエゾマツ種子に種子菌の胞子懸濁液を接種した時に，発芽阻害が生じるかどうかを調べた。種子菌が大量に抗菌物質をつくるとするならば，抗菌物質による発芽阻害が観察されると予想されるからである。バーミキュライトに播種した滅菌種子に各種子菌の胞子懸濁液を接種し，15日間培養し，発芽率を調べた。

その結果，種子菌の種類や胞子数の違いによる種子発芽率への影響は，観察されなかった（図6）。また，発芽直後の実生周辺では種子菌が増殖しているのが肉眼でも観察された。しかし，抗菌物質の抽出実験を行った結果，バーミキュライトの中には十分な量の抗菌物質がつくられていないことが確認された。

以上のことから，種子菌は発芽時に増殖しても，抗菌物質を少ししかつくらないので，アカエゾマツ種子の発芽を実際に阻害することはないと考えられた。そもそもそうでなければ森林で実生が生えてくるはずがないのである。

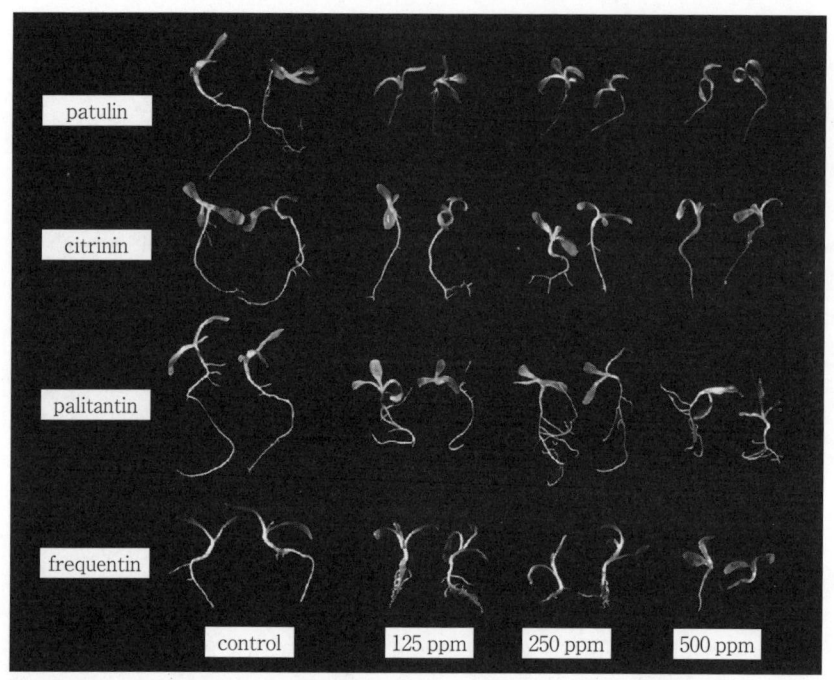

図7 patulin, citrinin, palitantin, frequentin のレタス苗への影響
実験方法の詳細については Yamaji *et al.* (2001) を参照。

3.4. レタスは枯れ，アカエゾマツは残った

それでは，実生に対する抗菌物質の毒性はどうだろうか。種子発芽試験と同様に，レタスとアカエゾマツ実生を使って調べることにした。

レタスの生育試験は，濾紙に各濃度の抗菌物質溶液を加え，その上に発芽後5日後の苗を置き，10日間培養することで行った。レタスの場合，125 ppm 以上の patulin, citrinin および frequentin 処理区で，根の褐変や組織崩壊，根の生育の抑制が確認された（図7）。また，frequentin 処理区の苗には根の分岐数の増加も確認された。125 ppm 以上の palitantin 処理区では生育の抑制や分岐数の増加が確認されたが，根の褐変や組織崩壊などは観察されなかった。

アカエゾマツの生育試験は，濾紙に各濃度の抗菌物質溶液を加え，その上に発芽後5～10日の実生を置き，10日間培養することで行った。アカエゾマツ実生の場合，250 ppm, 500 ppm の patulin, citrinin および frequentin

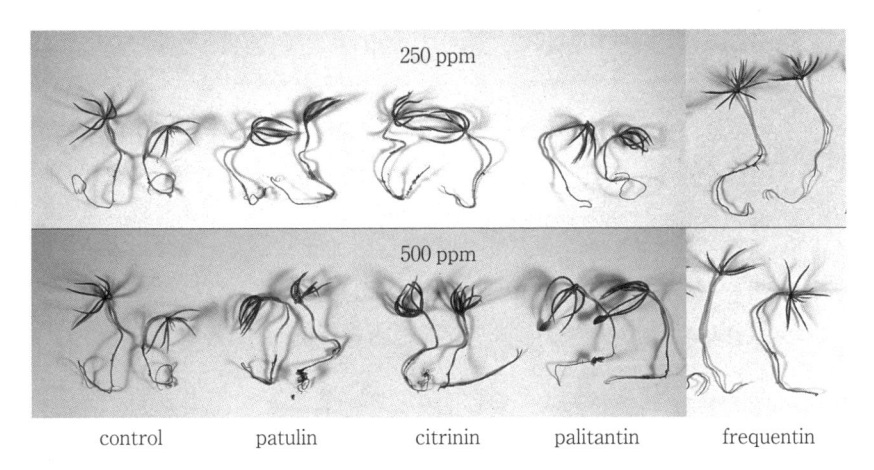

図8 patulin, citrinin, palitantin, frequentin のアカエゾマツ実生への影響
実験方法の詳細についてはYamaji *et al.* (2001) を参照。

処理区で根に褐変が観察されたが，レタスに見られたような根組織の崩壊は観察されなかった（図8）。また，palitantin処理区では根の褐変などは観察されなかった。

以上をまとめると，レタス苗ではpatulin, citrinin, frequentinの125 ppm溶液で顕著な生育阻害が確認されたのにもかかわらず，アカエゾマツ実生ではこれらの500 ppmの溶液においても根が褐変する程度で，顕著な生育阻害は示さないことがわかった。そして，palitantinはどちらの植物にも顕著な生育毒性を示さなかった。

つまり，アカエゾマツ実生は種子菌のつくる抗菌物質に対して耐性があるので，根圏で種子菌が増殖し抗菌物質をつくる場合にも，実生に対する毒性はないだろうと考えられた。

4. 種子菌は実生を病気から本当に守れるのか？

4.1. 実生に菌を接種する

それでは，種子菌はアカエゾマツの根圏で抗菌物質をつくり，実生の病気を防ぐことができるのだろうか。最も重要なクエスチョンに答える段階に来た。

そこで私は，無菌条件で実生を生育させ，種子菌とともに病原菌を接種す

る実験を行った（図9）。試験管（内径25 mm × 高さ150 mm）に20 mm × 50 mmの濾紙と10 × 50 mmの濾紙を入れ，樹木実生育成用のMMN-a培養液（Kottke et al., 1987）からグルコースを除いたものを加えた。グルコースを人工的に加えないことで，試験管内の炭素源は，実生の根からの浸出成分のみとなる。そのような貧栄養条件の方が，根圏での種子菌と実生との関係をより明らかにできると考えたのである。そして，濾紙と試験管の壁との間に，10日程度生育させた無菌実生を移植した。根の部分は暗くなるようにアルミ箔で包み，光を遮断した。

種子菌と病原菌の接種は図10のように行った。「同時」は病原菌と種子菌を同時に接種することを，「5日後」は種子菌を5日前に接種・培養した後に病原菌を接種することを意味する。種子菌は胞子懸濁液（105個・500 μL^{-1}）の状態で接種した。病原菌 Pythium vexans はPDAで培養させ，その菌糸生育先端をディスクとして打ち抜き，実生の根に1個ずつ接種した。実生は，16時間明期の培養条件下，25℃で15日間生育させた。1つの処理区につき実生を6本準備し，反復は4回とした。

4.2. 効く種子菌と効かない種子菌

実験の結果，P. damascenum O7株を5日間前培養した後に病原菌を接種した区で，病原菌に感染して枯死した実生数が有意に減少した（表1）。しかし，P. cyaneum T5株やP. implicatum S16株を接種しても，枯死数は減少しなかった。3種の種子菌の中で，P. damascenum O7株だけが，実生の病原菌感染を抑制することがわかった。

それでは，どうして3種の種子菌の間で，実生への病原菌感染抑制に差が生じたのだろうか。根圏での種子菌の増殖に，差があるのだろうか。そこで，菌糸を染めることができるトリパンブルーという色素で根を染色した後，顕微鏡で観察した（図11）。その結果，P. cyaneum T5株（図11-c）とP. implicatum S16株（図11-d）と比べて，P. damascenum O7株は顕著に根の周囲で増殖していることがわかった（図11-b）。これは，P. damascenum O7株が根からの栄養分を利用して生育しやすい種であるということを示している。また，P. damascenum O7株を接種することで生き残った実生の根（図11-e）と，P. damascenum O7株を接種したのに病気で枯死した実生の根（図11-f）を見比べてみると，明らかに生き残った実生の方で，菌がより増殖し

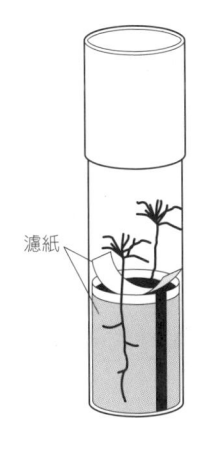

4. 種子菌は実生を病気から本当に守れるのか？　125

図9　実生の生育方法（Sylvia & Sinclair, 1983を参考）

図10　種子菌と病原菌の接種条件
病原菌：*Pythium vexans*，種子菌：*P. cyaneum* T5，*P. damascenum* O7，*P. implicatum* S16。

接種菌株	病原菌の接種時期
菌接種なし	
病原菌のみ	同時
病原菌のみ	5日後
種子菌のみ	
種子菌＋病原菌	同時
種子菌＋病原菌	5日後

表1　アカエゾマツ実生への種子菌，病原菌接種試験と実生生存数

	接種菌株		病原菌接種時期	実生生存数平均値（本±SE）
	菌接種なし			6.0 ± 0
A	病原菌のみ		同時	1.3 ± 0.48
B	病原菌のみ		5日後	2.0 ± 0
	P. cyaneum	T5		6.0 ± 0
	P. cyaneum	T5 ＋病原菌	同時	0.5 ± 0.29
	P. cyaneum	T5 ＋病原菌	5日後	1.0 ± 0.41
	P. damascenum	O7		6.0 ± 0
	P. damascenum	O7 ＋病原菌	同時	2.8 ± 0.63
	P. damascenum	O7 ＋病原菌	5日後	4.8 ± 0.48
	P. implicatum	S16		6.0 ± 0
	P. implicatum	S16 ＋病原菌	同時	1.0 ± 0.71
	P. implicatum	S16 ＋病原菌	5日後	2.3 ± 0.48

t-検定は病原菌の同時接種区A，5日接種区Bと各処理区を比較して行った。
網かけの箇所間でのみ有意差（$P < 0.05$）が見られた。
実験方法の詳細についてはYamaji *et al.*（2001）を参照。

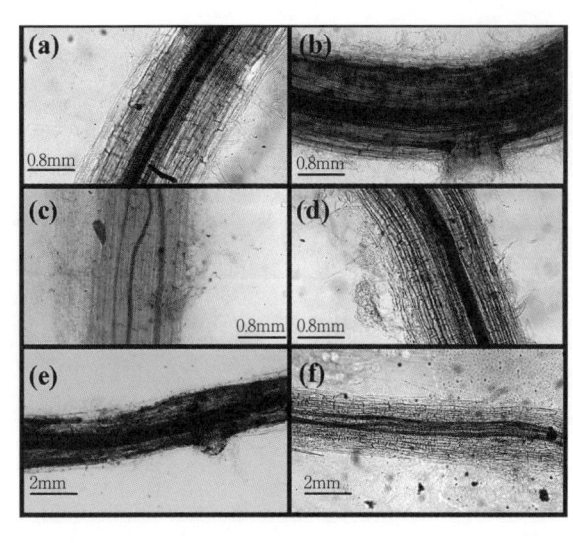

図11 実生根の周囲の種子菌
a：未接種区（生存）
b：*P. damascenum* 単独接種区（生存）
c：*P. cyaneum* 単独接種区（生存）
d：*P. implicatum* 単独接種区（生存）
e：*P. damascenum* + *Pythium vexans* 5日後接種区（生存）
f：*P. damascenum* + *Pythium vexans* 5日後接種区（枯死）

ていた（写真の濃色の部分）。以上のことから，*P. damascenum* O7 株が根圏で増殖することが，病原菌にとって物理的な障壁となり，結果として病気が抑制されたと考えられた。

4.3. 種子菌のつくる抗菌物質が実生を守る

それでは，病気を防ぐことができた *P. damascenum* O7 株を接種した実生の根圏には抗菌物質がつくられているのだろうか。これを確認するため，*P. damascenum* O7 株は抗菌物質 citrinin をつくるので，培養液の citrinin の量を高速液体クロマトグラフィーで分析した（図12）。

実験の結果，実生の病原菌感染が抑制された「*P. damascenum* O7 + *Pythium vexans* 5日後接種区」では，実生の病原菌感染が抑制されなかった「同時接種区」に比べて citrinin が多くつくられていることがわかった。定量分析で確認された培養液の citrinin 濃度は十分な抗菌活性を示す濃度ではなかったが，根圏では糸状菌の菌糸が高密度で生育するので（土壌微生物研究会，1997），*P. damascenum* O7 株の増殖した根圏での citrinin の濃度は根の付近では，十分な高濃度になっていると予想することができた。

以上の結果と考察から，*P. damascenum* O7 株が抗菌物質 citrinin をつくることで，病原菌の感染に対して化学的に実生を守る可能性が十分に考えら

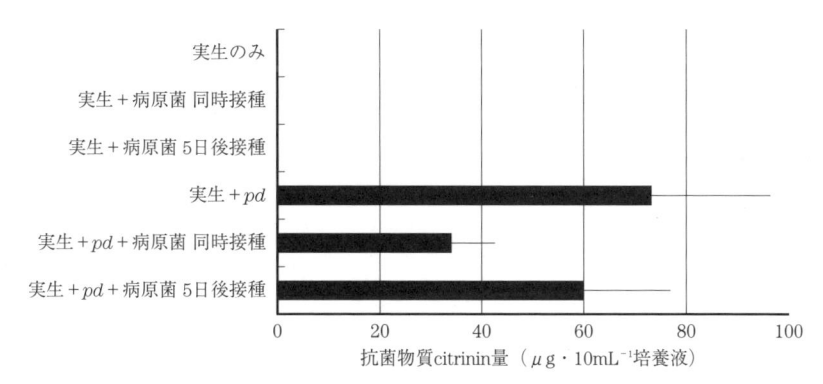

```
                実生のみ
       実生＋病原菌 同時接種
     実生＋病原菌 5日後接種
                実生＋pd
    実生＋pd＋病原菌 同時接種
  実生＋pd＋病原菌 5日後接種
             0    20    40    60    80    100
              抗菌物質citrinin量（μg・10mL$^{-1}$培養液）
```

図12 培養液に含まれる citrinin
横線は標準誤差。pd; *P. damascenum* O7 株。
実験方法の詳細については Yamaji *et al.*（2001）を参照。

れた。つまり，アカエゾマツ実生に *P. damascenum* O7 株を接種すると，根圏で菌糸が増殖し抗菌物質 citrinin がつくられることで，病原菌の感染から実生を防御することができると考えられた。

5. 種子菌はどこから来たのか？

　これまで，アカエゾマツの種子菌が，実生を病気から守るという話をしてきた。それでは，種子菌は一般的に実生にとって「良い」ものなのだろうか。実は，種子菌についての多くの知見は，実生にとって「悪い」もの，種子伝染病原菌に関するものである。樹木種子の場合，苗立ち枯れ病菌 *Fusarium oxysporum*，灰色かび病菌 *Botrytis cinerea*，その他多くの病原菌が，種子によって分散することが知られている（伊藤，1971）。そのため，種子伝染性の病気を防ぐために，古くから種子の滅菌が行われてきた。または，樹上で種子を採取することで，土壌に生息する病原菌との接触を避ける方法が採られている。

　本研究で使用されたアカエゾマツ種子は，樹上で採取されたものだった。アカエゾマツの種子菌として分離された *Penicillium* 属糸状菌は，土壌や空中に広く生息する不完全菌類で，さまざまな植物の種子菌としても分離されている（Peterson, 1959）。それでは，種子菌の *Penicillium* 属糸状菌は，いっ

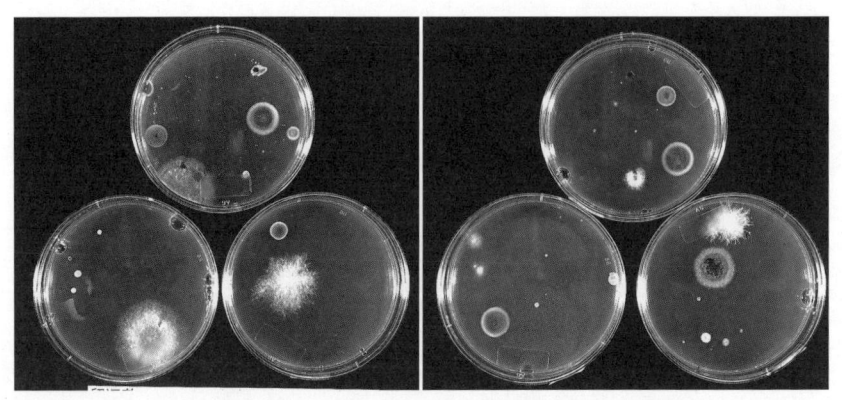

図13 アカエゾマツ成木の近く（3 m の高さ）で捕集された空中菌

たいどこから来たものだろうか。種子を表面殺菌し培地に置いてみると，Penicillium 属糸状菌は表面殺菌した種子からは分離できないので，内部に入り込んでいるのではなく，種子表面に付着していることがわかった。そこで，アカエゾマツの成木の近くで，3 m の高さに培地の入ったシャーレを5分間掲げて，空中菌の捕集を行ったところ，図13のように，菌が分離された。捕集された空中菌の数は決して多くはなかったが，その中には Penicillium 属糸状菌が確認された。

以上のことから，アカエゾマツの種子菌の Penicillium 属糸状菌は，土壌粒子とともに舞い上がり空中に拡がった菌の胞子由来ではないか，と予想している。

アカエゾマツ実生を病原菌から化学的に防御できた Penicillium 属糸状菌については，植物の病原菌感染を防御する菌として報告がある。トマトの萎凋病菌である Fusarium oxysporum の感染を Penicillium oxalicum を用いて防御した例（De Cal et al., 1995, 1997）があり，この例では Penicillium 属糸状菌が生産する抗菌物質による病原菌の生育抑制効果はなく，むしろ微生物間の競争が防御に関与する可能性が示されている。また，モモの木の病原菌 Monilinia laxa の感染は Penicillium purpurogenum により防御されるが（Melgarejo et al., 1985），この防御システムには P. purpurogenum の産生する細胞壁分解酵素が関与する可能性が報告されている（Larena & Melgarejo, 1993）。

本研究では，抗菌物質をつくる能力があるすべての Penicillium 属糸状菌

が病原菌感染を抑制できたわけではなかった。種子菌が実生の根からの浸出成分を利用し根圏で増殖できるのか，その結果，抗菌物質をつくることができるのか，という点が重要であると考えられた。実生の根圏で生息できる菌類を考慮する場合，発芽直後の幼植物に取り付く機会や能力があると考えられる種子菌も，視野に入れるべきではないかと考えている。

おわりに

本研究は有機化学分野の視点からの研究であり，直接的には実生の実際の姿に即したものではない。しかし，植物や微生物はさまざまな環境で代謝を行い，種特有の化学物質をつくることで，あらゆるストレスに対処して生きている。そのため，相互作用に関与する，植物や微生物の化学的能力を無視することはできない。実生と微生物の相互関係に興味を持たれる方々にとって，本研究の研究方法や考察などが参考になれば幸いである。

この研究をはじめてから，私は散歩をしていても，常に樹木の実生が気になるようになった。どの樹木の実生も，「この子が大きな木になるのだろうか？」と驚くほど，小さく柔らかい。身近な例で言うと，街路樹のケヤキが落とした種は翌年の春先に芽を出すが，すぐに周りの草に追い越され光を遮られ，あっという間に弱ってしまう。そんなとき私は心の中で「君たちの親は，草よりも大きいのに。がんばれ！」とつぶやいてしまうのである。

参考文献

◆本章の内容が掲載されている原著論文

山路恵子　2005．アカエゾマツ種子糸状菌および根圏糸状菌による病原菌感染防御作用　北海道大学演習林研究報告 **62**: 35-67.

Yamaji, K., Y. Fukushi, Y. Hashidoko, T. Yoshida & S. Tahara.　1999.　Characterization of antifungal metabolites produced by *Penicillium* species isolated from the seeds of *Picea glehnii*.　*Journal of Chemical Ecology* **25**: 1643-1653.

Yamaji, K., Y. Fukushi, Y. Hashidoko, T. Yoshida & S. Tahara.　2001.　*Penicillium* fungi from *Picea glehnii* seeds protect the seedlings from damping-off.　*New Phytologist* **152**: 521-531.

◆その他，執筆にあたって参考にした文献

Betina, V. 1984. Mycotoxins-production, isolation, separation and purification. Elsevier, Amsterdam.

Betina, V. 1989. Mycotoxins: chemical, biological and environmental aspects. Elsevier, Amsterdam.

Damodaran, C., S. Kathirvel-Pandian, S. Seeni, R. Selvam, M. G. Ganesan & S. Shanmugasundaram. 1975. Citrinin, a phytotoxin? *Experientia* **31**: 1415-1417.

De Cal, A., S. Pascual, I. Larena & P. Melgarejo. 1995. Biological control of *Fusarium oxysporum* f. sp. Lycopersici. *Plant Pathology* **44**: 909-917.

De Cal, A., S. Pascual & P. Melgarejo. 1997. Involvement of resistance induction by *Penicillium oxalicum* in the biocontrol of tomato wilt. *Plant Pathology* **46**: 72-79.

土壌微生物研究会 1997. 土壌微生物実験法 養賢堂.

伊藤一雄 1971. 樹病学大系Ⅰ 農林出版株式会社.

Kasuya, M. K. M. 1995. Ecological and physiological studies on ectomycorrhizae of *Picea glehnii* (Fr. Schm.) Masters. Doctor Thesis, Graduate School of Agriculture, Hokkaido University.

Kottke, I., M. Guttenberger, R. Hamp & F. Oberwinkler. 1987. An in vitro method for establishing mycorrhizae on coniferous tree seedlings. *Trees* **1**: 191-194.

Larena, I. & P. Melgarejo. 1993. The lytic enzymatic complex of *Penicillium purpurogenum* and its effects on *Monilinia laxa*. *Mycological Research* **97**: 105-110.

Melgarejo, P., R. Carrillo & E. M.-Sagasta. 1985. Mycoflora of peach twigs and flowers and its possible significance in biological control of *Monilinia laxa*. *Transactions of the British Mycological Society* **85**: 313-317.

Nickell, L. G. & A. C. Finlay. 1954. Antibiotics and their effects on plant growth. *Journal of Agriculture and Food Chemistry* **2**: 178-182.

Peterson, E. A. 1959. Seed-borne fungi in relation to colonization of roots. *Candian Journal of Microbiology* **5**: 579-582.

Sylvia, D. M. & W. A. Sinclair. 1983. Suppressive influence of *Laccaria laccata* on *Fusarium oxysporum* and on Douglas-fir seedlings. *Phytopathology* **73**: 384-389.

Tatewaki, M. 1958. Forest ecology of the islands of the north pacific ocean. *Journal of Faculty of Agriculture, Hokkaido University* L: 371-486.

辻井達一 1995. 日本の樹木 中央公論社.

地中の巨大なネットワーク

ミニレビュー
忘れちゃならない 菌根と芽生え

森林総合研究所　山中高史

1. 菌根とは何か

1.1. 植物と共生する微生物

　地面に落ちた植物の種子は発芽し，その根を地中に伸ばす。土の中には，細菌，放線菌，真菌などさまざまな微生物がすんでおり，根が分泌する物質に反応して，根の周囲に集まってくる。これら微生物のなかには，根が出す糖類や有機酸をただ単に餌とするだけでなく，根に取り付いて植物を枯らすものもいれば，植物の成長を支えるものもいる（第6章）。菌根菌は，植物の成長を支える真菌類の1つであり，植物の根の組織に侵入して菌根という構造物を形成し，ここで植物と菌との間での物質のやりとりについての共生関係がなりたっている。

　菌類は，幅数μmか，またはそれ以下のサイズの菌糸を伸ばし，植物の根が侵入できないような小さな空隙にも，容易に入り込むことができる。菌は，さまざまな酵素を出して，落ち葉，倒れた木，動物の排泄物や死体等の難溶性の高分子化合物を分解，無機化して，それらを菌糸体内に吸収する。菌類との共生により，植物は，このような微生物の機能を得ることが可能になる。一方，菌にとっても，生きた植物からは，継続的に光合成産物を得ることができるため，高分子化合物を分解するための酵素を生産する必要もなくなり，菌の生育にとっては有利である。このような菌根共生関係によって植物の成長が促進されることは，とりわけ貧栄養土壌で顕著にあらわれる。

図 オオバヤシャブシの
　　外生菌根
菌糸は根の表面を覆う

1.2. 外生菌根と内生菌根

　菌根による根の組織への感染様式はさまざまである。

　外生菌根菌は，根の表面をおおう（図）とともに根の組織内にも入るが，細胞間隙までしか侵入しない。一方，内生菌根菌は細胞壁内部まで侵入する。外生菌根を形成する菌（外生菌根菌）は，子嚢菌や担子菌であり，多くのものがきのこをつくる。食用として，日本においては，マツタケやショウロが，欧米ではトリュフ，アンズタケおよびヤマドリタケが珍重されるが，これらはいずれも菌根菌である。菌根菌のきのこを発生させるには，生きた樹木との菌根共生関係が必要とされ，これまで容易に人工栽培することができていない。外生菌根は，特定のグループの樹木において形成され，マツ科，ヤナギ科，カバノキ科，ブナ科の樹木の根に形成される。一方，内生菌根には，接合菌によって形成されるアーバスキュラー菌根のほか，ランに形成される菌根などがある。アーバスキュラー菌根を形成する植物は多く，植物の約80％がこの型の菌根を形成することができる。樹木においても，ほとんどの樹種が，アーバスキュラー菌根を形成している。

　外生菌根菌には，限られた樹種にのみ菌根を形成するものから，多くの樹種に菌根を形成するものまでさまざまである。前者には，ハツタケやヌメリイグチがマツの林に限られることやヤマイグチが広葉樹の林に限られることがある。一方，後者には，キツネタケやニセショウロなどがある。もともと，菌根菌の宿主の樹種であるかはきのこの発生記録による。したがって，その樹木の生育地でのきのこの発生記録がないために宿主ではないとされてきた場合であっても，その菌を接種すると，菌根を形成するようなことも多くあ

る。つまり，野外では，きのこを発生させるに至らないが菌根は形成するような樹木と菌の組み合わせが存在しているのである。

2. 菌根菌のすがた

さて，菌根菌は土壌中でどのような状態で存在し，実生の根に感染するのだろうか？

通常，菌根菌は土壌中においては，(1)菌根を形成して，そこから栄養菌糸を伸ばして存在するが，それ以外にも，(2)菌根を形成せずに腐生的に存在したり，(3)胞子や菌核として休眠状態にある，の3つが考えられる。

2.1. 菌根とそこから伸びた栄養菌糸

森林土壌にはさまざまな樹木の菌根から伸びた菌糸が縦横無尽に広がっていると考えられる。菌根菌は，宿主範囲の広さに応じて，同種の異個体間だけでなく異種の樹木間においても同時に菌根を形成し，つまり樹木は菌根菌を介して一つにつながったネットワークを成立させている。林内にギャップが生じるなどして，そこで成長を開始した実生が伸ばした根には，周辺の成木につながった菌根菌の菌糸が接触して感染し，容易に菌根が形成される。これにより実生はネットワークにつながり，実生自体が光合成を十分に行えなくても，成木から光合成産物を受け取って照度の低い森林下層においても生育することが可能になる。実生に形成されている菌根菌を，成木におけるものと比較したところ，モミやアカマツの場合，多くの菌根タイプが共通していることが報告されている（Yamada & Katsuya, 1996; Matsuda & Hijii, 2004）。また，シラカンバ林が生育する土壌の表層土壌には，その下層土壌に比べ，シラカンバ稚苗に感染する菌根菌が多く分布すること（Hashimoto & Hyakumachi, 1998）からも，菌根菌が土壌表層にその菌糸を張り巡らせていることがわかる。

無葉緑植物であるギンリョウソウなどは，外生菌根菌による菌根を形成している（Matsuda & Yamada, 2003）。この時，同時に樹木の根に菌根を形成している。つまり，この無葉緑植物は，炭水化物を菌根菌を介して樹木から獲得して，成長している。

2.2. 菌根を形成せずに生息する栄養菌糸

外生菌根菌には，子実体の組織などから分離して培養ができるもの，つまり，生きた根とつながらなくても，炭素や窒素やリンのほか，生育に適した栄養分を整えてやると育てることができるものがある。また，ワカフサタケ属菌やホンシメジは菌根菌ではあるが，培地中で生きた樹木の根がなくてもきのこを形成する（Ohta, 1994, 1998）。これらの菌は根につながっていなくても土壌中で栄養菌糸を拡げ，実生が伸ばした根に感染するのであろう。

逆に，培養できない菌根菌としては，アセタケ属やフウセンタケ属の外生菌根菌や，内生菌根を形成するアーバスキュラー菌根菌がある。アーバスキュラー菌根菌は，その胞子を発芽させることはできるが，その後，菌糸を培養することはできない。つまり，生きた根なしでは，生活史を全うできないのである。したがって，これらは絶対共生菌といわれる。これらの菌については，前述のように菌根から伸びた菌糸によって感染する。また，次項のように，土壌中では胞子の状態で存在して，根からの刺激を受けて発芽し，直ちに根に感染すると思われる。

2.3. 胞子または菌核

菌の休眠状態の存在様式としては，まず胞子が挙げられる。胞子として存在していたものが，根が分泌する物質の刺激を受けて発芽して根に感染する。胞子発芽を促進させる効果がある物質は，植物からだけでなく，酵母や細菌や糸状菌，さらには同じ種の菌糸からも分泌されることが知られている（Koske & Gemma, 1992）。これらの微生物は，土壌からだけでなく，菌根菌のきのこや菌根からも分離されており，これら他生物による胞子発芽促進作用は，菌根菌だけでなく菌根（菌）を「棲み家」とする微生物の生存にとっても有益であることがうかがえる。

胞子のほかにも，菌に休眠状態としては，栄養菌糸の塊である菌核がある。菌核を形成する菌根菌については，コツブタケや *Cenococcum graniforme* において知られている。菌核は，栄養菌糸が緊密に固まってできたものであり，乾燥や温度などの環境ストレスに対する耐性は強い。

3. 森林の再生から見た菌根の役割

3.1. 芽生えへの感染と乾燥耐性

このように，実生へは，さまざまな様式で菌根菌が感染するが，どのような菌根菌が，最初に実生へ感染するのだろうか？

これについては，落葉広葉樹林において，第一成葉が展開しはじめたアカシデの当年生の芽生えにおける調査事例がある（岡部，1994）。この段階の実生では，明瞭な菌根が形成されておらず，そのままでは菌の特定が困難なので，採取して滅菌土壌で育て，その時点で感染している菌によって菌根を形成させることが必要となる。採取した根は水洗後，滅菌土壌に植えて他の菌根菌の感染を防ぎ，土壌を比較的乾燥した条件にして（というのも，野外ではこれらの実生が土壌表層の比較的乾燥した条件で生育しているので）6か月間育てた後，菌根の種類組成や分布を調査した。菌根は調査した77個体のうちの約3割の23個体で形成されており，そのうちの22個体において黒色菌根が形成されていた。1～2年生の実生についても同様に調査したところ，すべての個体において菌根が形成されており，黒色菌根は約半数の個体で形成されており，多様な菌根組成になっていた。黒色菌根の1つは，*Cenococcum graniforme* によるものであった。*Cenococcum graniforme* は，樹木の成長にそれほど大きく寄与することはないが，乾燥耐性を向上させることが知られており，乾湿の激しい土壌表層における根の生存にとって，本菌は有効である。また本菌は，菌核などとして土壌中で存在することが可能であり，根にすばやく感染して，菌根を形成することが可能である。比較的乾燥した条件下での生存には，乾燥耐性のある黒色菌根菌の感染は有効である。

3.2. 芽生えの成長にともなう菌根の変化

このように発芽したばかりの実生には，まず黒色菌根などが形成されて乾燥から実生の根を守るが，その後，実生が成長するにつれて，最初に形成された菌根がそのまま優占するのではなく，さまざまなタイプの菌根が形成されていく。これは，成長にともなって，炭水化物の生産量も増え，また菌根形成部位である細根も多く形成されるなど，より多くの菌根菌を養うことができるからであろう。また，菌根の形成は，窒素やリンの少ない貧栄養土壌

表　菌根菌前期菌と後期菌の特徴*

	前期菌	後期菌
主な種類	キツネタケ，ワカフサタケ	ヤマイグチ，チチタケ，テングタケ，ベニタケ，フウセンタケ
きのこのサイズ	小型	大型
宿主範囲（一種の菌根菌が感染可能な樹木の種類）	広い	狭い
菌根形成部位	幼木，また成木の根の広がりの先端部	成木の根の基部に近い部位
感染様式	胞子などに由来する単核菌系による感染も可能	生きた菌根もしくはそこから伸長した菌糸など，二核菌系による感染のみ
利用しやすい窒素の形態	無機態窒素	たんぱく態窒素
胞子発芽	培地，もしくは，植物根の在下で容易に発芽	培地上ではただちに発芽しない

*：Dix & Webster（1995）および Deacon & Fleming（1992）における記述を整理した

で盛んである。根が容易に養分を獲得できるような肥沃な土壌では，菌根を形成する必要はないのである。

　それまで森林ではなかったところで外生菌根性の樹木が成長するに伴って菌根タイプが変化していくことが，ヨーロッパにおけるカンバ林における調査に基づいて初めて報告されており，幼木の根に感染する菌根菌は前期菌 early stage fungi，その後，成木の段階の根に感染する菌根菌は後期菌 late stage fungi とされている。前期菌と後期菌の特徴としては，**表**のようにまとめることができる。同様の傾向は，マツやダクラスファーの林においても得られている。

　この前期菌および後期菌という分け方は，それぞれの段階の定義や期間が不明瞭であるなどの問題点が指摘されている。また，ここで前期菌とされた菌は，分離培養がしやすく宿主範囲が広いなど取り扱いも容易であることから，菌根研究の材料として用いられてきている。

　このように，菌根菌は，実生の段階から樹木との共生関係を成立させて，実生の成長に重要な役割をはたす。菌根菌については，これまでは，きのこや菌根を中心に調査が進められてきているが，今後，土壌中の菌糸を対象にした調査も進めることにより，さまざまな菌のはたらきを詳細に明らかにな

るであろう。

参考文献

Deacon, J. W. & L. V. Fleming. 1992. Interactions of ectomycorrhizal fungi. *In*: M. F. Allen (ed.), Mycorrhizal Functioning: an integrative plant-fungal process, p. 249-300. Chapman & Hall, New York.

Dix, N. J. & J. Webster. 1995. Fungal ecology. Chapman & Hall, London.

Hashimoto, Y. & M. Hyakumachi. 1998. Distribution of ectomycorrhizas and ectomycorrhizal fungal inoculum with soil depth in a birch forest. *Journal of Forest Research* **3**: 243-245.

Koske, R. E. & J. N. Gemma. 1992. Fungal reactions to plants prior to mycorrhizal formation. *In*: M. F. Allen (ed.), Mycorrhizal Functioning: an integrative plant-fungal process, p. 3-36. Chapman & Hall, New York.

Matsuda, Y. & N. Hijii. 2004. Ectomycorrhizal fungal communities in an *Abies forma* forest, with special reference to ectomycorrhizal associations between seedlings and mature trees. *Canadian Journal of Botany* **82**: 822-829.

Matsuda, Y. & A. Yamada. 2003. Mycorrhizal morphology of *Monotropastrum humile* collected from six different forests in central Japan. *Mycologia* **95**: 993-997.

Ohta, A. 1994. Production of fruit-bodies of a ectomycorrhizal fungus, *Lyophyllum shimeji*, in pure culture. *Mycoscience* **35**: 147-151.

Ohta, A. 1998. Fruit-body production of two ectomycorrhizal fungi in the genus *Hebeloma* in pure culture. *Mycoscience* **39**: 1-10.

岡部宏秋 1994. 外生菌根菌の生活様式 土と微生物 **44**: 15-24.

Yamada, A. & K. Katsuya. 1996. Morphological classification of ectomycorrhizas of *Pinus densiflora*. *Mycoscience* **37**: 145-155.

第7章　発芽前種子の死亡要因

山形大学農学部　林田光祐

はじめに

　日本海に面した高館山の春は3月のマルバマンサクの開花から始まる。早春の明るい林床では，ヒメアオキやエゾユズリハなどの常緑低木の濃い緑に，オオミスミソウやカタクリ，スミレサイシンなどの草花が次々と彩りを添えていく。山全体が春色に染まり始めるのは4月下旬のブナの開葉まで待たなければならない。ブナの新緑がひときわまぶしい季節には，淡いピンクのカスミザクラの樹冠が斜面のあちこちで目立ってくる。
　標高274mの高館山は，山形大学農学部のキャンパスから車で15分ほどと近く，自然休養林として自然植生が比較的保たれているため，私の研究室の主な研究フィールドとなっている。
　カスミザクラ *Prunus verecunda* は高館山では普通に見られる樹木であり，コナラ林やケヤキ林などに多く混在している。しかし，花を咲かせるような成木の個体はよく見かけるものの，稚樹や実生は親木の樹冠下や周辺でもほとんど見つけることができない。同じサクラ属のウワミズザクラの稚樹は林床に多いのに，なぜなのだろうか。
　この章では，この疑問を解き明かそうと始めたカスミザクラの種子から実生までの過程を追跡した研究を紹介する。私の研究室で継続して取り組んできたテーマの1つで，最近やっと全貌が見えてきた。論文では書くことができない試行錯誤，悪戦苦闘の記録を含めて紹介する。

1. 母樹下でなぜカスミザクラの実生がないのか
——目のつけどころを探す

1.1. 野ねずみか，昆虫か，菌類か？

　カスミザクラは毎年よく開花し，6月下旬には黒く成熟した果実が母樹の樹冠下に大量に落ちているのをよく見かける。種子は供給されているはずである。しかし，何本かの母樹下を丁寧に探してもカスミザクラの実生や稚樹はやはり見つからなかった。ということは，種子が散布された後から発芽後の実生の定着までの間で，何か繁殖を阻害している要因が存在しているに違いない。

　この散布後から発芽直後までの過程がその後の実生の存在を決定していることは何も特別なことではなく，多くの植物で見られる現象であり，これらに関する研究も数多く存在する。発芽したばかりの実生は赤ん坊のように無防備でか弱い。そのため，多くの植物は実生が生き残るために条件のよい時期を待って発芽する。実生にとって過酷な時期を，乾燥や寒さに強い種子の状態で休眠して待機しているのである。これを「種子バンク」と呼ぶ（第2章）。

　カスミザクラと同じサクラ属の Pin Cherry が種子散布後に種子バンクを形成し，大きな攪乱によって良好な光環境を獲得して更新するという「埋土種子戦略」を取ることはよく知られている。しかし，種子は乾燥や寒さには強いが，栄養価が高いため，動物にとっては格好の食物でもあり，さまざまな種子食者にねらわれることになる。サクラ類の種子は比較的大きいことから，野ねずみが主な捕食者であることが知られている。芽生えたばかりの実生をねらう捕食者も多い。昆虫などの動物だけでなく，菌類による病気にかかりやすいのもこの時期である。

1.2. 播種実験によるアプローチ

　まず散布後から実生が発生する過程を現地で実験的に追跡してみることにした。そのために，次のような仮説を立てた。

　「カスミザクラ樹冠下には多くの種子が散布されるが，ここでの種子の生存率や発芽率，実生の定着率が低い。しかし，攪乱後のギャップ下では種子の生存率や発芽率，実生の定着率が高い」。

　実際に攪乱後のギャップ下でカスミザクラの実生や稚樹を私たちが観察し

ているわけではなかった。ただ，カスミザクラは過去に大きな攪乱を受けたと考えられるような二次林に多く出現していることとサクラ類は一般に攪乱依存種であると言われてきたことが主な根拠である。

この仮説を検証するために，カスミザクラ樹冠下とギャップ下の2種類の環境下に実験区を設置して播種実験を行うことにした。カスミザクラの果実が成熟する1998年7月上旬に，コナラが優占する森林内のカスミザクラ樹冠下とギャップ下をそれぞれ5か所選び，1m×1mの実験区をそれぞれ1つずつ設けた。5か所の実験区のうち4か所は野ねずみによる種子の捕食を防ぐために径1cm亀甲網で実験区を覆った（網かけ区）。これは野ねずみによる捕食率がかなり高いと予測し，その後の発芽や実生の段階を調べるためには，捕食されないようにすべきだという判断からだった。残りの1か所はその野ねずみなどの動物による種子の消失の割合を調べるため，網をかけない開放区とした。

10か所の各実験区にそれぞれ実験地の近くで採取したカスミザクラの種子を50個ずつ，等間隔に落葉層下（深さ約2cm）に播種して，それぞれ番号旗を立てた。採取した種子から無作為に抽出した60個の種子はすべて充実していて健全であった。

播種翌年の1999年3月上旬から5月下旬にかけて発芽した個体を毎週記録した。発芽は，カスミザクラ樹冠下，ギャップ下ともに3月中旬から始まり，4月上旬にピークを迎え，約1か月半の間続いた。発芽が完了した5月下旬から6月上旬に発芽しなかった種子をすべて掘り取り，切断した断面にテトラゾリウム1％溶液を添加して発芽能力の有無を判定（Box 1）した。

1.3. カスミザクラは種子バンクになりにくい

網かけ区の発芽結果を表1に示す。発芽率の平均値はカスミザクラ樹冠

Box 1　発芽能力の判定

テトラゾリウム試験は種子の発芽活力検査方法の1つ。ひと晩吸水させた種子を縦に切断し，0.1～1％テトラゾリウム溶液に35℃で2～6時間浸漬させると，活力のある種子胚は赤色に染まる。詳しくはMcDonald & Copeland（1989）を参照のこと。

表1　網かけ実験区におけるカスミザクラ種子の発芽率と死亡率

	発芽率（%）	発芽しなかった種子の状態（%）		
		生存率	死亡率	消失・不明
カスミザクラ樹冠下 （$n = 4$）	29.0 ± 3.0	6.0 ± 2.4	52.0 ± 9.3	13.0 ± 8.3
ギャップ下 （$n = 4$）	50.5 ± 9.4	1.0 ± 1.0	42.5 ± 9.6	6.0 ± 3.7

数値は平均値±標準偏差

下よりもギャップ下で高かった。これらの平均値の差は統計的にも有意であり，結果的にカスミザクラ樹冠下よりもギャップ下で発芽数が多いことは指摘できる。しかし，単純に発芽条件が異なると結論づけることはできない。というのも，発芽しなかった個体のうち，播種した種子全体の約1～6％の種子は生存していたが，約40～60％の種子は死亡していたからだ。これらの種子の死亡は発芽よりも前に起きていた可能性が高く，そうであれば発芽前の死亡率の違いが発芽率に反映されただけかもしれない。

　もう1つ厄介な問題が生じていた。種子の捕食を防ぐために発芽実験区に金網をかけ，播種した種子の位置に目印をつけたにもかかわらず，発芽後に見つけることができなかった種子の割合が約6～13％と比較的高かったのだ。サクラの種子は見落とすような大きさではなく，種子を覆う内果皮（殻）も堅いので，少し不審に思ったが，これらの種子もほとんどが死亡していたために見つけ出せなかったのだろうとこの時は考えた。

　網をかけずに播種した開放区では，カスミザクラ樹冠下で，発芽率18％，生存種子率3％，死亡種子率43％，消失率36％，ギャップ下で，発芽率20％，生存種子率0％，死亡種子率34％，消失率46％となり，両者に大きな差はなく，いずれも発芽率は2割程度であった。網かけ区と比べると，消失率が3割ほど高い。ばらばらに破壊された殻の残がいから，野ねずみ類による可能性が高い。やはり野ねずみによる捕食は主な死亡要因であることには間違いない。しかし，予想していたほど野ねずみによる消失は高くなく，開放区でも，網かけ区と同様に，外傷もなく死亡していた種子が多く残されていた。

　この播種実験で，樹冠下でも播種翌年の発芽後の生存種子はごくわずかであり，カスミザクラは休眠して種子バンクを形成することは少ないことがわかった。さらに，散布後から実生の出現までの過程でカギになるのは発芽前

後の種子の死亡だということがわかった。

2. 種子はいつ死亡するのか——的をしぼる

2.1. 種子は腐敗していた

それにしても，死亡していた種子は何が原因でいつ死亡するのか。これを解決する糸口として，前の実験で死亡した種子の状態を描写しておこう。内果皮（殻）が割れたり破壊されたりしたものは少なく，多くは外見上正常な種子で，切断すると内部は空で，腐敗して乾燥したような痕跡が残っていた。特に，網かけ区ではすべて後者の状態の種子であった。したがって，網かけ区に野ねずみが侵入してしまったとは考えられない。これまでもサクラ類の種子の死亡原因として，暗色雪腐病菌による病気が知られていたので，菌類によって死亡し，腐敗した可能性がある。

そこで，野ねずみによる捕食と同様に，菌類による病気も主な種子の死亡要因であるという予測をたて，今度は野ねずみに食べられないようにするだけでなく，種子が紛失しないように3 mmメッシュのナイロン製の種子バッグ（5 cm × 8 cm）をつくって，その中に種子を10個ずつ入れて，それを網かけ区に播種することにした。また，前回はカスミザクラ樹冠下とギャップ下という比較を行ったが，今回は菌類による病気を想定して，同じ樹冠下でもカスミザクラとそれ以外の樹冠下とで比較することにした。

前回の実験とは別の場所で，カスミザクラ樹冠下と他樹種の樹冠下にそれぞれ3か所，1 m × 1 mの網かけ区を設置し，10個ずつ入れた種子バッグを1実験区に10バッグずつ落葉層内に1999年6月下旬に置いた。種子散布後から発芽期前のどの時期に種子が死亡しているのかを明らかにするため，5か月の間に種子バッグを1か月ごとに1つずつ回収した後，種子の生死を判定した。残りは翌年の4月にすべて回収し，発芽と種子の生死を確認した。発根している種子はすべて発芽個体とし，発芽しなかった種子は裁断した後にテトラゾリウム溶液を添加して発芽能力を判定した。なお，実験に用いたカスミザクラの種子の充実率は97%であった。

2.2. 野ねずみを排しても種子は死亡

先に発芽後の結果を**表2**に示す。前回の実験よりも発芽率が低い結果に

表2 種子バッグに入れたカスミザクラ種子の発芽率と死亡率

	発芽率（%）	発芽しなかった種子の状態（%）		
		生存率	死亡率	消失・不明
カスミザクラ樹冠下 (n = 3)	4.7 ± 5.2	0	92.0 ± 9.9	3.3 ± 4.7
他樹種樹冠下 (n = 3)	48.7 ± 11.6	3.3 ± 2.5	46.7 ± 15.7	1.3 ± 1.9

数値は平均値±標準偏差

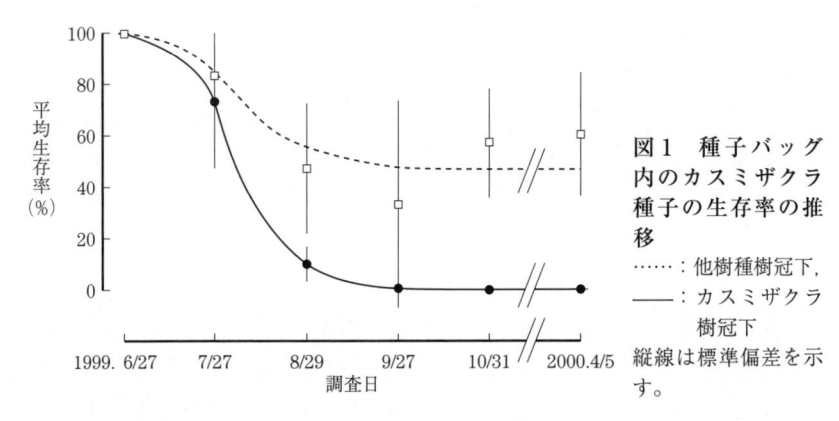

図1 種子バッグ内のカスミザクラ種子の生存率の推移
……：他樹種樹冠下,
——：カスミザクラ樹冠下
縦線は標準偏差を示す。

なった。特にカスミザクラ樹冠下では約5％とかなり低かった。平均発芽率はカスミザクラ樹冠下よりも他樹種樹冠下が有意に高かった。カスミザクラ樹冠下と他樹種樹冠下ともに発芽しなかった個体のほとんどは死亡し，生存種子はごくわずかであった。それと，今回は種子バッグに入れているにもかかわらず，わずかではあるが種子が消失している。不思議に思ったが，小さめの種子であれば，種子バッグから出てしまうこともありうるし，アリがサクラの種子を運ぶことが知られていることから，アリが運び去ったのかもしれない。そうだとしてもわずかの量だし，あまり気にする必要はないだろうと考えてしまった。

　では種子はいつ死亡したのか。播種後から発芽期までの種子の生存率の推移を示したのが図1である。カスミザクラ樹冠下の種子は9月下旬にはすでにほとんど死亡していた。それに対し，他樹種樹冠下の種子は発芽期まで約半数近くが生存していた。しかし，いずれも8月に種子の死亡が集中していた。死亡していた種子の状態は，外見は正常であるが，種子を切断すると，内部がほとんど腐敗していた。

　翌2000年に実験区をそれぞれ12か所に増やして同様の実験を行った結

果，他樹種樹冠下における種子の生存率は約2割と前年に比べて低くなり，カスミザクラ樹冠下における生存種子はまったくなく，すべて死亡していた。

これまでの実験結果からはっきり言えることは，カスミザクラ樹冠下では野ねずみなどの種子食者に食べられないようにしても，発芽期前の種子の死亡率が非常に高いということである。種子の状態から菌類による病気が原因だと考えられるが，これを確認しないことには残念ながら結論づけることはできない。

しかし，期待はふくらんだ。もしかしたら，カスミザクラに特有の未知の病原菌がいて，その樹冠下に多く生息しているため，カスミザクラ樹冠下での死亡率が高いのかもしれない。これはまさしくJanzen-Connell仮説（第1章参照）が提唱している「親木に近いほど種子や実生の密度が高いが，同時にそれらに依存する種特異的な病原菌や植食者などの天敵による死亡率も高くなり，結果的に生き残って更新できる個体は親木から離れたところに分布する」現象ではないか。熱帯ではよく指摘されているが，温帯での具体例は少ない。

3. 菌類の探索——夢はふくらみ，泥沼へはまる

3.1. 菌類の専門家と共同研究

種子の死亡にかかわる菌類の同定さえできれば道が開ける。そういう思いで，樹病の専門家である森林総合研究所の窪野高徳さんに相談した。するとたいへん興味を持ってくれて，すぐに菌の分離を行ってくれるということだったので，実験で死亡した種子を送った。しかし，分離された菌はいずれも普通の腐生菌だった。ただ，この時送った種子は腐敗が進んだ種子だったので，もっと早い時期の種子をサンプルにすれば，病原菌である菌を分離できるかもしれない。

それまでカスミザクラには種特異的な病原菌がいて，それがカスミザクラ樹冠下に生息しているために種子の死亡率が高いと考えていたが，次のように考えることもできる。種特異的な病原菌ではなく，どこにでもいる広寄生の病原菌が死亡原因で，その菌の生息密度が場所によって大きく異なり，ある特定の場所（ホストの密度が高い場所）で激しい。カスミザクラの樹冠下は夏である7月に種子が大量に落下するので，他の樹冠下よりも菌密度が高

くなり，種子の死亡率も高くなる。こちらの仮説の方が現実的で，温帯林の実態にあっている仮説であり，もしそうであれば，多くの樹種にあてはまる普遍性も持ち合わせていることになる。

そのようなことを考えていた時に，私たちにとってショッキングな論文が発表された。北米のサクラ属の Black cherry を材料にした論文で，親個体の周辺には *Pythium* spp. という菌類が多く存在するために，実生の死亡率が高くなることを野外実験によって証明していた。種子と実生の違いはあるものの，まさに私たちが夢に描いていた内容で，勇気づけられもしたが，逆に先を越されたという気持ちもあり，複雑な心境だった。

3.2. 特定の菌が見つからない

年が明けて，前述の2つの仮説をともに念頭において，種子の死亡要因となる病原菌をつきとめるために，調査地に播種して死亡した種子を窪野さんに送って，内部に生息する菌を培養して同定してもらうことにした。

この2001年の実験はさらに死亡率が高まり，9月上旬にはカスミザクラ樹冠下も他樹種樹冠下もいずれも約9割の種子が死亡して，両者の差がなくなってしまった。菌の分離という最大の目的から見ると有利な結果であるが，当初の目的からすると，よい結果ではなくなってきた。3年連続で同じ林分で実験を行ったことで，菌が増殖したのであろうか。

「カスミザクラ種子をアタックする特定菌が存在する」との仮説で，窪野さんがかなり精密に菌類分離試験を行ってくれたにもかかわらず，病原菌と思われる特定の菌は分離されなかった。ただ，*Penicillium* 属菌，*Mucor* 属菌及び *Fusarium* 属菌に似た菌が高い頻度で分離された。しかし，上記3菌が本命菌であるかどうかは，疑問だというのが窪野さんの意見だった。*Penicillium* や *Mucor* は，どこにでも存在する腐生菌で，*Fusarium* 菌も苗の立ち枯れには関与する菌であるが，種子を冒すとは考えにくい。

2002年の実験でも結果は前年と変わらなかったが，1つ気になることがあった。種子バッグを回収する際にバッグの下に潜り込んでいる黒いカメムシを頻繁に見かけるようになったのである。ツチカメムシのなかまだとすぐわかったが，カメムシがカスミザクラの厚い殻に穴を開けるような能力があるとはまったく思えなかったので，種子バッグの下はすみ心地がよいのだろうかぐらいに思っていた。

この年の8月の学会で窪野さんと直接話をする機会を得た。この共同研究も行き詰ってそろそろ決着をつけなければならないと考えて話に臨んだ。そこで、窪野さんから意外な言葉が出た。「菌がカスミザクラ種子の死亡の直接的な原因とは考えにくい」「では何が原因で種子が死亡するのでしょう」「わかりません。ウィルスであればこの方法では検出できません」。とにかく、もう一度フィールドでの観察から始めようと決めた。

4. ツチカメムシが犯人だった――やっと光が見えてきた

4.1. 種子の吸汁を目撃

8月下旬のまだ暑い日に実験地に向かった。定期的な種子バッグの回収を行いながら、丁寧に実験区の中を観察して歩いた。そうしたらほとんどの実験区でツチカメムシの幼虫と思われる虫が見つかった。ますますこのツチカメムシが怪しいと感じ、採集して持ち帰ることにした。

実験室のシャーレに湿らせた濾紙を敷いて、保存してあったカスミザクラの種子を1個入れて、その中にツチカメムシを入れたところ、まもなくツチカメムシはカスミザクラの種子にしがみついた。柔らかそうな口吻を吸水孔に差し込むのかと思いきや、殻の土手っ腹に押し当てている。同じようにシャーレを3つ準備したが、3頭ともにまる1日ずっと種子にしがみついたままだ。小さいので、穴をあけているのかどうかよくわからないが、口吻を種子に差し込んでいるようだ（図2）。

ツチカメムシが犯人である可能性が高い。そこで、ツチカメムシがしがみついていた種子を次の日に切断してみた。その種子の断面は、まさに半腐れと呼んでいた種子の一部が斑状に壊死したようにスポンジ状になっていた。これでツチカメムシが種子の死亡に関与していることは間違いないと確信した。

しかし、種子の断面の組織を見ただけでは、カメムシが吸汁したかどうかが判断しずらい。種子散布の研究仲間である福井晶子さんがナナカマドの種子を吸汁するカメムシについて研究していたことを思い出し、問い合わせたところ、エリスロシンという試薬を教えてくれた。この試薬は昆虫の唾液鞘の染色液である。早速取り寄せて、ツチカメムシが吸汁した種子の断面にエリスロシン0.5％水溶液をかけると、吸汁されたと考えられる部分が濃い赤

148   第7章　発芽前種子の死亡要因

図2　カスミザクラ種子を吸汁するツチカメムシ

図3　エリスロシンで染色した健全種子と吸汁種子

に染まった（図3）。これを使えば，吸汁されたかどうかが簡単に判断できることがわかった。

4.2. 種子を運んでいた！

　飼っているツチカメムシはそれぞれ1個の種子を吸汁した後，急に動かなくなった。3日ほどたつと，脱皮して黒い翅が生えた成虫になった。脱皮してから3日間ぐらいはじっと動かなかったが，その後，また種子を吸汁始めた。野外でも成虫のツチカメムシが観察できたので，この2週間で一斉に成虫になっていると考えられた。もしかしたら，ツチカメムシの繁殖にとってカスミザクラの種子は重要な資源であるのかもしれない。

　観察を続けていてツチカメムシの驚くべき能力をまざまざと見せつけられるできごとがあった。ツチカメムシが口吻を突き刺したまま種子を引きずるように動かし，何と5cmもの高さの垂直の板の壁を乗り越えて運んでしまっ

たのである。ツチカメムシは種子を運搬する能力もあるらしい。

　種子の死亡原因を調べ始めてから3年も経ってやっと光が見えてきた。粘った甲斐があったと喜ぶべきなのだろうが，なぜ病原菌と思いこんでしまったのか，もう少しフィールドで注意深く観察していたらこんなに時間はかからなかったはずだと反省するばかりである。とにかく，ツチカメムシによる種子の吸汁を組み入れて，もう一度最初から研究計画を立て直すことにした。

5. 散布後の種子捕食者としてのツチカメムシ
——その重要性を立証する

5.1. もう一度播種実験へ

　ツチカメムシ科の昆虫は，主に林床に生息し，落果や地中の根を吸汁しており，サクラ類をはじめ，さまざまな種類の種子を吸汁するということはすでに知られていた。しかし，樹木種子の生態研究者の間では，林床での散布後の種子捕食者としてツチカメムシはほとんど知られていなかった。

　そこで最初に取り組んだのは，カスミザクラ種子の散布後から発芽までの過程でツチカメムシがどの程度その生存に影響を及ぼしているのかを明らかにすることである。そのために，散布前の種子の死亡原因とその割合を調べたうえで，散布後の種子の死亡原因である野ねずみによる捕食とツチカメムシによる吸汁を区別できるような条件設定で播種実験を行った。

　なぜ散布前の種子の死亡原因まで調べたのかというと，樹上性のカメムシ類が散布前に種子を樹上で吸汁していることも考えられることから，散布後の林床上でのツチカメムシによる吸汁と区別しておく必要があるためだ。そこで，3個体のカスミザクラの樹冠下に種子トラップを2個ずつ設置して，落下してきた果実と種子を捕捉し，散布前の種子の発芽活性と昆虫による吸汁があるかどうかを調べた。

　落下した果実・種子のうち，果肉が黒紫色でやわらかくみずみずしい状態である成熟した果実が74〜89％を占めた。これらの成熟種子は種子の内部が充実していない「しいな」が0〜1.8％とごくわずかで，腐敗した種子はまったくみとめられなかった。充実種子の中には部分的に白色のスポンジ状になっているものがあり，エリスロシンをかけると異常の見られた部分が赤

く染色され，昆虫による吸汁であることが確認された。おそらくカスミザクラ樹上で見られたクサギカメムシが犯人だろうと考えられる。ただし，この吸汁種子は成熟した充実種子の1.9%とわずかであった。このようにカスミザクラ樹冠下に散布された種子の多くが成熟した果実であり，ほとんどの充実種子は樹上で昆虫に吸汁されることや腐敗することなく散布されていた。

5.2. ツチカメムシを排除して種子が生き残った

散布された種子の状態が確認できたので，いよいよ散布後のカスミザクラ種子の死亡要因を調べるための野外実験だ。この実験は，自然条件下の区画，鳥類やねずみなどの哺乳類を排除した10 mmメッシュ区およびツチカメムシなどの昆虫も排除した2 mmメッシュ区の条件が異なる3つの実験区で播種実験を行うというデザインで，主要な死亡原因を排除していくことで，ツチカメムシの重要性をあぶり出そうという考えに基づいている。

今回の野外実験を行うにあたり，これまで播種実験を行ってきた場所を避け，少し離れた場所を選んだ。というのも，実験を重ねてきた場所では種子の死亡率が年々高くなっていたからである。おそらく種子を供給し続けていたので，ツチカメムシの個体数が異常に増加したのだろう。

図4に示した実験区をカスミザクラ10個体の樹冠下に設置し，種子バッグに5個の種子を入れて播種した。

自然条件区ではほとんどの種子バッグが区画内から持ち出され，見つかった種子バッグはすべて破られており，野ねずみによると考えられる種子の残骸以外に何も残っていなかった。種子バッグに入れることで逆に野ねずみの捕食率を上げてしまったようだ。

10 mmメッシュ区では9月には8割ほどの種子が腐敗し，2割弱の種子しか生存していなかった。種子バッグ周辺にはツチカメムシの幼虫および成虫が回収時に観察された。

ツチカメムシを排除するため設置した2 mmメッシュ区であったが，10か所中6か所で体長4〜10 mmのツチカメムシが多数侵入しているのが9月上旬に確認された。どこも破れていないし，どこから侵入できたのか不思議に思ったが，どうやら体長1〜2 mmの1齢幼虫の時に侵入したらしい（図5）。これは実験室で繁殖させるのに成功した2年後に確かめられた。ツチカメムシに侵入されなかった実験区の結果だけを見ると，吸汁種子が2個，腐

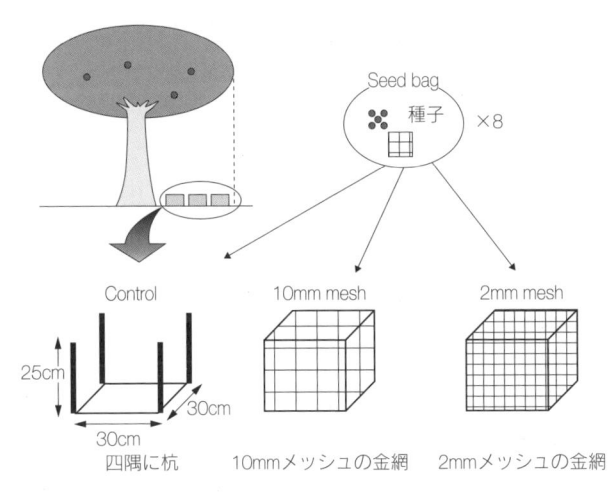

図4 カスミザクラ樹冠下に設定した3種類の播種実験区

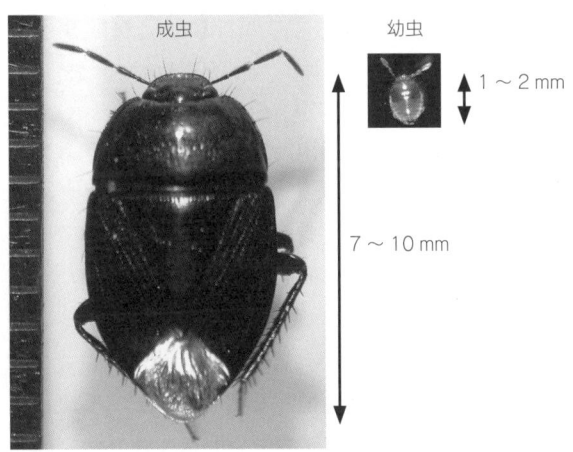

図5 ツチカメムシの成虫と1齢幼虫

敗種子は1個だけであり，ほとんどの種子が生存していた．実験に使用した種子の8％は採集時にすでに吸汁されていたことから，この3個の死亡種子は採集前に樹上で吸汁されていたと考えられた．翌年の2004年には2mmメッシュ区の中にテトロン製の布を張ってツチカメムシを完全に排除して同様の実験を行い，同じような結果を得た．

　これまでの実験結果から，カスミザクラの種子散布後から発芽までの種子の生存にとって，野ねずみ類による捕食とともにツチカメムシによる吸汁も大きな脅威となっていることが明らかになった．

6. 吸汁が引き起こす種子の腐敗のメカニズム
——実験でひもとく

6.1. 再び菌類を調べる

　ツチカメムシによる吸汁が種子の死亡に何らかの関与があるのは間違いないが，どのようなプロセスを経て種子が腐敗するのかわかっていない。これまでの調査や実験の結果から，カスミザクラ種子はツチカメムシに吸汁された後に腐敗して死亡すると予想される。そのため，吸汁された種子だけが腐敗することと，腐敗に関与する菌はどの段階で種子内に侵入するのかを確かめる必要がある。そこで，種子からの菌類分離試験と分離された菌による接種試験を窪野さんにお願いして実施した。

　野外の実験地から回収した健全種子と保存しておいた健全種子の内部からはまったく菌類は分離されなかった一方で，吸汁種子と腐敗種子からは3種類の菌類，*Hyphomycetes*-KZ1（仮称），*Penicillium* sp. および Bacteria が分離された。この中で分離頻度が高かった *Hyphomycetes*-KZ1 と *Penicillium* sp. の菌株を接種源に培養した接種用培地と無菌用培地を準備して，そこへ健全種子と吸汁種子を別々に投入し，接種30日後にすべての種子を取り出し，切断して腐敗状態を確認した。腐敗がみとめられた種子については，再度菌類の分離試験を行い，接種菌と同じであるかを確認した。

6.2. 健全種子は腐敗しない

　播種実験の腐敗種子から分離された2種類の菌類を健全な種子に接種しても，まったく腐敗しなかった。それに対し，ツチカメムシに吸汁させた種子は菌類を接種しても無菌状態に置いても，すべての種子が腐敗した。しかも，接種源に使用した菌のみが分離されたわけではなかった（図6）。これらのことから，ツチカメムシによる吸汁がその後の種子の腐敗を引き起こしていることが確かめられた。また，腐敗は特定の菌類によって引き起こされているのではないことも明らかになった。なお，無菌培地に入れた健全種子が3割腐敗しているが，これは軟X線（Box 2）で種子の内部状態を確認した際に，健全種子と判断した種子の中に一部吸汁されていた部分を見逃したためと考えられる。

　では，菌類はどのような経路で侵入したのだろうか。再分離試験の結果，

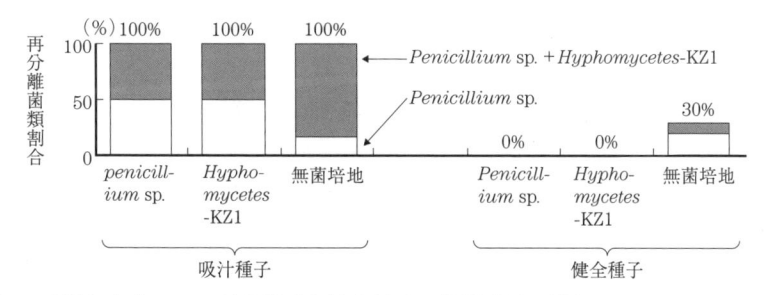

図6 分離した菌による吸汁種子と健全種子の接種試験の結果
■: *Penicillium* sp. + *Hyphomycetes*-KZ1, □: *Penicillium* sp.

腐敗した種子のすべてで接種菌がみとめられたわけではなく，接種菌以外の菌がみとめられた種子もあった．このことから，吸汁後に外部から菌類が侵入したというよりは，ツチカメムシが口吻を種子内に突き刺して，吸汁行動を行うと同時に菌類が侵入した可能性が高い．

7. カスミザクラ種子に依存するツチカメムシの繁殖生態 ——実験室で繁殖させる

7.1. ツチカメムシの生態は？

これでやっと，カスミザクラ種子が結実後散布されて発芽するまでの種子の死亡要因とそのメカニズムが解明できた．そしてこれまであまり知られていなかった林床での種子捕食者としてのツチカメムシの重要性を指摘できた．しかし，もう少しツチカメムシの繁殖生態を知りたい．

文献を探していたら，興味深い情報が出てきた．西日本に生息する同じツチカメムシ科のベニツチカメムシは子育てをすることで有名で，バラ科のボロボロノキの果実を貯蔵し，そこに産卵して子育てをするという．これを読んで，最初にツチカメムシを実験室で飼った時に見た，驚くべき種子の運搬

Box 2　軟X線による種子分析

種子に軟X線を照射することによって，種子を破壊することなく，種子の内部を観察することができる．この方法は，種子の充実度の判断や昆虫による傷害の有無を判別するのに使われる．

能力を思い出した。これは詳しく調べる価値がありそうだ。

そこでまず，繁殖期のツチカメムシの行動を調べた。5個体のカスミザクラ結実木の樹冠下とそれぞれの樹冠の縁から10m離れたケヤキやシナノキなどの樹冠下の林床に2ℓのペットボトルを加工して作成した落下式トラップを5個ずつ計50個設置して，6月から9月までの約3か月間，3，4日ごとにトラップ内に入った昆虫を回収した。合計428頭のツチカメムシが捕獲されたが，その8割以上の個体がカスミザクラ樹冠下のトラップで捕獲された。しかも6月中旬から7月中旬までの間で捕獲数が多かったことから，ツチカメムシはこの期間は主にカスミザクラ樹冠下で活発に活動していることがわかった。また，7月下旬から8月下旬にかけて幼虫も多く捕獲された。カスミザクラの果実が成熟し，種子が散布される時期が6月中旬から7月中旬ごろなので，ツチカメムシはこの散布時期に合わせて繁殖活動を行っていると考えられる。

7.2. 実験室での繁殖に成功！

ますますツチカメムシがカスミザクラ種子に大きく依存している可能性が出てきた。そこで，ツチカメムシを実験室で繁殖させることを試みた。2004年の繁殖期にシャーレに雌雄各1頭ずつ入れ，交尾させて産卵させるようにしたが，成功しなかった。これはシャーレ内の水分環境が原因だと思われた。土や落葉を使うのがよいのであろうが，卵が小さいために見逃してしまう可能性がある。そのためにどうしても濾紙を使用するしかなかった。2005年は濾紙を2枚重ねて敷き，リターの代わりになるように1～2cm角にちぎった濾紙を数枚置いて蒸留水で湿らせるという工夫をした。そのことが功を奏したのか繁殖に成功した。

交尾は雌が雄の背中に乗るような形で行われ，通常雌が種子を吸汁していることが多かった（図7）。吸汁中の雌に雄が触覚を震わせながら近づいていき，雌の下に入って交尾を始めるという行動も観察された。卵は1個ずつばらばらに産み，かたまりで産むようなことはなかった。1日数個ずつ20日以上にわたって産卵し，最大173個産卵した雌もいた。卵はシャーレに1個ずつ移し，卵の乾燥に注意しながら観察を続けた。

図7 吸汁しながら交尾するツチカメムシ

7.3. カスミザクラ種子への依存は予想以上

　産卵から孵化するまではおよそ7日であった。孵化した幼虫が餌資源としてどの程度のカスミザクラ種子があれば成虫になれるかを調べるために，シャーレ1個につき1齢幼虫1頭とカスミザクラ種子3個を入れたもの，1齢幼虫1頭とカスミザクラ種子1個を入れたもの，1齢幼虫5頭とカスミザクラ種子1個を入れたものという3種類の環境で飼育を行った。カスミザクラ種子を3個与えて飼育した幼虫の羽化率は88%もあったのに対し，1個だけ与えて飼育した幼虫の羽化率はその半分以下の43%しかなかった。5頭の幼虫に1個の種子を与えたものでは，5齢まで成長した個体が14%いたものの，羽化して成虫になったものはまったくみとめられなかった。羽化した103頭の成虫のうち雌は53頭，雄は50頭で，雌雄の比はほぼ1：1であった。ツチカメムシはカスミザクラ種子だけで成虫まで育つことがわかった。自然条件下で発育時にカスミザクラ種子のみを吸汁しているとは限らないが，カスミザクラ種子だけを吸汁するならば，羽化するまでに最低1個以上の種子が必要であると考えられる。成虫が繁殖のために種子を吸汁しているのに加えて，幼虫も発育のために種子を吸汁していることや，7月から8月にかけてはサクラ種子のような大型種子は成熟していないことから，ツチカメムシの繁殖にとってカスミザクラ種子はなくてはならない重要な資源と考えられる。

　孵化したばかりの体長1〜2mmの1齢幼虫も種子を吸汁しているように見えた。それを確かめるため，殻をはずしてエリスロシンで染色したところ，わずかではあるが吸汁痕が確認できた（図8）。また，吸汁行動が観察された種子を回収し，蒸留水で湿らせた腐葉土を敷きつめた別の容器の中に

第7章　発芽前種子の死亡要因

吸汁痕

図8　1齢幼虫によって吸汁されたカスミザクラ種子

埋め，1か月後に取り出して半分に切断したところ，65%の種子で腐敗がみとめられ，残りの発芽活性がみとめられた35%の種子の半数以上で同時に吸汁もみとめられた。つまり，1齢幼虫でも硬くて厚い殻を通して吸汁し，種子を腐敗させる能力があるということである。

8. 種子散布者としての役割——思わぬ行動に期待する

8.1. ツチカメムシが種子を貯蔵

　ツチカメムシを繁殖させるのと同時に，ツチカメムシがカスミザクラ果実や種子に対してどのような行動をとるのか7月上旬に飼育箱の中で観察した。ツチカメムシは飼育箱に投入されるとすぐに落葉の下や土の中に潜り込んだ。地上や地中を移動して種子や果実に近づき抱きかかえるような行動が観察され，その後，種子や果実を口吻で引きずるようにして移動させ，その下に穴を掘り，そこに埋めるかあるいは落葉の下に隠す行動が観察された。しかし，種子や果実も5〜17mm程度埋まっていたものの完全に土の中に埋まっているのではなく，下に掘った穴に引きずり込んだ様子であり，上部が見えているものがほとんどであった。24時間の観察を続けた結果，雌雄関係なくすべての個体が1〜2個の種子や果実を貯蔵した。果実も種子も関係なく貯蔵され，貯蔵場所までの移動距離は数cm程度であった。貯蔵された14個の種子を取り出し，腐葉土の中に埋めて，1か月後に確認したところ，半数が腐敗または吸汁された種子で，残りの半数は吸汁されておらず活性がみとめられた。

　これらのことから，ツチカメムシは落下した果実や種子を見つけたら，そ

の場で吸汁せずに落葉層や土壌中に一時的に貯蔵してから吸汁する行動をとっていると考えられる。成虫によるこの種子の貯蔵行動はベニツチカメムシと同様の子育て行動かと期待したが，これまでの室内での飼育や野外で観察した限りでは，種子を分散貯蔵して，産卵も分散した種子に少しずつ産卵する行動をとっているようだ。カスミザクラの樹冠下に散布された種子の多くが野ねずみ類に捕食されていることから，ツチカメムシが餌資源としてカスミザクラ種子を確保するためにも，自然条件下でも同様の行動をしている可能性は高い。そうであれば，ツチカメムシは種子散布者としての役割を果たしている可能性もある。

8.2. 種子1個1個の動きを追う

そこで，野外でこのことを確かめるため，再び前述の自然条件区と10 mmメッシュ区を9か所ずつ設置して播種実験を行った。今回は種子1個1個のゆくえを知りたいので，種子バッグではなく，種子に長さ10 cmの水糸を瞬間接着剤で取り付けてマーキングした種子を使用した。また，競合する野ねずみ類の活動時間が主に夜であることから，昼と夜の半日ごとに種子の動向を調べた。種子を実験区においてから半日後に，マーキングの水糸が付いたまま地表に残っている残存種子，貯蔵されたと考えられる落葉層内に埋まっている埋蔵種子，種子がなくなり水糸だけが残っているものや発見できなかったものを合わせた消失の3つに区別して，埋蔵種子以外は毎回回収した。

その結果を示したのが表3である。自然条件区の残存率は昼と夜とでは大きく異なった。赤外線センサー付きカメラによる自動撮影で，夜間はアカネズミが頻繁に実験区に来ていたことが確かめられたことから，消失した種子のほとんどはアカネズミによって持ち出されたと考えられる。野ねずみ類を排除した10 mmメッシュ区では，埋蔵や消失はツチカメムシが関与していると考えられる。いずれも昼と夜では大きな差はなく，アカネズミの活動がツチカメムシの行動時間に影響していることはないようだ。実験期間中の昼間に直接観察も行ったが，直接ツチカメムシが種子を運搬するところを確認することはできなかった。しかし，この実験結果から，ツチカメムシは野外でも貯蔵行動を行っていると推察される。埋蔵種子を約3か月追跡調査した結果，自然条件区では1個を除いてすべて消失したが，10 mmメッシュ

表3 2つの条件区における昼と夜の半日間のカスミザクラ種子の動向

	自然区		10 mm メッシュ区	
	昼 ($n = 45$)	夜 ($n = 45$)	昼 ($n = 45$)	夜 ($n = 45$)
残存率（％）	97.1 ± 7.24	0.7 ± 2.60	96.9 ± 4.74	92.3 ± 9.69
埋蔵率（％）	1.1 ± 1.98	0.8 ± 1.84	3.0 ± 4.68	5.7 ± 8.14
消失率（％）	1.9 ± 6.13	98.5 ± 3.45	0.1 ± 0.68	2.0 ± 4.65

区では54個が9月下旬まで残った．これらの55個の種子を回収して調べたところ，1個を除いてすべて腐敗や破壊が原因で死亡していた．このことから，ツチカメムシによって貯蔵された種子は，アカネズミによる捕食をまぬかれたとしても，ほとんどがツチカメムシに吸汁されて腐敗・死亡するため，ツチカメムシの貯蔵行動がカスミザクラの種子散布者としての役割を果たしている可能性は低いとみてよいだろう．

9. カスミザクラ樹冠下での種子の高死亡率と種子散布の意義

なぜカスミザクラ樹冠下に実生がないのかという最初の疑問がようやく解けてきた．

結実から順を追って振り返ってみよう．散布前の樹上ではクサギカメムシなどによる吸汁があるものの少なく，大半は健全な状態で散布される．

これまで紹介しなかったが，カスミザクラの種子がどのように散布されているのかも同じ調査地で調べている．それによると，樹上からヒヨドリによって食べられ樹冠外に散布される種子が約40％，樹冠下に散布される種子が約5％，残りの約55％は果実のまま樹冠下に落下すると推定されている．樹冠下に落下した果実は，テンやタヌキなどの哺乳類やクロツグミなどの鳥類に食べられて樹冠外に散布される種子もあるが，その大半はアカネズミに持ち出されていると考えられる．

この樹冠下に落下した果実や種子の一部はツチカメムシによって貯蔵され，吸汁されていることは間違いない．吸汁された種子は吸汁と同時に侵入したと考えられる糸状菌によって腐敗し，死亡する．ツチカメムシがカスミザクラ樹冠下に集まって繁殖し，成虫ばかりか幼虫も種子を吸汁するため，カスミザクラ樹冠下では種子の死亡率が高く，発芽まで生き残っている種子はほとんどないと考えられる．

カスミザクラ樹冠下に比べると，他の樹種の樹冠下やギャップ，あるいは同じカスミザクラ樹冠下でもほとんど結実していない個体の樹冠下では死亡率はそれほど高くないと考えられる。実際にこれまでの私たちの多くの播種実験がこのことを立証している。したがって，ヒヨドリによって食べられ樹冠上から別の場所にばらまかれた種子や，樹冠下に落下した果実でもテンなどに食べられて遠くに散布された種子などは，カスミザクラ樹冠下に比べれば生き残って発芽する可能性が高いと推察される。カスミザクラにとって，母樹の樹冠外への動物による種子散布は高い種子の死亡率を回避する重要な役割を果たしていると言えるだろう。

おわりに

　最初に紹介した播種実験では，カスミザクラ樹冠下でも発芽率が1～3割もあった。実は説明していなかったが，この実験では播種する果実と落下してくる果実が混同される可能性があるため，ほとんど樹上に結実していないカスミザクラ樹冠下を選んでいたのだ。目的から考えると間違った実験設計だったことになる。その後はできるだけ結実が多い個体を選ぶようにしたが，逆に同じ場所での過剰な実験が死亡率を上げる結果も招いたので，注意する必要性を痛感した。

　ツチカメムシはカスミザクラ種子だけでなく，いろいろな種子を吸汁した。特にウワミズザクラとヤマボウシの種子はカスミザクラ同様に好んで吸汁した。しかし，両種ともに散布期は9月でツチカメムシが成虫になる頃であることから，カスミザクラほど影響がないと思われる。もしそうであれば，最初の疑問であったウワミズザクラの稚樹が多いのに比べ，カスミザクラの稚樹がほとんど見つからないのは，種子の散布時期が原因の1つということになる。では，カスミザクラが夏に種子散布するメリットとは何なのだろうか。課題は尽きない。

　ここで紹介した研究は，私の研究室でともに考え実行してくれた，加藤智恵さん，森洋佑さん，中村仁さん，小野寺秀斗さんの卒論や修論をもとにまとめたものである。高館山に通い続けてくれたこの4名の努力なしにはここまで解決することはできなかった。そして，菌の探索を数年にわたって粘り強く実行していただいた窪野高徳博士，カメムシの調査方法に適切なアドバ

イスをしてくれた福井晶子博士，現地調査を手伝ってくれた研究室の学生・院生の皆さんに心より感謝を申し上げる．

参考文献

◆本章の内容が掲載されている原著論文

林田光祐　2005．動物による種子散布　中村太士・小池孝良（編）森林の科学，p. 72-73．朝倉書店．

中村仁・林田光祐・窪野高徳　2006．ツチカメムシの吸汁が引き起こす散布後のカスミザクラ種子の腐敗　日本森林学会誌 **88**: 141-149．

中村仁・林田光祐　2007．散布後の種子捕食者としてのツチカメムシの繁殖生態　日本森林学会誌 **89**: 45-52．

◆その他，執筆にあたって参考にした文献

加藤智恵・那須嘉明・林田光祐　2000．タヌキによって種子散布される植物の果実の特徴　東北森林科学会誌 **5**: 9-15．

小林尚・立川周二　2004．図説カメムシの卵と幼虫−形態と生態−　養賢堂．

小南陽亮　1993．鳥類の果実食と種子散布：二面性をもった密接な共生関係　鷲谷いづみ・大串隆之（編）動物と植物の利用しあう関係，p. 207-221　平凡社．

Marks, P. L. 1974. The role of pin cherry (*Prunus pensylvanica* L.) in the maintenance of stability in northern hardwood. *Ecological Monographs* **44**: 73-88

McDonald, M. B. & L. O. Copeland. 1989. Seed science and technology laboratory manual. Iowa State University Press, Iowa.

Packer, A. & K. Clay, K. 2000. Soil pathogens and spatial patterns of seedling mortality in a temperate tree. *Nature* **404**: 278-281.

塚本リサ・藤條純夫　1992．ベニツチカメムシの繁殖と給餌　インセクタリウム **29**: 4-10．

Yagihashi, T., M. Hayashida, & T. Miyamoto. 1999. Effects of bird ingestion on seed germination of two *Prunus* species with different fruit-ripening seasons. *Ecological Research* **14**: 71-76.

第4部
芽生えを研究する方法

芽生え調査の「いろは」と「壷」

第8章　実生の生態のしらべ方と
まとめ方

秋田県立大学生物資源科学部　　星崎和彦・阿部みどり

　林床にはいつくばって実生の発生と生き残りを追跡する動態調査（センサス）は，とても根気のいる作業である．現地では2週間や1か月といった間隔で，同じ作業を雨の日も風の日も繰り返してゆく．調査のたびに，同じ評価基準で実生の生育状態を判断する正確さも要求される．$1 m^2$ の調査区に何十本もの実生が発生したときなど，限られた時間の中ですべての調査区を回るためには，1本1本に対する判断の素早さが必要となる．

　そして，研究室に戻ってからも多様な技能を要求される．日頃の努力の積み重ねをいかに成果として芽生えさせるかは，ひとえにパソコンの中で巨大化したデータの解析にかかっている．1つの実生が出た，死んだといった地味なデータの寄せ集まりが，解析することによって論文の中で動態として再構築されてゆく．

　この章では，主にこれからデータを取る，もしくは膨大なデータを抱え込んでしまった方を想定して，調査準備から取りまとめまで実生動態研究の「壷」を紹介しようと思う．なお，どこかの調査地にお手伝いに行ったときは，そこでのルールを尊重してほしい．

❽ 準備編

　実生の発生は多くの樹種で短期間に集中するため，日々調査に追われる．そのため，スムーズに調査を行うためには前もって行う準備が非常に重要になる．オフシーズンにできる限りの準備をしておこう．

【壱の壺】旗や杭に立地条件を見よ

　発生初期の実生を個体識別するには,「旗」を用いるのが一般的である。しかし,どこの業者を探しても実生センサスにすぐに使える旗など売っていない。したがって,1つずつ自分の手で作ることになる。軸の素材を用意して,ナンバーテープを巻いて旗を作っていく。いうまでもなく旗をたくさん使用するシーズン初期は非常に忙しくなるため,冬期間などに前もって作っておいたほうがよい。

　旗の軸となる部分の代表的な素材は,コーティング針金やプラスチック(塩化ビニール製)の棒だろう(図1)。しかし,入手しやすさや好みだけで安易に素材を決めてはならない。土壌が発達していて積雪も少ない環境では軸の素材を気にする必要はないが,そうでないところでは調査地の立地条件に適した素材を選ぶ必要がある。いくつかの例を示しておこう。

　豪雪地帯ではコーティング針金が好都合だ。冬期間圧雪の下に埋もれてしまうため,その重みで旗が曲がってしまう。しかし,地面に刺さった部分は動くことはない。針金は柔軟性があって手ですぐに回復させることができ,旗自体を破損させることがない。さらに大事なのは,使う針金の太さだ。リター層が厚く土壌がやわらかい林床では直径 1 〜 1.5 mm 程度で十分であるが,岩や砂礫が多いところや土壌の堅いところでは直径 2 mm 程度ないと,しっかり刺さらない。その他,カンバ類のように非常に小さい実生が対象の場合は,番号を刻印したダイモテープに細い針金をつけた小型の旗を使用している人もいる(図1)。

　針金や軸となる棒に巻きつけるナンバーテープの留め方にも注意を払おう。3桁のナンバーがきちんと見えるように折り返し,針金に近い部分にホチキスを止める。錆を防ぐため,ホチキスの針はステンレス製を用いる方がよい。正しく留めておけば,たまにネズミにナンバーテープをかじられても外れることはまずない。気になる人は,念を入れて2か所にホチキスを留めておくとよいだろう。

　準備した実生の旗は番号順に 10 本ごとに束ね,丈夫なナイロン素材の小さめで広口のトートバッグ等に入れておくと使いやすい。藪をこいでも破れることは少ないし,雨にも強い。バッグは 100 円ショップなどでも入手できる。

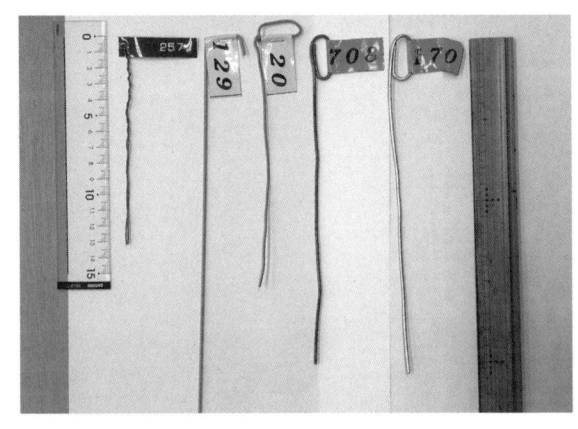

図1　実生識別用の「旗」
左から順に，ダイモテープ旗（小山浩正；北海道でシラカバに使用），塩化ビニール旗（正木ほか；小川群落保護林で使用），針金旗（箕口・阿部ほか；東北地方ブナ林で使用），針金旗（鈴木・星崎ほか；カヌマ沢で使用），同型ステンレス製（以上，敬称略）。

　実生枠づくりに使う杭は塩ビパイプを50 cmに切って使うとよい。ブロックを切る機械がホームセンターで買える（危険なのでくれぐれも注意するように）。より目立つ赤や黄色の境界杭を使うのもよいが，手軽に買えるからといって刺しすぎないように注意しよう。とくにトランセクト調査区の場合は，要所に目立つ杭があるだけの方が遠目からでもプロットの位置が把握しやすい。また，こちらの方が重大な問題なのだが，プラスチックの境界杭よりも，塩ビパイプのほうが長持ちする。境界杭は10年も経つと色があせて視認性がきわめて落ち，多雪地では雪圧のために割れてしまう。一方，塩ビパイプは雪で折れ曲がることはあっても，壊れてダメになることはないのである。変色もほとんどない。

　杭が決まったらいよいよ調査枠をつくるのだが，枠をテープ類で囲むかどうかは調査地によってさまざまなようだ。林床の様子によっては，テープで枠を張っていないとどこが枠なのかすらわからない。自分はわかっていても，初めて来てくれたお手伝いさんには不親切な調査地ということになってしまう。ただしテープは落ち葉に埋もれていくし，しばしばネズミに切られてしまうので，メンテナンスが必要になる。その場合，1辺を切られても他の辺はテープがぴんと張られているような結び方（クローブヒッチ）を是非覚えておこう（図2）。テープを使わなくても枠がわかるようだったら，なくてもよいだろう。

　最後に，もっと大事なことを。実生枠はシードトラップと常にセットで設置しよう。解析の項でも述べるが，種子落下量のデータは非常に重要なファ

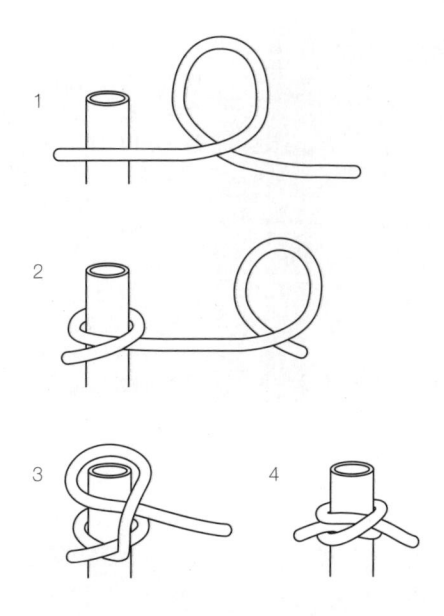

図2 調査枠を張る際に覚えておくと便利な"クローブヒッチ"（徳利結び）
飲み会の時にでもビール瓶等で練習するとよい。

クターとなる。こちらについては類書『森林の生態学』（種生物学会，2006）の「森林研究之奥義書」の項を参照してほしい。

【弐の壺】調査も準備も細部までこだわる

初回のセンサスは，集計用紙と同様の枠を耐水紙にレーザープリンター（インクジェットは不可）やコピーなどで打ち出したものを持参する。通常のポケットサイズの野帳でもよい（耐水野帳があればベター）。実生センサスは，初めと終わりだけでなく定期的に行おう。梅雨の真っ盛りや春の冷たい雨の中の調査はつらいものだが，繰り返しセンサスすることによって死亡の要因に迫れるようになる。また運悪く時間が足りないときは土砂降りの中やらねばならないこともある。雨天時は，大きなビニール袋に手を突っ込んで野帳に記入する（種生物学会，2006）方法もあるが，藪の中を進むうちに破けてしまうことが多いし，汗かきの人は汗と湿気でビニールがすぐ曇ってしまう。レーザプリンターやコピー機でも使える耐水紙があるので，できればそれを使おう。

野帳や旗以外に持参したほうがよいものとして，筆記用具，ホチキス，ホ

チキスの針，コンベックスなどがある（Box 1）。ホチキスは旗が壊れてしまったときの修繕ため，また，コンベックスは実生枠が破壊されてしまったときに造り直す時などに利用できる。膝をついたり座り込んで調査を行うため，もし必要になった場合に車に戻るのは非常に面倒であり，時間の無駄である。

このように細かく準備にこだわるのは，ひとえに「調査を正確に速く行うため」である。特に遠方で調査を行っている場合，時間が限られてしまう。また，実生の本数が極端に多い場合，のんびりしていると毎日グルグルとプロット内をさまよい調査をする羽目になるだけでなく，前回のセンサスが終わらぬうちに次回を迎えるという最悪の事態を招くのである。急いでいるからと言って，精度を下げてしまう調査はご法度である。

3 現地調査編

実生発生調査を開始する時期は，落葉樹林の場合は成木の新緑が見られる前がよい。冷温帯では雪解け直後から調査を開始すればほぼすべての実生をセンサスすることができる。

冷温帯では，実生の発生期は2週間に一度くらい，梅雨を過ぎたら月に一

Box 1　自分に適したバッグ選び

　調査道具をウェストポーチや雨具等のポケットに入れて調査している人を時々見かけるが，我々としてはどちらもおすすめしない。チャックの開け閉めが多くなるとつい開けたまま移動してしまうものだが，横長のウェストポーチでは移動の際モノがよく落ちる。ポケットは，立って行う調査ではそれほどでもないが，かがんでいると意外に取り出すのに時間がかかる（こうした調査者の気づかないタイムロスは，記録者として野帳係をやっていると非常にもったいなく感じるものである）。これらのロスを少なくすることで，調査の能率は格段にアップする。おすすめは，先に紹介した小さな広口タイプのナイロン製トートバッグや，伝統的な竹製の腰籠である。籠は藪や斜面に弱いのではと思う諸兄もいるだろう。まずはお試しあれ。意外にも，フレームのしっかりしている籠はモノが落ちないものだ。しかも取り出しやすい。藪は確かに弱点だが，藪を通るときは籠を腰の後ろに回せばたいていは大丈夫だ。

度センサスを行うとよい．たとえばブナの場合，野ネズミに捕食されても下胚軸が残るため，2週間に一度のセンサスであっても捕食された本数は把握できる．もしどの生育段階で捕食されるのかを正しく把握したいのなら，さらに短いスパンの調査が必要になる．対象とする樹種と研究目的に応じて自分のエフォートを考慮し，現実的な調査間隔を考えよう．

【壱の壷】地表面上に見えねば実生発生と見なさず

　新規の実生を探すとき，あまりに必死に探しすぎて落ち葉（リター）をどけてしまう人を見かけるが，これは反則技である．ありのままの状態で地表面から見えるのが発生実生である．また，必死に探しすぎて身を乗り出し，実生枠内に"お手つき"をしてもいけない．いうまでもなく，実生枠内は立ち入り禁止でもある．

　実生を発見したら，旗は実生のすぐ脇の地表に刺す．あまり離して刺すと，他の実生と混同してしまう．このとき，旗が実生を被陰していないか確認する．また，浅く挿しすぎると抜けてしまう場合があるので注意する．土壌が固いところでは特に注意が必要だ．ただしその場合，真っすぐきれいに刺すことにこだわるのはやめよう．時間が無駄になるし，結局いろいろ試してもきれいに刺さらないことが多い．

【弐の壷】実生鑑定の道は1日にして成らず

　まず実生を発見したら，樹種を判定しなくてはいけない．これは初心者にとって最も難易度の高い技であろう．

　実生を見つけたら，まず当年生かどうかを判断する．地上子葉性の樹木であれば，発生直後に子葉がついていれば当年生である．子葉の大きさは大きいものから小さいものまでさまざまであり，長さ5mm程度のものも多い．また，胚軸に芽鱗痕がないことも確認する．はじめのうちはこれを確認することで対生の本葉や地面を這いつくばるツタの対生葉を実生と勘違いすることがなくなる．地下子葉性の場合は子葉の有無を確認することが難しいが，上胚軸の形状で判断することができる．一般的な特徴は，軸が無節で全体に柔らかみがあることである．抽象的だが，経験豊かな人はそれぞれにそういう感覚を持っている．

　実生から樹種を図鑑で検索するのは難しい．というのは，すべての樹木実

生を網羅した図鑑は現時点では存在しないためだ。検索の手がかりになる書籍や論文としては，浅野（1995）や山中らによる一連の論文（山中ら，1992，1995 など多数）がある。あるいは，第 2 章で紹介されている web 上の「実生図鑑」もお勧めである。

樹種を判定するためには，現地で経験を積むしかない。経験者はさまざまな手がかりから実生の樹種を判断することができる。種類がわからないとき，対策は 3 〜 4 つある。

a. 周りをよく探そう

そっくりで，ステージの異なる実生はいないだろうか？ もう少し大きくなった個体の本葉や葉脈の凹凸の様子が手がかりになることは多い。また子葉の形や付着している種皮から種子の形を推測することもできる。

b. よく似た実生がたくさんある場所はないか？

成木の樹冠下で大量に発生した実生から樹種を覚えるのは比較的簡単だ。前年の結実状況がわかっていれば，豊作だった樹種は実生がたくさん見られるはずだ（埋土種子性の場合はこの限りではない）。

c. とりあえず形状を記録しておこう

たとえば，葉脈が 3 本目立つ（コシアブラ，ハリギリ）。子葉の裏側に耳葉のような小突起がある（クマシデ属，ニレ属）。子葉が半球状で分厚い（サクラ属）。子葉がグローブのようなへんてこな形だ（サワグルミ，シナノキ）。子葉がプロペラ状だ（カエデ属，トネリコ属）。常緑広葉樹は実生の形態に変化が乏しいものの，タブノキ属，イヌガシ，バリバリノキは 10 cm ほど一気に伸びて本葉を展開させるし，細長い子葉（クロバイ），ピーナッツ型の地下子葉（バリバリノキ）などは特徴的だ（酒井敦・永松大両氏の私信による）。こうした特徴をスケッチしておくと，知っている人に聞けば教えてもらえるかもしれない。

d. 次回のセンサスでわかるかもしれない

子葉のステージで判断できなくても短い間隔で同一個体を観察することで，a. 〜 c. の手がかりから樹種が明らかになる場合は多い。互生や対生

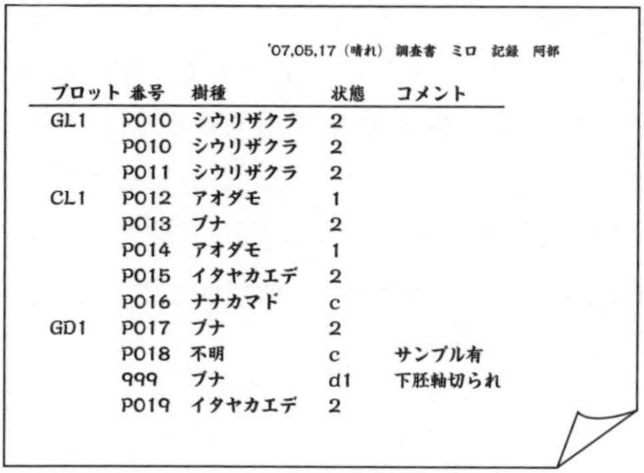

```
             '07.05.17 (晴れ) 調査者 ミロ 記録 阿部
  プロット 番号    樹種       状態   コメント
     GL1   P010   シウリザクラ    2
           P010   シウリザクラ    2
           P011   シウリザクラ    2
     CL1   P012   アオダモ      1
           P013   ブナ        2
           P014   アオダモ      1
           P015   イタヤカエデ    2
           P016   ナナカマド     c
     GD1   P017   ブナ        2
           P018   不明        c    サンプル有
           999   ブナ        d1   下胚軸切られ
           P019   イタヤカエデ    2
```

図3　野帳の書き方の一例

といった葉のつき方も大きな手がかりとなるし，冬芽の特徴が成木と似ているものもある。

　調査地で見られた実生については，実生枠外から実生を採取し，野帳に挟んで標本にするとよい。現在はデジタルカメラで気軽に写真撮影ができるため，写真を撮っておくのもよいが，本物に優るものはない。カバーが厚紙でできたポケットサイズの野帳の見開き片面を使うと，実生の標本作成にちょうどよい。ラベルの代わりとして採集年月日と採集場所は是非記録しておこう。このようにして，調査地に出現する実生標本コレクションを作っておくとよい。

　いずれにしても，調査期間中は常に周囲に目を配り，存在する親木から出現しそうな樹種の実生を覚えておくとよい。たとえ研究上重要ではなくても，他の種類についても知っておくと役に立つかもしれない。当年生実生では高木と低木の区別はつかないし，また知っているだけで何より楽しいものだ。

【参の壺】野帳はデータ日記

　野帳の片隅にはまず日付と調査者および記録者の名前を書こう。そして，実生ごとにプロットの名前，個体番号，樹種，状態，コメントといったカテゴリーを記入する（図3）。

　コンディションの欄には生育段階に関する葉の状況などを記入するとよい。たとえば，ついている葉が子葉のみであればcotyledonの頭文字をとって「c」，本葉が3枚であれば「3」といったように記録する。このとき，コ

ンディションの判断はいつのセンサスでも常に同じ基準でならなければならない。誰かに調査補助を依頼している場合，調査責任者は慣れるまではその判断を確認しておいた方がよい。コメント欄には気がついたことを何でも簡潔に記入しておく。不要なデータになるかもしれないが，あとでは書くことができない。

　ナンバーを記録するときは，必ずテープの色もアルファベット等で記録しよう。何年も調査を続けていくうちに，例えば「A132」が同じ枠に2本生じるケースも生じてくる。これらを区別するのに，テープの色が役に立つ。ピンクの番号なら「PA132」と書いておくのだ。言うまでもなく，後々の混乱を避けるうえでも，同色同記号同番のテープは同じ枠内では使わないようにすること。

　実生の本数が多いときは，枠を4つに分割して（大体でよい），実生がどの角の近くにあるか記録しておくとよい。次のセンサスで「見当たらず」となったとき，くまなく探すべき範囲を狭めておくことで，安心して「死亡」と見なすことができる。

　研究室に戻ったら，できればすぐにやっておきたいことが2つある。1つ目は野帳の入力だ。「日記」はすぐにつけよう。そうすることで，調査時の記憶をきちんと電子化できる。それに次の調査の直前は，道具の準備で手一杯になってしまうことも多い。2つ目は，早めに道具類の反省をすることである。調査の時にすべての道具の数量や使い勝手がちょうどよかったということは，最初のうちはあまりないだろう。次のセンサスの直前ではなく，帰ってすぐに買い足したり追加すべき道具をリストアップしておくとよい。

は　再調査編

【壱の壺】リセンサスは出欠確認のごとし

　再調査（リセンサス）をするためには前回センサスに用いたデータを打ち出し，野帳を作成しておく必要がある。そのためにはまず，データを入力しなくてはならない。データの入力は機械的に行うしかない。このとき，コンディションの欄には同じコンディションごとに同じ文字を使うこと。例えば，子葉のみの実生に半角小文字の「c」という記号をあてた場合，他のところで（どんなに見た目が似ていても）全角小文字の「ｃ」を使ってはいけない

し，半角大文字の「C」を入力してもいけない。さらにくどいようだが，不要な全角・半角スペースの入った「ｃ　」などのセルもいけない。理由は後ほど詳しく説明するが，集計する作業で非常に厄介なセルとなる。

　入力し終わった野帳は印刷し，誤入力がないか確認する。コメント欄も一緒に打ち出して調査ノートとして持っていこう（コメントは簡潔に。またコメントのフォントは小さくてよい）。ファイルのバックアップもお忘れなく。野帳の原版はファイルなどにまとめて保存しておくとともに，コピーを他の場所においておこう。万が一火事で焼けてしまったら，火災保険でお金がおりてもデータは二度ともどってこない。

　リセンサスでは実生の「出欠確認」をするわけだが，むかし学級名簿が五十音順であったのと同様，実生の名簿も番号順がよい。実生の出欠確認は，観察者から記録者という伝達経路で情報が流れる。したがって，ランダムに呼ばれた実生を野帳の中で速やかに発見することができるように，ナンバーテープの順番でソートしておいた方がよい。また，区切りのよいところでページを換えよう。余白も十分に。これについては『森林の生態学』にある通りである。

　野帳以外の持ち物は初回センサスのときとほぼ同様であるが，死亡した個体の旗は回収するので，回収用のバッグも用意しておこう。

【弐の壷】準備もさらに工夫

　データを紙に印刷して，A4サイズのクリップボードに留めて持っていこう。細かいようだが，クリップボードへの野帳の留め方まで気を配ってみたい。

　例えば，野帳の下側をクリップボードに留めてみよう（図4）。これは1つの枠のデータが2ページ以上にわたる場合に有効だ。1枚目の上を半分ほど折り返せば，ページをまたいでいる部分が一度に探せる。新たに発見された実生のデータは裏に書けるし（ただし表に「裏に続く」等のコメントを忘れずに），折り返しの回数を増やすことで2枚目の見える部分を大きくすることもできる（図4）。クリップボードにひもを通して首から下げるときも，この方がクリップボードの持ち方が自然だ。

　この留め方に違和感を覚える人は多いと思う。気になる人は，下側をクリップボードで，上側は大きめのダブルクリップで固定してはいかがだろうか。

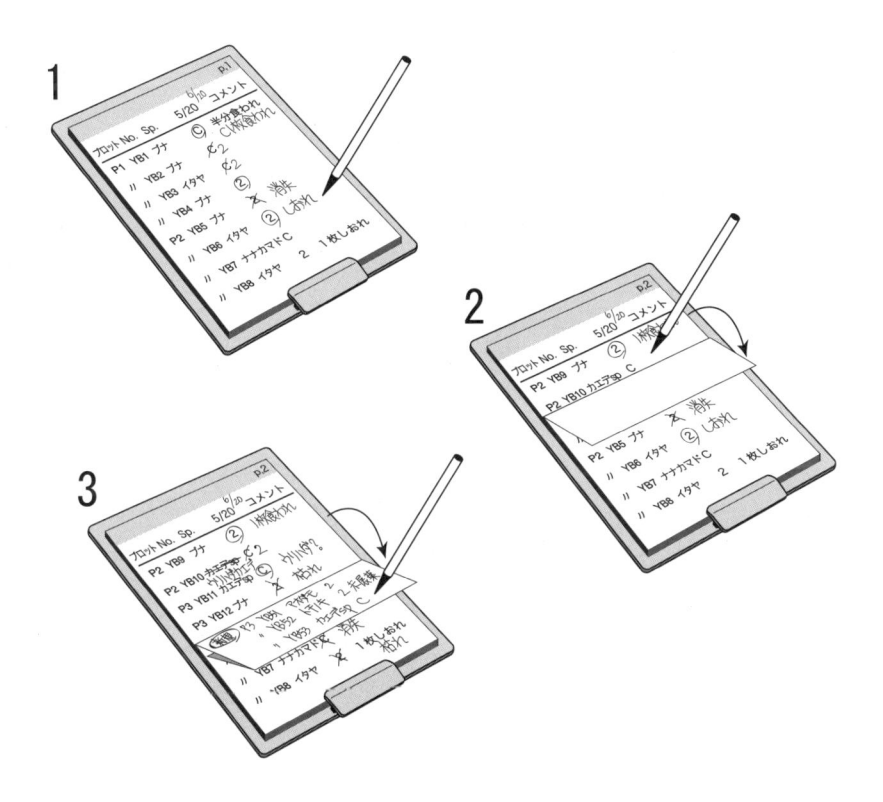

図4　野帳のクリップボードへの留め方を，使い勝手を考えて工夫してみた例

紙が安定して気にならなくなると思う。まずは試してみて，自分なりにスピーディーにやれるスタイルを確立しよう。もっといい方法があるかもしれない。見つけた方には教えていただけると幸いである。

【参の壺】あらゆる出来事をすべて記録して追跡

再調査では，前回存在した実生の生育状態を確認する。前回のデータと同様であれば前回のデータを丸で囲み，異なる場合は前回のデータの脇に新しいデータを記入する（図4）。さらに新規で発生した実生を個体識別し，生育状態を記録する。その際，やはりリターをはがしたりまでして必死に探す必要はない。軸だけになったり枯死してしなびた実生がリターに張り付いていることもあるので，さまざまな角度からよく観察しよう。死亡したり消失

	A	B	C	D	E	F	G
1	Plot	No.	Species	2001/6/2	2001/6/12	2001/7/0	
2	A1	A2	A3	A4	A5	A6	
3	A	PA363	ブナ	生存	生存	立枯れ	
4	A	PA364	ブナ	生存	生存	立枯れ	
5	A	PA365	ブナ	生存	捕食害	捕食害	
6	A	PA366	ミズナラ	生存	捕食害	捕食害	
7	A	PA367	ミズナラ	生存	生存	生存	
8	B	PA368	ブナ	捕食害	捕食害	捕食害	
9	B	PA369	ブナ	捕食害	捕食害	捕食害	
10	B	PA371	ブナ	生存	生存	生存	
11	B	PA372	アオダモ	生存	生存	生存	
12	B	PA373	アオダモ	生存	生存	生存	
13	B	PA374	ブナ	生存	捕食害	捕食害	
14	C	PA375	ブナ	生存	捕食害	捕食害	
15	C	PA376	ブナ	生存	生存	生存	
16	C	PA377	ブナ	生存	生存	生存	
17	C	PA378	ブナ	生存	生存	立枯れ	
18	C	PA379	ミズナラ	生存	生存	立枯れ	
19	C	PA380	ブナ	捕食害	捕食害	捕食害	
20							

図5 データシートの例

してしまっているようであれば，野帳に記録して旗を回収する．新規個体は健全なものだけでなく，捕食された個体や死亡しかけている個体も忘れてはならない．旗をさして個体識別するまではなくとも，生育状況や死亡要因を記録しておく．このとき，個体番号は999番とか-1番，1001番などとしておくとよい．

ナンバーをかじられたりしたときは，旗を付け替えて新しい番号に変える必要がある．このとき，旧番号を単なるメモとしないで，データファイルに新しい列を作っておこう．翌年まで生き残ったら新番号でセンサスするので，以前のデータとつなぐときに旧番号が独立しているのといないのとでは苦労がまったく違う．実生がいつ発生していつ番号が変わり，いつ死亡したかということがすべての個体について把握できなくてはならない．

死亡を確認した実生の旗は持ち帰ろう．しかし実生が発見できなかったからといって，すぐに次回の野帳からはずさないほうがよい．次のセンサスで見つかることはしばしばある．したがって，一度不明だったものは二度不明になるまで野帳からはずさない方が無難である．また，早々に落葉してしまい，死亡とみなした個体が翌春芽吹くこともある．急に復活個体が見られたとしても，うろたえることのないように突然出現した個体の対処を考えておきたい．

地下子葉を持った実生には十分に注意したほうがよい．上胚軸を食べられても，子葉に備え持った養分によって再生することがあるからだ．こういっ

た樹種がいつ死ぬのかについては，ある程度経験を積んだうえで判断した方がよい．慣れるまでは，「軸切られ，死亡？」などとコメントして経過を見守るのがよい．

センサスを翌年も継続して行う場合，実生の伸長が終了した後に自然高（地表面から最上にある冬芽までの垂直高）を測定しておくとよい．この値を用いれば，ラフな成長推定を行うことができる．また，どのサイズまで大きくなれるのかといった生活史特性を計り知ることもできる．それだけでなく，翌年のセンサス時に旗が見当たらない場合でも，芽鱗痕の位置から個体発見の手がかりともなる．発生翌年からは年に一度，生存状態（生存，枯死，もしくは不明など）と自然高を測定しておくとよいだろう．

に　データ集計編

いよいよ大量にたまったデータの解析，すなわち「調理」に取りかかる．近年では統計処理が受け入れてもらえないと，論文が受理されにくくなっている．よってさまざまな統計モデルについて知っておく必要があるのだが，その前に，まずは現象の理解に必要な記述統計量を求めておく必要がある．ここでは，記述統計を効率よくまとめる壺と結論の根拠となる統計処理の壺に分けて解説しよう．

【壱の壺】集計は手短に

統計処理の結果を示す前に，例えば発生数と生存数といった基本的なパラメータについて平均値（または中央値）とばらつきをざっと概観しておくことで，読者はあなたの取ったデータの量と性質を把握することができる．プログラミングが得意な人であれば，Perlなどを使うことによって手っ取り早く集計することができる．しかし，多くの人が得意とするほどメジャーな手法ではないため，プログラムの習得に多大な時間を注いでは本末転倒である．実生調査の場合，表計算ソフトのみで集計できる場合も多い．そこで，多くの人が使い慣れているExcelを用いた効率的な集計方法を紹介する．

(1) データベース関数

データを手早く集計するためには，入力したデータシートを集計用のデータベースに作り替える必要がある．具体的な例を図5に示したが，これは

	A	B	C	D	E	F	G
1	Plot	No.	Species	2001/6/2	2001/6/12	2001/7/0	
2	A1	A2	A3	A4	A5	A6	
3	A	PA363	ブナ	生存	生存	立枯れ	
4	A	PA364	ブナ	生存	生存	立枯れ	
5	A	PA365	ブナ	生存	捕食害	捕食害	
6	A	PA366	ミズナラ	生存	捕食害	捕食害	
7	A	PA367	ミズナラ	生存	生存	生存	
8	B	PA368	ブナ	捕食害	捕食害	捕食害	
9	B	PA369	ブナ	生存	捕食害	捕食害	
10	B	PA371	ブナ	生存	生存	生存	
11	B	PA372	アオダモ	生存	生存	生存	
12	B	PA373	アオダモ	生存	生存	生存	
13	B	PA374	ブナ	生存	捕食害	捕食害	
14	C	PA375	ブナ	生存	捕食害	捕食害	
15	C	PA376	ブナ	生存	生存	生存	
16	C	PA377	ブナ	生存	生存	生存	
17	C	PA378	ブナ	生存	生存	立枯れ	
18	C	PA379	ミズナラ	生存	生存	立枯れ	
19	C	PA380	ブナ	捕食害	捕食害	捕食害	
20							
21							
22	A1	A2	A3	A4	A5	A6	
23	A		ブナ		生存		
24							
25				2001/6/2	2001/6/12	2001/7/0	
26			A	3	=DCOUNTA(A2:F19,E2,A22:F23)		
27			B	3			
28			C	4			

図6　データベース関数の指示例

説明のために簡略化したもので，実際はもっと巨大なシートになる（また，状態もすべて日本語に変換してある）。実際のデータを打ち込んだ表から改変すべきこととして，まず集計に不要なコメントの列は除いておく。さらに，入力した情報（例えば実生のコンディションなど）の文字を含む部分が，ある所では小文字，別の行は大文字といったように不ぞろいになっていないか確認する。また，2行目にダミーの変数を挿入した方が良い。図5ではA1，A2，といった変数を入力した。この項目が日付のままでは関数でカウントしてくれない場合が生じるためである。

　例えば，2001年6月12日に生存しているブナの実生がプロットAではどのくらいあったのかを数えるとする（図6）。この時，数えた個数を入力したいセル（ここではE26）に =DCOUNTA（A2:F19,E2,A22:F23）と入力する。すなわち，=DCOUNTA（データベースの領域，計数すべき列の指定，計数する条件）と入力する。この例はカテゴリカルなデータであるが，数量のデータであれば平均値（DAVERAGE関数）や標準偏差（DSTDEV関数）などさまざまな関数が利用できる。この集計方法では，アルファベットの全角と半角は区別されてしまう。したがって，同じカテゴリーのセルは常に同じになるように入力しなくてはならない。

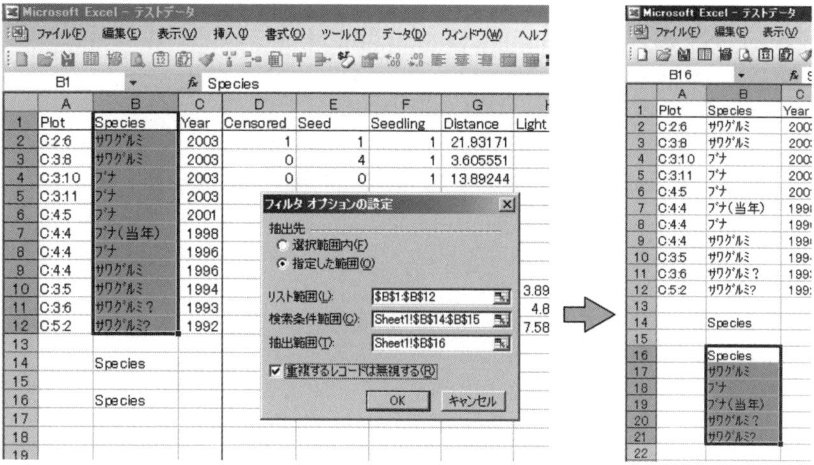

図7　重複なし抽出によって入力項目の一覧を取得
「？」も全角と半角は区別される。

　注意点は，こちらが指定した条件をExcelがどう扱うかである。図6では「生存」の本数を数えているが，例えばもしデータ内に「生存」と「生存未確認」という入力が混じっている場合，DOUNCTA関数は両方の合計を数えてしまう（DCOUNTでも同じ）。それを防ぐには次の「重複なし抽出」を活用して，集計ミスにつながる入力を予め訂正しておくのが賢明である。

(2) **重複なし抽出**

　どのような情報が入力されているかをもれなく書き出したいときに使う。図7のように，あらかじめ列見出しを2か所に書いておき，入力情報の一覧を取り出したい列だけを選択し，抽出条件をブランク（指定なし）のまま実行する。解析に用いる種名の一覧やプロット数を知りたいときに便利である。また入力ミスの発見にもなる。

(3) **vlookup 関数**

　一覧表をもとに該当する情報を取り出してくる関数のことである。例えば実生のセンサスデータに各年の発生密度を加えたいといったときなどに用いる。Excelのヘルプに従えば特に注意することはないので例は示さないが，知っていると重宝するだろう。

(4) **テキストエディターとの連携**

　シート内の欠測値や空きセルを処理するには，正規表現での検索・置換機能をもつテキストエディターを利用するとよい（Box 2）。

【弐の壺】データの性質を明確にする

　自分のデータが名義尺度なのか，順序尺度なのか，もしくは間隔尺度や比尺度のように足したり平均したりできるものなのかをもう一度確認しよう。ここをあいまいにしておくと，論文の投稿先の編集委員（レフェリー）に迷惑をかけることになる。また，データを集計した後，ざっと全体を見渡して解析結果をイメージしておくとよい。生存率については生存曲線を描くなど，グラフにしてみるのもよい。データの解釈にはいくつか注意すべき点がある。

(1) 発生数・生残数は環境のよしあしにあらず

　発生数や生残数は，実生生存の可能性を示す重要な数値である。しかし，実生が多いからといって，その条件が実生の発生に好適だったと結論づけて

Box 2　正規表現

　正規表現とは，数字や文字の規則性を指定する記号言語のようなものである。初めて目にする表現の人もいるかもしれないが，欠測値や空きセルの処理の際などで威力を発揮するのでぜひ使ってみてほしい。

　正規表現は Excel では使うことができないため，これをサポートしたソフトが必要だ。いろんなソフトが実在するが，初めての人にはシェアウエアの「秀丸エディタ」をお勧めする（正規表現の使い方のウェブサイトがある）。インターネットからダウンロードして試用することができ，気に入れば登録料を支払っておこう。

　まずは試しに Excel で簡単な表を作り，秀丸やワードプロセッサーに"テキストとして貼り付け"してみよう（図）。隣りあった左右のセルは，タブ〈tab〉（図では＞で表示）で区切られている。また空きセルは〈tab〉が 2 個以上連続となる。各行の右端（行末）には改行記号（↓）があるはずだ。

　正規表現では，タブは「¥t」，改行は「¥n」と書く。初めのうちは，これだけ知っているだけで手入力の労力をかなり減らすことができる。例えば，空欄に欠測値であることを示す NA を入力する必要が生じたとしよう。図のような小さい表なら手で入力すればすむが，大量のデータでは面倒だし，入力ミスも起きる。そういう時が正規表現の出番だ。「¥t¥t」を「¥tNA¥t」で置換すれば，空いているところに NA が入る。ただし 1 回の置換だけだと不十分で，おまじないと思ってもう 1 回同じことをやる。次は行末と行頭の空欄だ。これは「¥t¥n」を「¥tNA¥n」，「¥n¥t」を「¥nNA¥t」（記号の意味がわかってきたら「^¥t」を「NA¥t」とやればファイルの先頭も一気に片づく）でそれぞれ

はいけない。発芽に環境依存性がないためどこでも発芽できる樹種も多く，単に多く種子が落ちただけの可能性もある。したがって，実生の調査をする場合，そこでの種子落下量についても調査しておいた方が無難である。種子から実生に至るまでの生存率が算出できれば理想的である。

　生残数に関しても同様で，多く生き残ったのは単にたくさん発生しただけのことかもしれない。逆に，その場所に生残率を高めるポテンシャルがあっても，種子が落下しなければ生残数はゼロである。したがって，これらの値だけで実生にとっての環境適合性を考えるのではなく，自分のデータの量と質を淡々と振り返るにとどめよう。

(2) 同じ種も別のふるまい

　同じ種であっても，実生発生数はしばしば大きな年変動を示す。発生数は

置換すればよい。残るはファイルの先頭と最後の所だけだ。このくらいは手で入力すればよい。最後に，ctrl+a で全選択したものを元のエクセルに貼り付ければ完成。うまい人ならもっと賢いやり方があると思うが，最初のうちはこれだけでも十分楽になる。

　正規表現はとても奥が深く，ここで記した使い方はいろはの「い」の字にも満たない。巷に正規表現に関するいろいろな本やウェブサイトがあるので，参考書を求めてみてはどうだろうか。

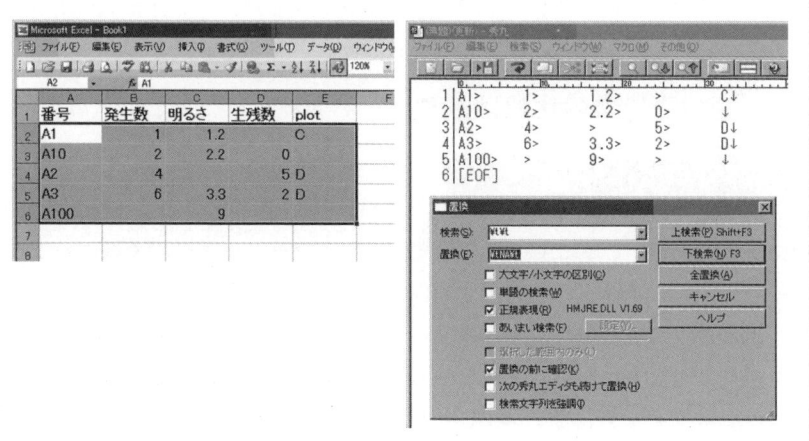

図　正規表現を使った置換の例
左のワークシートの空欄すべてに欠測値 NA を一度に入力することを想定。

種子落下量によっても，また攪乱などのイベント後であれば環境変化後の経過年数によっても変動する。したがって，同じ種であっても安易に合計してはいけない。環境の経年変化が大きいと予測される場合，環境要因を測定することも必要である。生存率についても同様だ。

　データを見てイメージが形成されたら，いよいよ解析に持ち込み，モデル化する作業に入る。ただし，解析がうまく行き，まとめる段階になった時，ここに述べたデータの性質を記述することを忘れないでほしい。たとえば，実生がどのくらい発生して生き残ったのか，また，死亡要因は何が多かったか。さらに，季節ごとの傾向や調査枠ごとのサンプル数のばらつきといった情報が論文できちんと述べられていれば，複雑な解析を用いたとしてもレフェリーや読者は解析結果を理解しやすくなる。情報の提示のしかたは，本文中の数値だけでもいいし，表，簡単な図などを用いてもよい。

ほ 統計処理編

　どんなデータのときにどんな統計処理がふさわしいのか。これまで，分散分析，回帰分析，対数線形モデルなどいろいろな方法が考案されてきた。どんなデータのときに，またどういう問いに答えるうえでどれが適した手法が何かということになると，その都度学んでいくしかない。

【壱の壷】率の比較は厳禁

　発生数や生存数と同様に，生存率についてもつい80％や65％といった値をプロットごとに比較したくなってしまう。平均値や標準偏差を計算し，x軸にプロットを，y軸に生存率を示す大きなエラーバーがついた棒グラフを作ったとする。エラーバーの示す範囲が負の値になったり，100を超えた場合，どのように解釈すればよいのやら……。

　生存率を比較する場合，条件を独立変数に，生存率を従属変数として解析を行ってはならない。生存率は2つの連続変量の比率ではなく，生残個体数と全個体数という"離散的な"2つの観測値（頻度）をもとに算出された値である。したがって，生存率の大小を比較するのではなく，生残個体数と全個体数の両者を使って比率を比較する。例えば生存率40％と60％ではど

ちらが「大きい」のだろうか？ もし観察数が十分に大きい場合は20ポイントの違いはかなりの違いだが，もし10個体ずつの観察だったらせいぜい2個体の違いに過ぎない。

　最もシンプルなやり方は，条件ごとに生き残った個体数，死亡した個体数を比較することだろう。比較する条件が少なくグルーピングが明確な場合，カイ二乗検定で十分である。

　比較する条件が2つ以上の要因の組み合わせでありカテゴリカル変数の水準として取り扱うことができる場合，一般化線形モデル（GLM）の1つである対数線形モデルを用いる（GLMについては後述）。対数線形モデルは，多次元の分割表の独立性をカイ二乗検定するというイメージである。したがって，生存率にどういった要因が効いているのかだけでなく，要因どうしの相互作用，またその強度などを調べることができる。

　対数線型モデルでは，セルの行と列の周辺確率を用いて示した期待度数の対数値は，行の効果，列の効果，交互作用に分解することができる。このようにして作られたモデルが実際の値に適合するのかをカイ二乗検定により調べる。対数線形モデルについて詳しくは『カテゴリカルデータ入門』(Agresti, 1996) などを参照してほしい。SPSSやSTATISTICA，JMPといった統計ソフトを用いれば解析することができる。

　プロットや条件が多くカテゴリカルデータとして扱うことが困難である場合，また環境要因に連続変数（明るさ，谷底からの標高差など）が含まれている場合，ロジスティック回帰分析を使うことになる。ロジスティック回帰分析は二項分布を利用したGLMであり，今後使用される頻度が増してくると思われる。

【弐の壺】生存曲線は行方不明も無駄にせず

　何回もリセンサスしたデータから生存曲線を作成するというのは，誰でもまず考える常套手段であろう。しかし縦軸を対数軸にして折れ線の傾きから死亡率を比べるだけでは説得力に欠けると感じる場合も多い。生存時間分析（故障時間分析ということもある）は，そんなときに役に立つ。この手法では，死亡や故障といった個体に一度だけ起きる現象を「イベント」として，イベント発生までの時間をもとに，生存曲線の接線の傾きとして定義される「ハザード」を推定する。このハザードを使うことで，異なる生存曲線を比較・

検定することができる。

　生存時間分析は，まだ植物生態の研究データにはあまり浸透していないようだが，種子や実生，稚樹センサスのデータ解析には特に向いている。まず，死亡の確認やその要因が特定できない「行方不明」データも「打ちきりcensored」として分析に含めることができる。また調査の開始が必ずしも種子落下時や実生発生時といった「時刻 $t = 0$」に相当する時でなくてもよく，観察開始日と観察終了日，最終確認が死亡か生存かの3つが個体ごとにはっきりわかっていれば解析できる。モデルの詳細については浜島（1993）に平易に解説されているので，興味のある方は参照してほしい。実際の適用例としては，種子については Hoshizaki & Hulme（2002），実生については Masaki & Nakashizuka（2002）が参考になるだろう。

へ　データ解析の今昔

　以上のように，パラメータがそろえば，実生発生時から定着時までの動態を統計的に記述することができる。それに加えて，多くの環境要因や種子落下量も整ったとする。独立変数が連続値であれば，まず考えてみるのは重回帰であろう。これで処理できるようならそれでいいが，重回帰や分散分析には，データが正規分布すること，分散が独立変数に対して変化しないこと（等分散性）という条件がある。しかし実際，変数変換してもこれらの条件が満たされないことはよくある（図8）。特に実生発生については，種子はたくさん落ちたのに実生が発生しない（発生率 = 0）場所が多く，これが問題となる。この場合，ポアソン回帰などが扱える GLM が最も有効な手段となる。

【壱の壺】GLM とはなんぞや？

　以前は，分散分析や回帰分析などはまったく別の手法として，それぞれについて勉強してきたのだが，今後はこれらをかなり統一的に扱うことのできる GLM（一般化線形モデル，Generalized Linear Model）という考え方に集約されていくものと思われる。GLM は，基本形を理解しておけばさまざまなデータに比較的スムーズに対応できる。

　GLM の一般的な形とその解釈については Box 3 に簡単に紹介した。モデルの当てはまりのよさは，逸脱度 deviance を使った評価や残差分析によっ

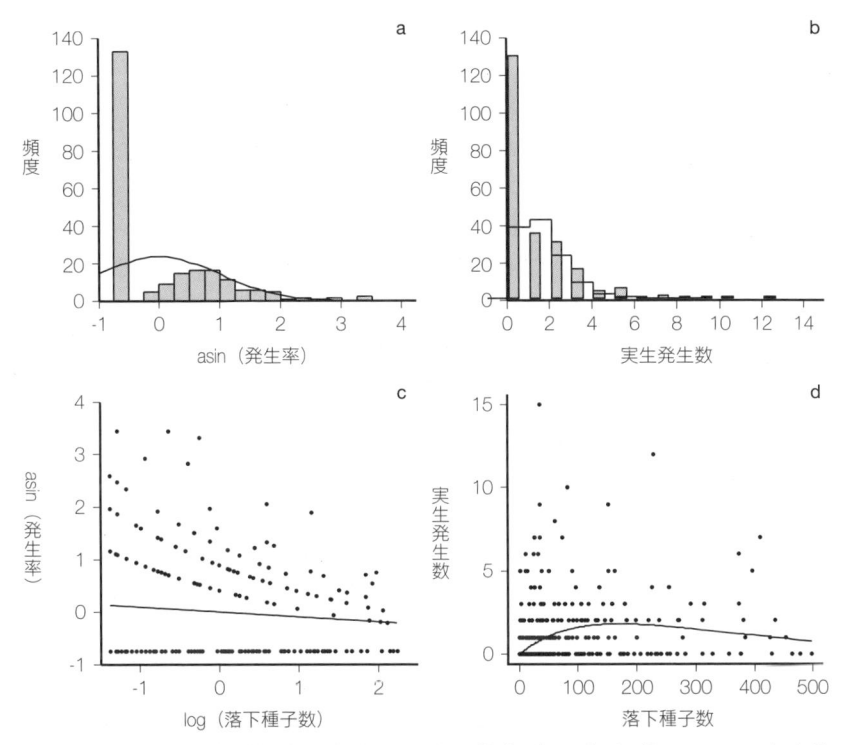

図8 変数変換しても正規分布に近づけられない場合（a, b）と「ゼロデータ」多数のために最小二乗法による通常の回帰分析がふさわしくない場合（c），GLMで問題を回避できる場合（d）の例

ブナの実生発生（1 m² あたり）について示す。a: 実生発生率（前年の落下種子数に対する比）をアークサイン変換した値の度数分布（曲線は正規分布を当てはめた結果），b: 変換前の実生発生数の頻度分布（折れ線はポアソン分布を当てはめた結果）。aが正規分布すれば変数変換＋従来の回帰分析（c）もできなくはないが，最も多い「発生数＝0」のプロットを解析から除外しなければならず，野外の実態に即さない分析となる。cでは，発生率の値が離散的であること（横軸の値が小さいほど顕著），たとえ発生数0の箇所を除いても従来の回帰分析のもう1つの条件である「等分散性」が保てないことがわかる。また「ゼロデータ」のために，最小二乗法で得られた回帰直線も不自然である。このようなときはbの分布形から，発生数を従属変数（ポアソン分布を仮定），落下種子数をオフセット項としたGLM（Box 3 参照）を用いた方が，妥当な推定結果（d）が得られる。

て診断することができる。また異なる複数のモデルを比較するときは，尤度比検定やAICによる比較を行えばよい。

　ポアソン分布を用いたGLMの注意点として，理論上 X のどの範囲においても従属変数 Y の分散がその範囲における平均値に等しくなければな

らないが，実際には平均値よりも分散が大きくなるという現象（過大分散 overdispersion）がある。そこでデータが過大分散になっているかどうかをあらかじめ見極め，モデルの当てはめ時に過大分散を調整しておかなければならない。なお2値応答しかとらないロジスティック回帰では過大分散は考慮しなくてよい。

GLMでこれまでの統計手法を統一的に理解できるのは，その柔軟性による。実は，リンク関数に自然対数 $\log(y)$ を使った GLM を Log-linear model と呼び，上記の対数線形モデルとは Y にポアソン分布を仮定したものに他ならない。またすべての X_i が名義変数のときに，恒等リンクおよび線形予測子に X_i のすべての交互作用を含めた GLM は，通常の分散分析と同じである。表1にGLMと従来の統計分析法との対応関係の例を示した。

本書は統計学のテキストではなく筆者も統計の専門家ではないので，これ以上は専門書に譲りたい。正確を期すときは，Agresti（1996）やCrawley（2005）などを参照してほしい。特に前者は入門書であると同時に日本語にも翻訳されているので，一読をお勧めする。

Box 3　一般化線形モデル（GLM）の基礎

X_i を独立変数，Y を従属変数とするとき，

$$g(Y) = a + b_1 X_1 + b_2 X_2 + \cdots + b_n X_n$$

の形で表現された回帰分析が GLM の一般形である。$g(Y)$ はリンク関数と呼ばれ，X と Y の関係に応じていろいろな関数形を与えることができる。また右辺を線形予測子と呼び，パラメータ a，b_i はデータにもとづいて推定される。

GLM の最大の特徴は，従属変数のリンク関数に応じて異なる誤差分布が扱えること，またパラメータ a，b_i が通常の最小二乗法ではなく最尤推定によって推定されることの2つである。最小二乗法で扱える誤差分布は正規分布のみであるが，GLM では分布に関係なく変数変換せずにデータを使ってよい。また X_i は連続変数でも順序変数でも，両者が混在しても良い。リンク関数の代表的なものとしては恒等リンク，対数リンク，ロジットリンクがあり（表1），それぞれ正規分布（連続値），ポアソン分布（計数値など0以上の整数），二

表1 従来の統計モデルと対応関係をもつGLMの例

従属変数 (分布形)	リンク	g (Y)	独立変数 (線形予測子)	従来のモデル
連続変数 (正規分布)	恒等	Y	連続変数のみ	単回帰, 重回帰
連続変数 (正規分布)	恒等	Y	カテゴリカル変数のみ	分散分析
連続変数 (正規分布)	恒等	Y	連続・カテゴリカル両方	共分散分析
二値応答 (二項分布)	ロジット	$\log[\pi/(1-\pi)]$*	制約なし	ロジスティック回帰
計数値 (ポアソン分布)	対数	$\log(Y)$	制約なし	対数線形モデル

＊：πはYが0か1のどちらかしかないときY＝1となる確率

【弐の壺】GLMを扱える統計ソフトウエア

SAS（JMPを含む）やRといったソフトは，さまざまなGLMに対応している。比較的安価で使えるソフトは今のところRとJMP（ver. 6以降）であろうか。中でもRはインターネットからダウンロードして使うフリーウェ

項分布（生死など0／1の二値応答データ）に対応している。
　また，種子落下から実生発生までの過程をポアソン回帰（対数リンクを使用）したい場合，発生率 $Y = E / F$ (E, F はそれぞれ実生発生数，落下種子数）を先の式に代入すれば

$$\log(Y) = \log(E) - \log(F) = a + b_1 X_1 + b_2 X_2 + \cdots + b_n X_n$$

と変形できる。これはEを従属変数，$-\log(F)$ をオフセット項とするGLMと呼ばれ，発生数Eにポアソン分布を仮定して同様にパラメータが推定できるので実用的である（図8d）。
　パラメータ b_i の意味は，リンク関数によって異なってくる。恒等リンクの場合は「X_i が1増加したときにYの平均がいくつ増加するか」を表す。一方対数リンクとロジットリンクでは「X_i が1増加したときにYの平均が $e = 2.71$ の何乗倍になるか」をあらわす。どちらの場合も b_i は，他のXを固定したもとでの効果を表し，重回帰分析における偏回帰係数と同様に解釈できる。また効果の大小を変数間で比較したければ，得られた回帰係数にその変数の標準偏差を掛けて標準回帰係数を求める（ここは重回帰分析よりもわかりやすいと思う）。

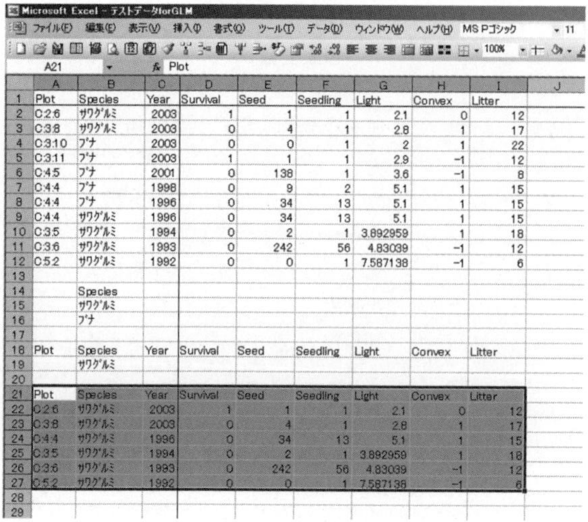

	A	B	C	D	E	F	G	H	I	J
1	Plot	Species	Year	Survival	Seed	Seedling	Light	Convex	Litter	
2	C:2:6	ｻﾜｸﾞﾙﾐ	2003	1	1	1	2.1	0	12	
3	C:3:8	ｻﾜｸﾞﾙﾐ	2003	0	4	1	2.8	1	17	
4	C:3:10	ﾌﾞﾅ	2003	0	0	1	2	1	22	
5	C:3:11	ﾌﾞﾅ	2003	1	1	1	2.9	−1	12	
6	C:4:5	ﾌﾞﾅ	2001	0	138	1	3.6	−1	8	
7	C:4:4	ﾌﾞﾅ	1998	0	9	2	5.1	1	15	
8	C:4:4	ﾌﾞﾅ	1996	0	34	13	5.1	1	15	
9	C:4:4	ｻﾜｸﾞﾙﾐ	1996	0	34	13	5.1	1	15	
10	C:3:5	ｻﾜｸﾞﾙﾐ	1994	0	2	1	3.892959	1	18	
11	C:3:6	ｻﾜｸﾞﾙﾐ	1993	0	242	56	4.83039	−1	12	
12	C:5:2	ｻﾜｸﾞﾙﾐ	1992	0	0	1	7.587138	−1	6	
13										
14		Species								
15		ｻﾜｸﾞﾙﾐ								
16		ﾌﾞﾅ								
17										
18	Plot	Species	Year	Survival	Seed	Seedling	Light	Convex	Litter	
19		ｻﾜｸﾞﾙﾐ								
20										
21	Plot	Species	Year	Survival	Seed	Seedling	Light	Convex	Litter	
22	C:2:6	ｻﾜｸﾞﾙﾐ	2003	1	1	1	2.1	0	12	
23	C:3:8	ｻﾜｸﾞﾙﾐ	2003	0	4	1	2.8	1	17	
24	C:4:4	ｻﾜｸﾞﾙﾐ	1996	0	34	13	5.1	1	15	
25	C:3:5	ｻﾜｸﾞﾙﾐ	1994	0	2	1	3.892959	1	18	
26	C:3:6	ｻﾜｸﾞﾙﾐ	1993	0	242	56	4.83039	−1	12	
27	C:5:2	ｻﾜｸﾞﾙﾐ	1992	0	0	1	7.587138	−1	6	
28										
29										

図9　表計算ソフトのデータベースから統計ソフト用のデータファイルをつくる途中の段階
種ごとにデータを抽出した結果（選択部分）をコピーし，テキストエディターにペーストしてテキストファイルとして保存する。

アで，インターネット上でいろいろな立場の人が使い方を公開してくれているところもありがたい。一般的なソフトウェアとは異なり，データをテキス

Box 4：R スクリプトの例

図9のデータを SawagurumiData.txt という名前でテキストファイルとして保存し，それを GLM（ロジスティック回帰）で解析するためのスクリプト。これを R のコンソール画面に貼り付けるだけでよい。# から改行まではコメントである。

```
# 実行前にRの「ディレクトリ変更」機能で作業ディレクトリをデータのあるフォルダに変更しておく
# 種名を変えるときは sawagurumi を buna に全置換して再度実行

getwd () # 作業ディレクトリの取得・確認
# テキストファイルのデータを読み込む
sawagurumi <- read.delim ("SawagurumiData.txt") # 大文字・小文字も厳密に

# H10: GLM（ロジスティック回帰）
logistic.H10 <- glm (Survival ~ Seedling + Light + Convex + Litter,
```

トファイルとして保存し直し（図9），スクリプト（命令文：Box 4）を入力（実際には別のソフトで書いたものを貼り付け）して結果を画面上やファイルに出力させるという形式をとる。

　Rの形式になじめない人は，それぞれの必要に応じてソフトを選べばよい。JMPならそれほど高価ではないし，予算に余裕がある場合はSTATISTICAやSPSSなどの統計ソフトを購入すればおそらくひと通りの分析が可能だろう。またオーソドックスな解析だけなら，エクセル統計のように格安で使いやすいものもあるので，試してみる価値は大いにあると思う。将来的には，たいていの統計ソフトでGLMが扱えるようになっていくのではないだろうか。

【参の壺】千里の道も一歩から

　さまざまな情報が出回り，横文字ばかり（英語の論文なら当然だが……）の統計方法に拒絶反応を示す人も多いと思う。最初から難しいことを理解しようとせずに，はじめは基本を理解するために根気強く取り組んでみよう。理解が深まるにつれ，拒絶反応は好奇心へと変わり，自分のデータに適切な

```
family = binomial, data = sawagurumi)
# （参考）過大分散を調整したオフセット付きポアソンGLM
Poisson.H10 <- glm (Seedling ~ offset (log (Seed)) + Seed + Light + Convex + Litter, family = quasipoisson, data = sawagurumi) # 過大分散がない場合は family = poisson とする

# 結果を画面に表示させたいとき
summary (logistic.H10) # 切片aと係数biの値と推定誤差，AICなどがひと通り出力される

# 結果を自動的にファイルに書き出したいとき
sink ("Summary.sawagurumi.txt") # sink 関数で出力ファイル名を新たに指定
cat ("sawagurumi 全変数 H10") #catは指定した文字をファイルに書き込む
cat ("¥n") # これで空行が一行挿入される
summary (logistic.H10)
sink ()    # 最後の sink () でファイルを閉じるのを忘れないように
```

統計方法が自ずと見えてくるだろう。

　基本的なことを理解するには，まず初心者向けの統計書を読んでみよう。例えば，『バイオサイエンスの統計学』（市原，1990）の序章や，東京図書の「すぐわかる」シリーズがお勧めだ。『すぐわかる統計用語』（石村・アレン，1997）などは手元においておくと辞書のように使うことができて便利である。また，もし学生時代に教養課程や専門課程で統計学の授業を受講した場合，そのテキストや配布資料は投げ出さず大切にしておこう。基本的な統計処理は，入門書を見ればたいていのことはできるはずだ。『すぐわかる統計処理』（石村，1994）の目次にはデータの形にふさわしい統計処理がすぐに見つかるように書いてあるし，『バイオサイエンスの統計学』や『生物統計学入門』（石居，1975）にもデータ形式と検定方法が一覧表として掲載されている。さらに詳しく知りたい場合は，統計手法に応じた専門書を選べばよい。統計用語にさえ慣れれば，洋書もたいへん役に立つ。

と 結び

【実生研究最大の壺】
　　論文としてすばやく発表する強い意志を持つ

　こればかりは他人に指南されるものでもない。そうはいっても「先達はあらま欲しきものなり」ともいう。指南してほしい人は，まず酒井聡樹さんの本（酒井，2002）を当たろう。どうしても教えを請いたくなったら，遠慮しないで実生の論文を書いたことのある人に正直に困ったことを打ち明けてみよう。その人にとってもきっと，「かつて通った道」にちがいない。同じ苦労をしてきたはずなのだから。

参考文献

Agresti, A. 1996.（邦訳　渡邉裕之ほか　2003）カテゴリカルデータ解析入門．サイエンティスト社．
浅野貞夫　1995．原色図鑑　芽生えとたね－植物3態　芽生え・種子・成植物　全国農村教育協会．

Crawley, M. J. 2005. Statistics: An introduction using R. John Wiley & Sons, England.
浜島信之　1993．多変量解析による臨床研究　比例ハザードモデルとロジスティックモデルの解説と SAS プログラム　名古屋大学出版会．
Hoshizaki, K., P. E. Hulme. 2002. Mast seeding and predator-mediated indirect interactions in a forest community. *In*: Levey, D. J., W. R. Silva, M. Galetti（eds）Seed Dispersal and Frugivory: Ecology, Evolution and Conservation, p. 227-239. CAB International, UK.
Masaki, T., T. Nakashizuka. 2002. Seedling demography of Swida controversa: effect of light and distance to conspecifics. *Ecology* **83**: 3497-3507
市原清志　1990．バイオサイエンスの統計学　南江堂．
石居進　1975．生物統計学入門－具体例による解説と演習－　培風館．
石村貞夫，デスモンド・アレン　1997．すぐわかる統計用語　東京図書．
石村貞夫　1994．すぐわかる統計処理　東京図書．
酒井敦　2006．芽生え図鑑　http://www.ffpri-skk.affrc.go.jp/mebaezukan/index.html
酒井聡樹　2002．これから論文を書く若者のために　共立出版．
種生物学会（編）　2006．森林の生態学：長期大規模研究からみえるもの　文一総合出版．
山中典和・永益英敏・梅林正芳　1992．芦生演習林産樹木の実生形態 1．アケビ科，ウルシ科，ミズキ科，エゴノキ科，ハイノキ科，クマツヅラ科　京都大学農学部附属演習林集報 **23**: 47-68．
山中典和・永益英敏・梅林正芳　1995．芦生演習林産樹木の実生形態 4．モチノキ科，ニシキギ科　植物地理・分類研究 **42**: 111-124．

第9章 実生の親木を特定するDNA分析技術

東北大学大学院農学研究科 　陶山佳久

はじめに－実生を見つけた時のときめき－

　茶色の落ち葉の間からみずみずしい緑色の子葉を持ち上げている実生を見つけると，つい「いた！」と声を上げ，ときめくような気持ちで手を差し伸べてしまうことが多い。栗駒山のブナ林で1万個体以上のブナ実生に標識をつけたときも，早池峰山の土石流跡で這いつくばってアカエゾマツの実生を探したときも，何度繰り返しても不思議と同じような気持ちになるのだ。飽きるほどに繰り返す作業でも，実生を見つけるとなぜかうれしくなってしまうのである。その理由は正直なところよくわからない部分が多いのだが，調査の対象物が見つかったという達成感のほかに，おそらくは単純に実生の視覚的な美しさと，実生がこれから成長していくための溢れるような生命力を，見つけた瞬間に無意識に感じていることが根本にあるのではないだろうか。そのおかげか，数ある森林生態学の調査の中でも実生を見つけ出す作業は，私の中では精神的にかなり上位にランクする部類の作業なのである。

　私にとっての樹木実生調査との出会いは，大学4年の卒業研究の時である。当時はアカマツ林内に発生するアカマツ当年生実生の個体群動態調査に取り組んでいたのだが，その時もやはり，何度も何度も同じようにときめきながら実生を見つけていたのをはっきりと憶えている。しかし当時と今とでは，実生を見つけたときの感覚として確実に違う点が1つある。当時はアカマツの実生を見つけても，その実生を単なる研究対象種の1個体として，あるいは個体群内の多くの個体の中の1個体として見ていたように思う。このような感覚は，言ってみればおそらくごく一般的なものであろう。ところが最近は，その個体のバックグラウンドを想像しながら実生を見ていることがある

のだ。具体的には，この実生はどこから散布された種子のものなのか，つまり種子親はどの個体なのか，二次散布はされたのか，あるいは種子をつくるための花粉はどこから飛んできたのか，つまり花粉親はどの個体なのかということなどである。ある1個体の実生を，その個体が経てきた繁殖過程をも含めて見ているのである。

　私自身のことを振り返ってみても，樹木の実生を見つけた時に，その個体がいわゆる「子ども」であり，母親もいれば父親もいる，ということを一般的にはあまり考えないのではないだろうか。しかし当然のことながら，植物の1個体にも親は存在するのである。このことが，近年急速に発展した森林分子生態学と言われる分野の研究で，よりはっきりと実感を伴うデータとして示されるようになった。つまり，樹木実生の親個体特定がDNA分析によって行われるようになり，その成果として種子散布・花粉散布のパターン，各成木の種子親・花粉親としての貢献度などが明らかにされるようになったのである。これまでの技術では知る由もなかった繁殖過程の実態が，新しい技術によって次々と明らかになってきたのである。

　私がこの分野の研究を始めた当初の動機は，とにかく「森の中の動きを見たい」ということだった。種子がどこから来たのか，花粉がどこから来たのか，それらを「図の上に線として引いてみたい」と心の底から強く思っていた。普段は見ることのできない「線」を，新しい技術を使って見てみたいと思ったのである。見えないものが見えるようになるというのは，まさに夢が現実になる魅力的な世界だった。ただひたすら「見たい」「知りたい」という気持ちを原動力としてこの世界に飛び込み，飽きもせずに実生の調査を続けたのである。実生を見つけた時の不思議なときめきは，その個体のバックグラウンドが目の前にあらわれることを想像すると，さらに何倍にも増幅されて興奮を与えてくれるように感じられたのだ。

　本章では，私が実生を見つけた時に感じるときめきの増幅要因となっている「実生の親個体特定」をテーマとして，樹木の芽生えの生態学を解説する。そこでまず，夢を現実に変えた技術である森林分子生態学的アプローチを用いた樹木実生の親個体特定法について，簡単に解説する。次に，私たちの研究グループで行っているブナ実生の親個体特定の研究成果を例に，このアプローチによってどのようなことがわかるのかを解説し，私が夢にまで見ていた図が現実となったものの一部を紹介する。

1. DNA 分析による樹木実生の親個体特定法
1.1. DNA 親子鑑定の基礎

　DNA 分析による親子鑑定は，ヒトであろうが植物であろうが，基本的にはメンデルの遺伝法則を利用した同じアプローチを行う。よく知られているABO 式血液型の遺伝様式で考えればわかりやすい。例えば，もし子どもの血液型が O 型（遺伝子型は o/o）ならば，両親ともに必ず o の遺伝子を持っていることになる。したがって，親候補の集団の中から o の遺伝子を持っている個体を探し出せば，親の可能性がある個体として絞り込めるのである。このような絞り込みを ABO 式血液型のほかにも複数の遺伝子座を対象にして行えば，どんどん候補個体が絞られていき，ついには真の親個体だけに絞り込まれて親個体を特定できるという考え方である。ABO 式血液型の場合には遺伝子が 3 種類しかないが，遺伝子の種類がより多い遺伝子座を調べることで，効率よく親個体を絞り込むことができる。このような効率の良いマーカー（標識遺伝子座）として親子鑑定でよく使われているのが，DNA 中の短い単純反復配列部分の長さの違いを検出するマイクロサテライトマーカーである。マイクロサテライト領域は一般的に非常に変異性が高いという特徴をもち，例えば ABO 式血液型の遺伝子が a から z まで増えたのと同じようなものと考えればわかりやすい。このように遺伝子の種類が多い遺伝子座を複数用いて実生と親候補の遺伝子型を調べ，親から子への遺伝関係に矛盾のない遺伝子型の親個体を探すというのが，実生の親個体特定法の基本的な仕組みである。

　しかし実際の研究現場では，この方法を基礎としてさらに工夫を加えることが必要な場合がある。例えば雌雄同株植物を対象とした研究では，特定された両親のうちのどちらが母親なのか父親なのかを識別したい場合に，通常の遺伝子型調査による絞り込みでは原理的に識別不可能である。あるいは，親候補個体数があまりにも多い場合には，両親の組み合わせ数も膨大になるため，両親を絞り込みきれない場合がある。そこで，例えば片親から遺伝するオルガネラ（葉緑体やミトコンドリア）DNA の違いを頼りに片親を絞り込んでいくという作業を行えば，両親の識別ができる可能性がある。具体的には，被子植物では葉緑体 DNA が基本的に母性遺伝するので，子どもの葉緑体 DNA のタイプと同じものを親個体から捜し出せば，その個体が種子親

ということになる。しかしながら，普通はオルガネラDNAのマーカーだけで個体識別が可能なほどには十分な変異を検出することができないので，片親を1個体にまで絞り込むことは難しいことが多い。

そこでその解決策の1つとして，単純だがきわめて効果的な方法が用いられるようになった。それが母方由来組織を用いた種子親特定法である。

1.2. 母方由来組織を用いた種子親特定法

近年，樹木実生の種子親を特定する方法として新しくユニークな方法が発表された（Godoy & Jordano, 2001）。このアプローチは非常に簡単な原理に基づいている。例えば，ブナやマツの芽生えが，たまにそれらのタネの殻を持ち上げるようにして子葉の先につけているのを見たことがあるだろうか。そのようなタネの殻は，もともとは母親の体の一部だったものである。したがって，そのタネの殻のDNAは母親とまったく同じものであり，その殻からDNAを抽出してマイクロサテライトマーカーの遺伝子型を調べ，まったく同じ遺伝子型を持つものを成木の中から探し出せば，その成木が種子親であると考えられるという単純明快なアプローチが発案されたのである。この手法を用いれば母親と父親の遺伝子の組み合わせのバリエーションを考える必要がなく，クローン識別のようにまったく同一の遺伝子型のものを単純に探し出せばいいだけであるため，親木候補個体数が多い場合にも正確に種子親を特定できる可能性が高い。ただし，タネの殻などの母方由来組織からは高品質DNAを得ることが難しい場合が多いため，分析技術として多少工夫が必要な場合があることには注意する必要がある（陶山，2004a）。

実際にこの手法を用いてみると，樹木実生の親木特定法としてはきわめて有効な点がいくつもあることが実感できる。まずは第一に，この方法を用いれば当然のことながら両親のうちの片親（この場合は種子親）を特定できるという点である。先に述べたように，通常の親子鑑定法で雌雄同株の植物を対象とする場合には，両親を2個体に特定できたとしてもどちらが母親なのか父親なのかを識別することができない。つまり，遺伝子流動や繁殖成功の研究アプローチとしても，種子と花粉の散布，母性と父性の繁殖成功をそれぞれ区別することができないのである。一方，この母方由来組織を用いた種子親特定法を用いれば，種子散布や種子親貢献度のみを明確に区別して抽出できるのである。この点については現実的にはほかに代わりうる手法がない

と考えられるため，この手法の最も魅力的な点と言える。

　第二に，より正確な種子親特定が実現される可能性が高いということである。通常の親子鑑定法では，常に両親の遺伝子の組み合わせ産物としての遺伝子型を頼りにする。したがって，同じ両親から生まれた子どもであっても何種類もの遺伝子型を想定せねばならず，親個体特定のための作業過程が多少複雑になる。このことは実際の作業上，例えば遺伝子型の読み間違えなどに気づきにくくなることなどにより，特定率を下げる一因となる。一方，母方由来組織を用いた種子親特定法では，母方由来組織の遺伝子型とまったく同じ遺伝子型を成木個体の中から探すだけである。特定作業としても単純で，両親の組み合わせを考慮する必要がないため，親候補がすべて異なる遺伝子型として識別できる個体群を対象とすれば，理論的にはすべての実生の種子親を特定できる。また例えば，ある実生の遺伝子型が特定の親のものと非常に似ている場合（例えば1つの遺伝子を除いて他のすべての遺伝子が同じ場合）などは，遺伝子型の読み間違いを疑って再検討することなどができるので，実際問題としてミスの発見・修正が容易で，結果として特定率も格段に向上する。このことはおそらく一般的に考えられている以上に大きな効果を持っていると私は考えている。

　第三に，実生に付着しているだけのタネの殻などの組織を分析試料として利用する場合，このような組織を採取しても実生を傷つけることなく非破壊的な調査が可能であるという点を挙げることができる。あとに改めて述べるが，親子特定を行ったうえでその後の生残過程も継続調査していきたいという場合，できるかぎり実生の生存に影響を与えないサンプルの採取が必要である。実生本体からDNA抽出用組織を採取する場合には，小さな実生にとっては影響がないとは言えないほどの量の組織片を採取しなければならないことが多い。一方，タネの殻などは基本的には採取しても実生の生存にはほぼ影響ないと考えられるため，非破壊的サンプリングによる親子特定と個体群動態調査の組み合わせが可能なのである。

　以上のように，母方由来組織を用いた樹木実生の種子親特定はきわめて有効な方法であるが，当然のことながらこの方法だけでは片親（種子親）が特定されるだけである。そこで，この手法と前述した通常の両親特定法を組み合わせて，さらに花粉親も特定するアプローチが有効となる。

1.3. 母方由来・両親由来組織の 2 段階分析による種子親・花粉親の特定

　先に述べたように，通常の遺伝子型分析によって両親ともに不明な子どもの親を特定する方法では，親候補数が非常に多い場合には組み合わせの数も膨大になるため，技術的に困難を伴うことが多い．しかし，タネの殻などの母方由来組織を用いた種子親特定によっていったん片親（この場合は種子親）が確定されてしまえば，もう一方の親（花粉親）を特定するのは格段に容易になる．実生本体（両親由来組織）の遺伝子型から種子親由来の遺伝子を差し引くと，残ったものは花粉親からの遺伝子なので，その遺伝子を持つ個体を成木の中から探し出せばよいというわけである．つまり，まず母方由来組織を実生から採取して種子親を特定し，次に子葉や本葉などの実生本体から組織を採取して遺伝子型を調べて花粉親を特定する．このような 2 段階の分析を行うことにより，種子親・花粉親をそれぞれ特定できるのである．

　ただしこの方法を用いると，1 個体の実生の両親を特定するために 2 つのサンプルが必要になり，手間も労力も 2 倍になる．しかし私は，このアプローチを用いることで手間と労力を 2 倍にしてでも，余りあるほどの有用な情報が得られると考えている．具体的な利点は，種子親・花粉親を別々に特定できるという点と，特定率・正確性が格段に向上するという点である．私はこの親個体特定研究で，2 つの動き，すなわち種子の動きと花粉の動きを比べたいと思っていた．また，ある成木個体の種子親としての貢献度と花粉親としての貢献度を比べたいと思っていた．したがって，種子親・花粉親の識別は必須の要素だったのである．さらに，世に出ている親個体特定研究の正確性には大いに不満を感じていたという背景もある．もちろん，概要を把握するために多少の正確性に目をつむることが必要な場合もあるとは思うが，正確さの先に真実が隠れているという気がしてならなかった．そこで，あえて 2 倍の手間をかけてでもこの 2 段階分析によって真実に迫ろうと考えたのである．

　さて，このようなアプローチによって正確に樹木実生の両親を特定できるとなると，次なる可能性が広がると考えた．私が以前から抱いていた疑問の 1 つである，「いったいどの親の子どもが，どこでいつまで生き残るのだろうか」という問いに，どうにかして答えるための仕掛けをつくることができると考えたのである．

1.4. 親個体特定と個体群動態調査の組み合わせ

　母方由来組織の分析による種子親特定の利点として第3番目に挙げたように，この方法を用いると非破壊的なサンプリングが可能である。つまり，実生を現場にそのまま残した状態で種子親を特定し，そのうえでその後の個体群動態調査を継続することが可能なのである。ただし，前述のように花粉親も特定する場合には実生本体の組織も必要なため，多少の工夫が必要である。例えば，実生の生存に影響がないように脱落寸前の子葉や本葉を採取するなどの方法が考えられる。いずれにしても，通常の実生生残調査（個体群動態調査：第8章）と親個体特定を組み合わせることによって，従来の「どこに何個体の実生が生き残るのか」という情報に加え，「どの親の子どもが」という家系情報とともに個体群の動態をモニターすることが可能なのである。具体的な解析例としては，例えば家系ごとの生存曲線（どの親の子どもが生き残りやすいのかなど），家系構成の年次変化（どの親の子どもがいつまで何個体生き残っているのかなど），家系構造の空間分布の変遷（親から遠くに散布された個体が長く生き残るのかなど）をはじめとして，いくつものアイデアが浮かぶ。森林の中で壮大な家系図が時間とともに変化していくのを観察することができるのである。

　私は今，このアプローチすなわち家系データつき個体群動態調査に大きな魅力を感じている。「どの親の子どもがどこでいつまで生き残っているのか」という問いに正確に答えるためには，このアプローチが唯一の現実的な方法であろう。森林の更新というレベルに達するまでのデータを得るためには，たとえこの方法を利用しても膨大なサンプル数と長い時間を必要とすることは明らかであるが，それでもなおかつ私は「知りたい！」と思い，次節で述べる大規模な仕掛けに取り組んでいる。

1.5. まとめ－樹木実生の親個体特定データつき動態調査－

　DNA親個体特定による樹木実生の生態学的調査は，以下の3つのステップによって有用で正確なデータを得ることができると考えられる。すなわち，1）母方由来組織のDNA分析による種子親特定，2）およびそれに続く両親由来組織の分析による花粉親特定，さらに3）非破壊的サンプリングによる親個体特定と個体群動態調査の組み合わせ，である。

もちろん，すべての実生研究においてこれらすべてが必要というわけではないし，対象種や条件によってはいくつかの作業が不可能な場合もある。例えば，タネの殻が非常に小さい場合や DNA 抽出ができない場合，実生に付着していない場合やすぐに消失してしまう場合などは，母方由来組織の利用がきわめて困難であろう。

私たちの研究グループでは，実は Godoy & Jordano（2001）とは独立にタネの殻を利用するというアイデアを思いついていた。そしてこの母方由来組織の利用のアイデアをさらに発展させて，独自に花粉親特定と個体群動態調査のセットを考え出した（陶山，2004b）。研究室のメンバーとの議論の中で，この手法が浮かび上がったときの興奮は今でも忘れられない。「これはイケる！」と瞬時に思った。夢だと思っていた図が，現実のものとして目の前に現れることを確信した。そして慎重に研究計画を策定し，ブナの実生を対象とした大規模な研究を開始したのである。次節では，このアイデアをもとに開始した私たちの研究の一部を紹介し，このアプローチによってどのようなことがわかったのかを解説する。

2. ブナ天然林におけるブナ当年生実生の親個体特定

2.1. はじめに－実生の上の母親の名札－

ブナの当年生実生は，母方由来組織の分析による種子親特定法の材料として，しばしば象徴的な姿で芽生えとして出現することがある。子葉の先に果皮を持ち上げて芽生えている姿がそれである（図1）。言ってみれば，母親の名札を頭につけてそこに立っているのである。私には「どうぞこれを分析してください」と，果皮を差し出しているようにさえ見えることがある。この果皮は母親の体の一部だったものであり，その DNA は母親のそれとまったく同じなのである。この組織を分析すれば，母親がどの木なのかわかってしまうと考えると，それはもうまさしく名札であり，親子鑑定の扉を開ける鍵でもある。

私たちは，このようなブナ実生の姿から母方由来組織の分析による種子親特定法を思いつき，新しい研究プロジェクトを立ち上げた。ブナ天然林におけるブナ当年生実生を対象とした親個体特定と個体群動態調査である。具体的には，ブナ天然林に出現したブナ当年生実生を対象とし，果皮の DNA 分

図1 果皮が付着した出現直後のブナ当年生実生

析によってそれらの種子親を特定し，実生には標識をつけてその後の動態を調査することにした。さらに，果皮だけでなく子葉のDNAを分析することによって花粉親を特定し，種子・花粉の散布パターンや，各親個体の種子親・花粉親としての貢献度の解析を行うこととした。これまでの樹木実生の動態に関する研究では，基本的には種レベルの量的な把握に着目してきたため（どの種の実生がどこにどのくらい出現し，いつまで生存しているのかなど），本研究で得られるような家系レベルでの動態情報（どの親の子どもがどこでいつまで生存しているのか）に関してはこれまでほとんどわかっていない。私自身の率直な疑問として表現すると，1) 種子・花粉がどのように動いているのか，2) 種子親・花粉親それぞれとしてどの木がどの程度実生生産に貢献しているのか，3) どの親の子どもがどこでいつまで生き残っているのか，ということを知りたいと考えていた。特に，種子と花粉の動きを立木位置図の上に線として引いてみたいというのが強い欲求としてあった。逆に少し硬い言い方をすれば，これらの情報はこれまで実測不可能と考えられてきた個体・家系レベルの詳細な繁殖・更新様式を明らかにし，ブナ天然林における更新メカニズムの解明に役立つだけでなく，ブナ林の保全・再生手法，伐採による影響の予測などに生かすことができると考えられる。

図2 調査地のブナ林（宮城県栗駒山南麓）

2.2. 調査地と方法 – ブナ林に設置した壮大な仕掛け –

　調査地として選んだのは，宮城県北部の栗駒山南麓に広がる広大なブナ天然林である（図2）。森林生態学の研究者の間では，よく「いい森」という言い方をすることがあるが，それはすなわち人手の入ったことのない自然度の高い天然林を意味する場合が多い。このブナ林はそういう意味でまさしく「いい森」である。日本海側気候になるこの一帯の冷温帯落葉広葉樹林では，高木層に占めるブナの優占度がきわめて高く，成熟したブナの極相林を構成している。しかしこのような高密度個体群は，言い換えると実生の親個体特定のための親候補木が非常に多い条件であり，すなわち親個体特定が難しい条件であるとも言える。

　まずこのブナ天然林内に 90 m × 90 m の調査区を設定し，この範囲内に出現する実生を研究対象とすることとした。次にその中を 5 m × 5 m のサブプロットに分割し，このサブプロットの北東角に 1 m × 1 m の実生調査区（合計 324 個）を設置した（図3）。90 m × 90 m の範囲に出現するすべての実生を対象とすることは困難なため，これら 324 個の 1 m × 1 m 枠内に出現した実生のみを対象として親個体特定と個体群動態調査を行うこととした。また親候補個体としては，想定される種子散布範囲をカバーできるように，90 m × 90 m の調査区からさらに周辺に各 40 m ほど範囲を広げ，170 m × 170 m の範囲に生育するすべてのブナ成木（前年に開花した胸高直径 20 cm 以上の 287 個体）を対象とした。これらの個体についてはすべての位置と

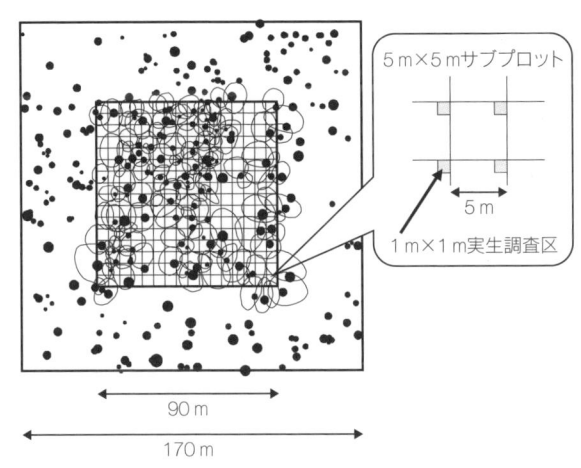

図3 ブナ天然林内に設置した調査区の概要
170 m × 170 m の範囲に分布するすべてのブナ成木を親候補個体（図中の黒点。点の大きさは個体サイズを反映している）とし，その中心部の 90 m × 90 m 調査区を 5 m × 5 m サブプロットに分割し，その北東角に 1 m × 1 m 実生調査区を設置した。

胸高直径を記録し，葉を採取して DNA 分析用試料とした。

このように大規模な調査区を設定したのにはいくつかの理由がある。まずは繁殖成功などの比較対象となる親個体を数十本程度確保するためには，ある程度の広さが必要であること。数年後まで生き残るブナ実生の数をある程度確保するためには，スタート時点でかなりの数と面積が必要であることなどである。例えばこれまでに知られているデータを参考に 5 〜 10 年後の実生生存率を 1 %，豊作翌年の実生発生数を 1 m^2 あたり 30 〜 40 個体程度と仮定すると，5 〜 10 年後に 3 桁の生存実生数を確保するためには，発生時点で約 300 m^2 を対象に 10,000 個体を標識する必要があると算出した。このような計算のもとに大規模な調査地を設定したのだが，実際のところ 324 個もの調査区は設置するだけでも大変であり，それらを 1 つ 1 つ調査して回るのは，時間も労力もかかる過酷な仕事になった。

2000 年はこの地域のブナが 5 年ぶりに一斉に開花・結実を行った豊作年であったため，翌春にはブナ林内に大量のブナ当年生実生が出現した。2001 年 5 月のゴールデンウィーク直後から，324 個の実生調査区内に出現したブナ当年生実生をくまなく探し，それら 1 つ 1 つに標識を付け（図4），実生を傷つけないように果皮を採取して個体群動態調査と親個体特定の対象とした。実生を見つけるたびにときめく気持ちは変わらなかったが，ときにはあまりの数の多さと必要時間の長さに気が遠くなる思いがした。結局，約 1 か月間この調査地に通い続けて繰り返し調査区内の実生調査を行い，6 月

図4 生残調査用に標識をつけたブナ当年生実生

末までに全実生調査区のサンプリングを成し遂げた。

果皮DNAを用いた種子親解析は，当年春の実生についてはコドラートごとにその1割にあたる個体数だけを対象として分析を行った。また，翌年春以降まで生存していた個体についてはすべての実生を対象として種子親解析を行った。つまり，1年目以降の実生の動態については，生残調査さえ行えばすべてその後の種子親構成について自動的にデータ上で確認できるという仕組みになっている。種子親の特定方法としては，実生の果皮および成木の葉から抽出したDNAについて4つのマイクロサテライトマーカーの遺伝子型を調べ，実生と成木の組み合わせの中から遺伝子型が一致するものを探索し，実生の種子親を特定した。花粉親解析については，各実生調査区内に出現した実生数の5％にあたる個体を，それぞれの実生調査区の周囲から果皮とともに個体ごと採取した。合計682個体について果皮と子葉を別々に遺伝子型解析し，7つのマイクロサテライトマーカーを用いて各実生の両親を特定した。

2.3. 結果

a. 実生10,000個体からのスタート

実生調査区内には最終的に13,917個体のブナ当年生実生が出現した。そのうち，果皮が見つからなかったものや，果皮が子葉から脱落してどの実生のものか特定できなくなったものを除き，10,710個体の実生から果皮を採

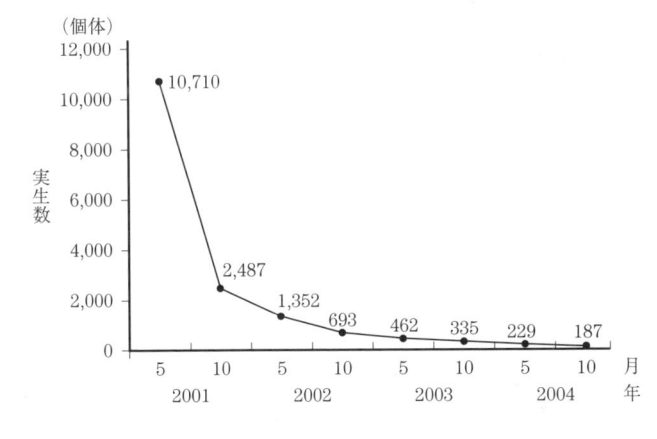

図5 ブナ天然林内に設置した324個の1m×1m実生調査区内に，2001年春に出現したブナ当年生実生の生存曲線

取して実生に標識を付け，個体群動態調査の対象とした。当初計画した目標数である10,000個体の実生は，ほぼ計画通りに確保されたわけである。これら10,710個体のブナ当年生実生は，当年秋までにその約4分の3にあたる8,223個体が死亡した。さらに時間の経過とともに生存個体数は減少し，3年後の秋には187個体にまで減少した（図5）。

せっかく標識をつけた実生個体が，梅雨明けには大量にばたばたと死亡していくのを見るのは非常に辛い光景であった。実生を見つけたときのときめきに対して，死亡個体からの標識回収作業はなんとも寂しい気分になるため，フィールド調査の中では気の滅入る作業の1つである。しかしこのようなライフステージ初期における高い死亡率は，樹木実生の生存パターンとしては一般的なものであり，予想通りの現象として素直に受け入れるしかなかった。

さて，それではこれらの実生の種子親はどの個体だったのであろうか。種子親特定の結果を次に説明する。

b. 種子親は実生のそばにいる

種子親解析に用いた4つのマイクロサテライトマーカーは高い多型性を示し，種子親候補287個体は，各々が異なる遺伝子型を持つ個体として識別された。果皮DNAを用いた種子親解析の結果，当年生実生の解析対象とした1,387個体のうち，1,377個体（99.3%）の種子親が明らかになった。また翌年春まで生存していた実生を合わせると，種子親解析を行った全2,283個体の実生のうち，約98%にあたる2,231個体の種子親が特定された。こ

れらのきわめて高い特定率は，母方由来組織を用いた種子親特定がいかに優れたものであるかを示すのに十分な値だと言える．もちろん，このように高精度のデータを出すためには，いくつもの細かな技術的改善を行い，そのうえでようやく手にした成果であることを付け加えておきたい．

親候補個体とした成木 287 個体のうち，調査区内に出現した実生の種子親として貢献していたのは 137 個体であり，中には調査区のほぼ中心に位置しているにもかかわらずほとんど種子親として貢献していない個体も存在することがわかった．逆に，いわゆる「ビッグマザー」も存在し，最も貢献度の高い種子親個体は解析対象とした全 1,387 個体の実生のうち，97 個体（全体の 6.7%）の実生の種子親として貢献していることがわかった．どのような個体の貢献度が高かったのかについては後に詳しく述べる．

90 m × 90 m の範囲に出現した当年生実生の種子親は，ほとんどが同じ調査区内に生育する成木であり（89.4%），周囲 40 m のバッファーエリアを含めるとほぼすべて（99.3%）の種子親が存在していることがわかった．このことは種子散布の範囲が近距離に限られていることを示しており，実生と種子親の平均距離はわずか 11 m 程度であることがわかった（後述）．言い換えると，実生とその種子親との位置関係はほぼ同所的であり，狭い範囲の実生個体群には限られた数の種子親だけが貢献しているということができる．

では，実生と花粉親との関係はどうであろうか．

c. 花粉親は実生のそばにいるとは限らない

果皮を用いた種子親の特定に引き続き，子葉の DNA を用いた解析によって花粉親を特定した．その結果，調査対象とした 682 個体の当年生実生のうち，434 個体（63.6%）についてそれらの花粉親が特定された．

親候補個体とした成木 287 個体のうち，調査区内に出現した実生の花粉親として貢献していたのは 146 個体であり，解析対象としたサンプル数が少ないにもかかわらず（種子親解析の半分），種子親（137 個体）よりも多くの成木が花粉親として特定された．また種子親としての貢献とは異なり，いわゆる「ビッグファーザー」は存在せず，最大貢献個体でも 682 個体の実生のうち 15 個体（2.2%）の実生の花粉親として貢献するにとどまった．言い換えると，調査区内に出現した当年生実生の花粉親は比較的ばらついており，数多くの個体が花粉親として貢献していたことがわかった．どのよう

な個体の貢献度が高かったのかについては後に詳しく述べる。

90 m × 90 m の範囲に出現した当年生実生の花粉親は，同じ調査区の範囲に生育する成木である確率が半分以下で（41.8%），周囲40 m の範囲においても 22.1% の実生の花粉親が存在しており，さらにその外側にも 36.1% の花粉親が存在することがわかった。このことは，種子親の分布と比較すると違いが顕著で，花粉散布の範囲は長距離に及び，種子親と花粉親との距離は 33 m 以上であることがわかった。また，実生と花粉親との距離は平均 36 m 以上あり，実生とその花粉親との位置関係は異所的である場合が多いということができる。別の言い方をすると，狭い範囲の実生個体群に対しても数多くの花粉親が貢献しているということができ，種子親としての貢献の仕方と比べると異なっているのが興味深い。

d. 近距離種子散布と遠距離花粉散布

さて，実生の種子親と花粉親がそれぞれ特定されたということは，ついに私が夢にまで見ていた図を目の前に描くことができるということである。1つ目は実生の位置とその種子親の位置を線で結んだもの，すなわち種子散布図である（図6-a）。2つ目は実生の種子親と花粉親を線で結んだもの，すなわち花粉散布図である（図6-b）。ただ線がごちゃごちゃと交わった図のように見えるが，私はこの図を見たくて仕方がなかったのである。

種子散布と花粉散布のパターンを比較してみると，種子散布は近距離に限られており，コンパクトな散布範囲であることがわかる。ほとんどが図の中心である実生調査区内に限られており，バッファーエリアとして設定した周辺部からはほとんど種子が散布されていないことがわかる。それに対して花粉散布は広い範囲におよび，バッファーエリアからもいくらかの花粉散布があることがわかる。象徴的に比較して表現するならば，近距離種子散布と遠距離花粉散布ということができる。

これら種子散布と花粉散布に関して距離を尺度として表現すると，種子親と当年生実生との間の距離は平均約 11 m で，97% 以上の実生が種子親から 30 m 以内に分布していた。それに対して花粉親と種子親との距離の平均値は 33 m 以上であり，花粉散布は種子散布に比べて明らかに大きな値を示した。なお，これらの距離は成木の根元位置からの距離であり，実際の散布距離は樹冠サイズに応じて長くも短くもなる。また，花粉散布に関しては3

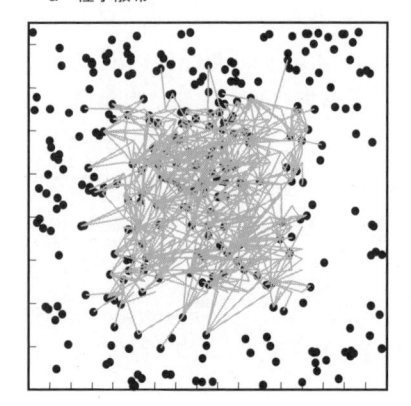

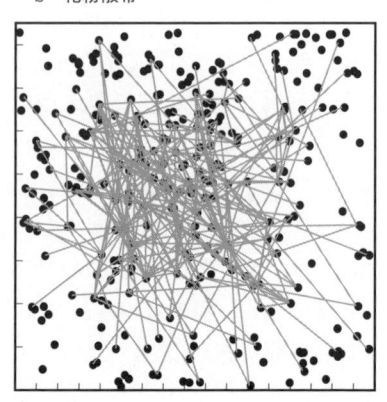

| a 種子散布 | b 花粉散布 |

図6 ブナ天然林に設置した170 m × 170 m調査地の中心部90 m × 90 mの範囲に出現したブナ当年生実生 1,377 個体とそれらの種子親との位置関係（a）と，434 個体の実生を生産した種子親と花粉親との位置関係図（b）。

分の1程度が調査区外からの散布であるため，真の平均花粉散布距離は明らかに33 mよりも大きくなる。

e. 大きな個体はたくさん実生をつくる

では，どのような個体がたくさんの実生を生産したのであろうか。その答えは大方の予想通りで，サイズの大きな個体がたくさんの実生の親として特定された。つまり，調査区内に出現した当年生実生群に対する各成木個体の種子親・花粉親としての貢献度は，いずれも個体サイズとの間に正の相関関係がみとめられ，大きい個体ほど多くの実生の親として貢献していることがわかった（図7）。ただし，これらのサイズの効果は種子親としての貢献度の方が顕著に見られた。実生生産数について具体的に言うと，胸高直径30 cm以下の成木は種子親としても花粉親としてもほとんど貢献していないが，例えば胸高直径50 cm程度の個体になると種子親としても花粉親としてもそれぞれ約3,500個体の実生を生産していると推定された。調査区内で最も多くの実生の親として貢献していた個体は，調査区中心部に位置していなかったので解析図には含めていないが，胸高直径85.6 cmの大サイズ個体が種子親として約23,000個体，花粉親として約7,500個体の当年生実生を生産したと推定された。

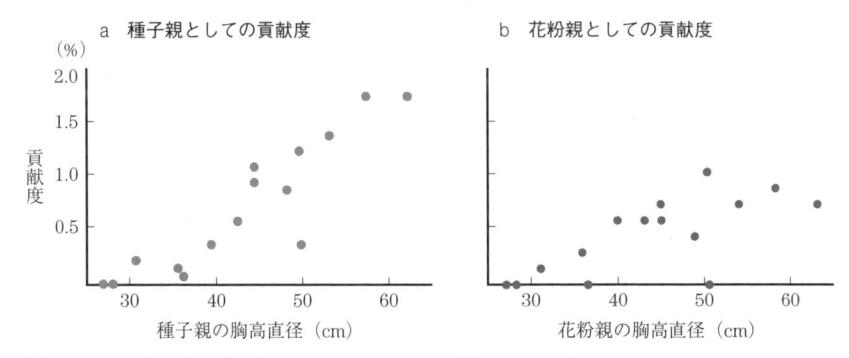

図7 ブナ天然林に設置した 90 m × 90 m 調査区の中心部（30 m × 30 m）に生育する 15 個体のブナ成木の胸高直径と，調査区内に出現したブナ当年生実生（推定約 350,000 個体）に対する各成木の種子親（a）および花粉親（b）としての貢献度。

次に，調査区内に出現した当年生実生群に対する貢献度を個体ごとに種子親（雌）・花粉親（雄）間でそれぞれ比較した。つまり，ブナは雌雄同株なので 1 個体が雌としても雄としても機能することができる。それら雌雄としてのはたらき方が個体サイズによって変化するのではないかという仮説をたて，種子親・花粉親としての貢献度を個体ごとに比較してみた。すると，興味深いことに大きな個体ほど雌としての貢献度の割合が大きい可能性があることがわかった。つまり，小さな個体は資源のかからない花粉を飛ばし，大きな個体は資源を生かしてたくさんの種子をつくると考えられた。ただし，この比較に関しては雄としての貢献度のデータが十分ではないため，慎重な解析が必要だと考えている。しかし，大きな個体ほど雌としての働きが強くなるのは，生態学的に納得できる現象も観察されるため非常に興味深い傾向である。

f. どの親の子どもがどこで生き残るのか

最後に，個体群動態調査と親個体特定をリンクさせた結果の一部を紹介する。発生翌年の春まで生存していた実生については，すべて果皮の分析による種子親特定を行ったため，その後の生残過程においてどの種子親の子どもがどこで生き残っていたのかを追跡調査することができる。

発生当年の種子親と実生との平均距離は約 11 m であったが，発生 2 ～ 3 年後にまで生き残っていた実生と種子親との距離は平均約 12 m になり，若

干長くなる傾向が見られたが，年度間で有意な差はみとめられなかった。しかし，種子親と実生の間の距離クラスごとに実生の生存率を算出すると，当年の生存率は種子親から 10 m 未満の近距離で高い傾向が見られたが，年次経過とともに近距離クラスでの生存率は低下し，3 年後には逆に 30〜40 m 以上の遠距離クラスで生存率が最も高くなるように移行する傾向が見られた。この傾向は，親木から遠く離れた場所ほど最終的な生存率が高くなる可能性を示しており非常に興味深いが，現時点ではサンプル数が十分でないため，今後あらためて慎重なデザインによる解析を進める予定である。

2001 年に発生した約 10,000 個体の個体群動態調査は，今後もしばらく続けていく予定である。また 2001 年以降にも，2003 年に並作年，2004 年に凶作年があり，これらの実生についても同様に同じ調査地で試料採取・動態調査を行っている。これらの試料について同様に親個体特定をすることによって，豊凶による生残パターンの違いや，貢献した親個体構成の違い，散布パターンの違いなどを明らかにすることができると考えている。

g. まとめ

母方由来組織の分析による種子親特定と，それに続く両親由来組織の分析による花粉親特定，さらにこれらを個体群動態調査と組み合わせることによって，ブナの更新初期過程を個体・家系レベルの情報とともに解析することが可能になった。特に，母方由来組織を用いた種子親個体特定法はきわめて効果的で，解析対象とした実生のほぼすべてについて種子親を特定することができた。すなわち，種子散布や種子親としての貢献度，森林内における母系の家系構造については，ほぼ完全に把握可能であることが明らかになった。一方花粉親特定については，花粉散布が広い範囲にわたる種については全容の把握が難しく，花粉散布や花粉親としての貢献度については部分的な把握にとどまらざるを得ない場合がある。しかし本研究では，ブナの遺伝子流動は近距離種子散布と遠距離花粉散布で象徴されることなど，ブナの繁殖や更新初期過程の実態がはっきりと示された。そのほかにも，親個体サイズによる機能的性表現の違いや親個体からの距離による実生生存率の違いなど，この手法を用いることでそのほかにもいくつかの興味深い現象が確認できる可能性があり，今後の研究の進展が期待される。

おわりに

　実生を見つけた時のときめきを，私は未だに凝りもせず感じ続けている。実生の親個体特定研究に取り組んだおかげで，そこにある実生1個体1個体が，花粉散布や種子散布をはじめとする長い繁殖過程の末にようやくそこに生まれ出てたものであるということを，生々しい実感として感じることができるようになったのがその一因であろう。

　実生の親個体特定技術は，樹木の芽生えの生態学にまったく新しい魅力的な世界を切り開いたと言える。しかしその実態解明はようやく始まったところであり，まだまだわからないことばかりである。今後，この技術を利用してどんな新しい事実が発見されるのか，楽しみは増す一方である。そう考えると，実生を見つけた時のときめきは，私の中でまだまだこれからも増幅され続けていくような気がしてならない。

参考文献

陶山佳久　2004a．母方由来組織のマイクロサテライト分析による樹木種子・果実・実生の種子親特定　日本林学会誌 **86**: 177-183．

陶山佳久　2004b．森林の更新過程解析のための分子生態学的アプローチ：母方由来・両親由来組織のDNA分析による樹木実生の親木特定法　日本生態学会誌 **54**: 261-265．

Godoy, J. A. & P. Jordano. 2001. Seed dispersal by animals: exact identification of source trees with endocarp DNA microsatellites. *Molecular Ecology* **10**: 2275-2283.

第5部
芽生えの生態学から森づくりへ

第10章　天然林施業の技術と歴史

森林環境研究所　渡邊定元

はじめに——天然更新の複雑さと難しさ

　樹木は，森林の中でたとえ発芽しても，乾燥・病虫害など無数といってよいほどの悪条件を克服し，さらに幸運にも定着に適した生育環境に芽生えた個体だけが，その立地[*1]に生存することができる。北の青森から南の鹿児島までスギ人工林は普通に見られるが，そのスギ人工林で天然更新個体がほとんど見られないのはなぜだろうか。また，40cm程度に養苗した苗木を，地ごしらえ[*2]した山地に植栽して数か年の間下刈り作業を行っただけで，日本の暖・冷温帯でスギ林が成立できるのはなぜか。この2つの事例を知るだけで，樹木の天然更新の複雑さと難しさを知ることができる。

　また，天然林においてギャップができると，後継木の更新が容易にできるものと考えている森林技術者や生態学者が意外に多い。逆に，太平洋側ブナ林において後継樹が見当たらないのに関連して，太平洋側のブナ林はやがて劣化し崩壊してしまうものと予測している専門家にも出合う。太平洋側のブナ林は今後衰退していくのであろうか。しかし，白亜紀にブナ科植物が生まれてからの種族のたどってきた歴史を考察し，また，太平洋側のブナ帯においてのブナの更新のパターンがブナ以外の林冠下で更新してきている事実を観察すれば，そうではないことに気づく。

　山火事跡地に発芽定着し二次林を形成するシラカンバは，山火事の70℃に達する熱に接すると埋土種子内のインヒビター（発芽抑制物質）が分解さ

---

*1：立地：森林の成立にかかわる土壌，地形，地質，気候，植生などの環境因子を総合してあらわす概念。
*2：地ごしらえ：伐採木が残した枝や葉，雑草，低木類などを取り除き，造林や天然更新を容易にするための作業。

れて発芽できる状態になり，他の競争種が除かれた山火事跡地に更新してくる。また，北米西部のポンデローザマツなどマツ属植物は山火事によって松かさが開き天然更新が行われる。これら先駆性の樹種は，競争種を山火により排除された立地で更新するメカニズムを獲得している種群で，更新のメカニズムの不思議さを知る。

このように，樹木の発芽と定着のメカニズムは，種固有な種子の発芽条件と実生の定着のしかた，地質・地形・土壌・水などの立地条件，発芽後の物理化学的な環境や，種内関係や種間関係などが多岐にわたり互いに関連し合っている。天然更新は，更新樹種それぞれの発芽特性と環境条件との相互関係が，発芽と定着に適合した場合においてのみ可能といってよい。

1. 大正・昭和前期における択伐‐天然更新施業

1.1. 択伐‐天然更新技術論争

天然更新によって森林の再生を図ろうとした施業は，1920年，国有林において択伐作業を採用したときから始められた。大正時代から昭和前期にかけて，国有林は適地適木の実践やその他財政・経済的理由から森林経営に択伐‐天然更新施業を採り入れた。それはドイツのメーラー（Möller, 1922）らによって提唱された恒続林思想[*3]や，ビオレー（Biolley, 1920）の照査法[*4]に基づく択伐更新論の考え方を日本の森林に導入し，施業の集約度を高めようとするものであった。択伐作業級[*5]は，1925年では国有林面積の8％に当たる316千haであったものが，1935年には1351千ha（32％）に達する。

このような国有林経営に対し，1928年，林学会において「近時の森林施業法に対する造林学的考察」を論題とした，導入是非論をテーマとする林学者や技術者による討論会が開催された（林學會雜誌11巻1号，1929年）。この討論会では，話題提供者，討論参加者の多くが技術的に択伐作業を採り入れることは困難であること，導入賛成者についてもヒバ林，亜高山帯など特

[*3]：恒続林思想：森林を多種多様な生物からなる有機体とみなし，森林はその健全性が保たれるように施業が行われるべきである，という考え方。
[*4]：照査法：対象となる森林を定期的に調査して過去の成長量を計算し，その結果に基づいて施業を行う方法。
[*5]：作業級：樹種，林齢，作業種（用材林作業，薪炭林作業など）などが類似している林分を集めて森林管理の1単位としたもの。

定な場所・樹種についてのみ可能とし，秋田杉など偏陽性の樹種についての択伐作業導入には意見が分かれている。ただし，樹木の生活史の視点から択伐作業を検討する立場から発表者の論点を整理すると，択伐か皆伐かなどの二元論ではなく，実行可能な天然林施業の問題点が浮き彫りにされている。現時点において一般に指摘されている天然林施業に関する問題点は，ほとんどが出そろっている。

1.2. 天然更新に関する技術論——芽生えの視点の不足

識者の意見を集約すると，日本の森林への天然更新の導入は試験研究段階にあり実施は時期尚早とする意見（吉田，1929），技術的に天然更新の導入は至難とする意見（和田，1929），秋田杉のごとく技術的に見て天然更新可能なところを限定して実施する意見（太田，1931），秋田杉に対する択伐作業の有利性を主張する意見（岩崎，1931），択伐－天然更新は難しく，皆伐－人工造林も評価すべきとの意見（早川，1929），経済的・生態学的視点から択伐して成長量の増大を期す意見（小寺，1929）などさまざまな主張が行われている。これらの論議は，青森ヒバ，秋田杉など有用樹種・針葉樹の更新に片寄っていたものの，それぞれの指摘や主張は天然更新の技術的な難しさを言い当てていて，すべて傾聴に値するものであった。論じられた天然更新技術を集約すると次の通りである（渡邊，2003）

ア　天然林の種特性

①天然林の一般的特徴：
　森林立地と混交樹種の間には作用と反作用があるため，混交林は一定の林型を保ちがたく（中村，1929b），天然林は絶対不変ではなく，かなりの変動をみとめる（鏑木，1929；中村，1929b）。原生林であっても一定不変の林型はなく，常に変移する恒続であって，共存的平衡によって恒続する（鏑木，1929）。

②林分構造：
　多くの天然林は単木または大小の群状的に相互交錯した配置をしており（岩崎，1929），相観上から一斉林と不斉林に区分でき，異齢の不斉林が一般的であるが，樹齢は異齢であるが相観が一斉林となるも

の，樹齢がほぼ同齢であっても外観上不斉となるものがみとめられる（中村，1929b）。また，異種よりなる同齢複層林も見られる（佐藤，1929）。天然林の個体には不健全木が多く，大径木や傷害木のほか密林の小径木には不健全木が見られる（中村，1929b）。天然林の蓄積は樹種，立地，立木状態等によって大差あり，大径木はもっぱら樹種の性質や立地の状態により決まる（中村，1929b）。また広葉樹は叢生することによって良好な幹形の個体となる（藤島，1929）。

③寿命・齢構成：

　樹木の寿命はもっぱら樹種や立地により決まり（中村，1929b），天然林には著しく高齢に達したものがあり（中村，1929b），また集団では短命となることが普通である（鏑木，1929）。天然林の齢構成は，径級別本数分配が択伐林の法正状態[*6]に近いもの，各齢級[*7]を通じた本数ほとんど同一なるもの，大多数の個体が比較的短期間に発生するものがみとめられる（中村，1929b）。

④更新：

　天然林では立地により更新パターンに違いがみとめられ，更新は不連続に行われ，同じ立地において連続的に更新しているところは少ない（佐藤，1929）。また，ギャップ更新してくる後継樹は破壊前の形相でなく，全然別種の場合もある（鏑木，1929）。

⑤被圧と成長期間：

　長期間被圧を受けた林木もあり，往々百数十年の長きにわたる。また，被陰木は陽光を受けても十分成長することができず，ときに枯死する（中村，1929b）。幼時の成長は緩慢であるが，開放されると旺盛となる。また林冠を形成する主林木は成長旺盛となる（中村，1929b）。

⑥枯死・倒木：

　枯立木の存在や倒木の多いのが天然林の特性の1つである。また樹木の枯死は大径木より順次枯死するものでない（中村，1929b）。

イ　森林管理技術の指摘事項

①択伐作業は集約施業：

　択伐作業は集約施業であり（吉田，1929），地利級[*8]のよいところの作業法である（吉田，1929；和田，1929）。大面積の集約施業が

> 採れないことなどから照査法による択伐作業は普遍的でない（佐藤，1929；中村賢一郎，1929）。照査法は天然更新が良好のところで可能であり，かつ選木と測樹の技術面から実行は困難である（寺崎，1929）。
> ②択伐林型のとらえ方：
> 　　林分構造は年齢によらず樹高と直径の大きさにより区分でき，択伐林型は齢級でなく大きさ級によってとらえられる（岩崎，1929）。択伐林の林木は実際年齢と施業年齢ととらえられ，また法正択伐林に近い森林は，連年成長量[*9]を平均成長量と見なすことができる（中村，1929b）。更新は不連続のため恒続施業林は異樹種混在の混交林によって初めて造成せられうる（鏑木，1929）。

　アを見ると，種子の発芽できる環境と，実生の定着できる環境に関する分野が曖昧または欠落している。この2つの事項が，国有林択伐作業の実行者や，林学者・技術者間であまり論議されていないことから，天然更新技術が未熟だったことを看取できる。また，天然林を陽樹と陰樹の二元的にとらえている点からの指摘（中村，1929bなど）は，21世紀の新たな天然林施業の展開を推進する立場から見ると，樹木の種特性の解明がなされていない時期の技術的判断と言える。

　また，イでは，技術的な一般論として，択伐－天然更新施業の可能な林分の少なさが指摘されるなど，国有林択伐作業の批判が行われている。国有林面積の30％に達した天然林施業の実態からして，大多数の林学者・技術者のこの指摘は正しい。

1.3. 日本の風土を考慮した天然林施業

　こうして日本林学会で行われた天然更新導入是非論の1つの結論として，生物多様性の高い湿潤気候下の日本列島において，林業経営にとって必要な天然更新による目的樹種の造成がいかに難しいかを踏まえて，「天然林施業」が新たな施業法として提案された。日本の自然では，択伐－天然更新が可能

＊6：法正状態：森林からの材が毎年持続的に生産される状態にあること。
＊7：齢級：林齢を一定の年齢幅（通常は5年）で区切ったもの。
＊8：地利級：伐採した材の搬出観点から林地を経済的に評価したもの。
＊9：連年成長量：材積の1年間の成長量。

なところは小面積の限られたところである。このため，天然林の特性を利用して地力の維持，有用稚樹の保存，樹種の改良などによる，森林構造を劣化させない安全な施業法，すなわち，択伐-天然更新作業でもなく，皆伐一斉造林作業でもない実行可能な第三の施業法（天然林施業）が提案されたのである（中村賢一郎，1929）。

具体的には，立地条件に合った適正樹種(第11章)による作業級を設定し(山本，1929)，現場施業者の観察に基づく一年生造林，播種造林，天然更新など適切な小面積作業法を採用し（中村，1929a；河田，1929），単木択伐を否定して傘伐*[10]・帯状伐採・群状伐採によって叢生する稚樹の天然育成を計ることを第一とし（藤島，1929；中村，1929a），個々の環境に適した樹種による更新を促進する（河田，1929）ものであった。著者自身は天然林施業を，択伐・傘伐・帯状伐採・群状伐採を行った跡地の稚樹や実生の天然育成を図るもので，林種*[11]は天然林，作業級は皆伐作業級以外の択伐・適時択伐・傘伐・漸伐*[12]などの作業級，更新種は天然更新のほか小規模の植栽やかきおこし・稚樹刈りだしなどの人工補整をほどこすものであって，天然林の再生を図るものと定義する（渡邊，2003）。

ここで注目すべきは，天然林施業とは，実生の特性から見て天然更新に超長期の時間を必要とする樹種を植栽しようとするもので，ブナをはじめ多くの原生林を構成する広葉樹が含まれている。

2. 天然更新技術に必要な実生の基礎知識

2.1. 更新種の特性を知る

天然更新技術にとって必要な自然の条件下での実生についての解明は，森林科学のなかで最も課題の多い領域である。実生の定着の解析は，種子散布のしかたや，種子の休眠，発芽のしかたなど更新種の特性に加えて，他種とのかかわりかたなどを1種1種について知っておく必要がある。

2.2. 陽樹・陰樹と発芽の特性

一般に，陽樹＝先駆種，陰樹＝極相構成種，ととらえられがちであるが，カラマツ，ダケカンバ，ウダイカンバは，先駆種であるが寿命はシラベやトドマツよりも長く，極相を構成する種である。これらは，先駆種であり，か

つ極相構成種とすべき種といえる。発芽特性について見ると，陰樹－極相構成種であるが発芽特性は陽樹としての特性を持つ種として，北海道で耐陰性の最も高いアカエゾマツがあげられる。アカエゾマツは，山火事跡やブルドーザによる地表処理地で一斉に更新してくる（口絵❻）。そして林冠下で120年も耐陰性がある。スギも同様に陽樹としての発芽特性があり，中程度の耐陰性を有する。このように発芽特性と耐陰性を独立してとらえることが必要である。

2.3. 更新種と立地条件

実生の定着には，これまで立地条件によって決まってしまうといった環境決定論的な見方が多く見られるが，生物を主体として立地環境をとらえることによって，実生と立地環境とのかかわりを個々の種について明らかにできよう。たとえば，富士山は1万年前から噴火した第四期火山のため地質・地形・土壌的には変化が少ないと思われがちであるが，実生の定着のしかたは新旧の溶岩流，火山灰，スコリア，側火山丘など，斜度など地形・地質や，侵食土，匍匐土，崩積土など土壌によって種ごとにさまざまである。種子の発芽と実生の定着は立地条件と種の組み合わせの数だけあると言ってよい。

3. 樹木の種特性と固有の更新・散布の仕方

3.1. 稚樹・若木バンク形成種の育成

トドマツ，エゾマツ，ヒノキ，イタヤカエデなどの種は，天然林下の林床で芽生えることができ，稚樹バンクや若木バンクをつくる種特性を持っている。しかしながら，稚樹・若木バンク個体群のうち被圧期間の長い個体は上長成長することができず，若い個体だけが林冠層に到達できる。林冠木となりうる被圧耐性は樹種ごとにことなり，たとえば，イタヤカエデは20～40年間，トドマツ，シラベは60年，エゾマツは80～120年，アカエゾマツ，オオシラビソは90～150年程度である。ブナ，ミズナラの被圧耐性期間は20年程度である。

---

* 10：傘伐：漸伐の一種で，予備伐，下種伐，後伐の3回に分けて親木を伐採する方法。
* 11：林種：人工林，天然林，未立木地など，森林の状態を示す概念。
* 12：漸伐：主伐を数回にわけて行い，その間に親木からの種子によって更新を行う作業。

稚樹バンクをつくる林冠構成種がササ地で更新しているところでは，ササを除去することによって更新が可能となる。ササ類を選択的に枯らす塩素酸ソーダは，酸化系の除草剤のため自然界での分解が速く，かつ毒性が低いため，ササ密生地の稚樹の育成や天然更新に有効である。北海道において，この技術を適切に用いてすばらしい天然林が再生されているところがある。

また，倒木更新は，北方林帯，亜高山帯のシラベ，トドマツ，エゾマツ，アカエゾマツのほかに，台湾や日本でのヒノキ類，シベリヤタイガの湿原のダフリアカラマツに見られる。倒木更新により更新する種数は限られ，発芽－定着のサイトも限られるため，択伐－人工補整によってできあがる天然林は，それまでの天然林とは異なった樹種構成となる。北海道の針広混交林や針葉樹林では，トドマツ主体の森林ができあがる。

これら稚樹・若木バンクを形成する林分は，多くの林業技術者が択伐による更新を可能であると指摘し，北海道東部や本州中部山地で，択伐－人工補整と呼ばれる作業法をもって天然林施業を行ってきたところである。一般に更新目的樹種の稚樹が ha あたり 1,500 本以上生育する林分を対象として稚樹の刈出し，つる伐りなどの作業を行い確実な更新を図るものである。しかしながら，択伐率が 30％を超える場合や伐木集材技術の稚劣の場合には，4,500 本以上生育する林分でないとこれまで目標とする林分への誘導が難しかった。日本で択伐作業が最も成功している地域は，十勝音更川上流十勝みつまた国有林である。

3.2. 火入れ地ごしらえと山火再生林

地表火の熱によって埋土種子のインヒビターを分解すると，二次林構成種のヤマナラシ類，カンバ類，ハンノキ類などが更新してくる。北海道の数十万 ha に及ぶシラカンバ林は，明治時代に開拓のための火入れから延焼した山火事跡に成立した再生林である。1950 年代，北海道や東北地方で大量のシラカンバがパルプ用材として伐採された後，カンバ類の天然更新を図ろうとして秋に火入れ地ごしらえが行われた。札幌市豊平川上流のチシマザサが茂る更新困難地における火入れ地では，現在見事なダケカンバ林が成立している。火入れ地ごしらえは，カラマツ人工造林の野鼠の駆除にも用いられた。

3.3. 地表処理（地がき）による更新

　ブルドーザやグラップルによる地表処理は，除草剤や火入れによる地ごしらえの禁止によって一般化した。人工植栽の場合は地表植生を除去するのみであるが，天然更新を図る場合は，稚樹，若木が集団で生えているところを残して地表処理，すなわちグラップルなどにより低木の根を切断・土壌A層を除去し，B層，C層を攪乱させる作業を行う。また，地表に凹凸を付けることによって，種子の発芽環境を多様にして苗の生残率を高めている。

　地表処理が種子の発芽によい影響を与えるのは，B・C層土壌を表層に曝すことにある。競争する草本類の影響を取り除き，土壌中の菌相を改善させて病原菌の発症を低め，かつ，菌根菌（ミニレビュー参照）と共生する環境が整備される。そして太陽光に接して埋土種子（第2章）の光発芽を助け，発芽・定着のため必要な乾湿環境の条件が整備されるからである。

　地表処理は，風散布種の更新はもとより動物散布種の発芽と定着の環境をつくる。温帯湿潤気候において卓越するブナ科植物は動物散布種である。ブナ科植物の種特性は種子の寿命が半年程度と短いことで，たとえば，ミズナラは動物に埋められることによって発根し越冬して翌春に発芽する。ブナ種子の散布のされかたには，大きく分けて，ネズミ類，カケス類やホシガラスの，貯食のための埋め込みがあり，それぞれ散布距離や更新する場所が異なる。特にホシガラスは遠方からゴヨウマツ類，ブナ科植物の種子を運ぶため，更新群落の多様性を高める。

3.4. 林内放牧と広葉樹更新

　広葉樹の更新に有効な天然林施業に林内放牧がある。青森県八甲田・奥入瀬川周辺の50年生程度のブナ林は，第二次大戦中まで続いた馬産限定地の林内放牧地に更新したものである。また，秋田県森吉山や岩手県八幡平の放牧共有林で牛を放牧した地域では一斉に更新した見事なブナ林が再生している。北海道十勝地方札内，岩内などの日高山脈山麓にはミズナラ・キハダ・ウダイカンバ・シナノキ・アサダなどの広葉樹二次林が第二次大戦頃までの馬産限定地の放牧跡に成立している。これらは，過放牧による蹄耕跡地が絶好の更新床となったものである。こうした事実は，地表処理による更新技術の確立の端緒となった。チシマザサの密生したブナ林における傘伐－人工補

整更新技術(前田，1988)を苗場や鳥海山のブナ林で見ることができる。蹄耕，地表処理が何故更新床として有効であるのかの菌類生態や物理化学環境要因に関する研究は，これからの課題である。

3.5. 択伐－人工植栽による更新

天然林の林冠構成種のなかには，更新のパターンが複雑なためギャップができても，更新できない樹種が多くある。ハリギリ，ヒメシャラ類，ブナなどの実生起源のものは，散布され芽生えることのできる最適な環境と，芽生えた後の被圧に耐え上長成長できる光環境との間に違いがみられるため，二次林では40年生程度の一時期しか更新可能な条件が整わない。よって，種子源となる母樹が消失した所や，50年程度で本来の構成種からなる天然林を再生する場合は，択伐－人工植栽による更新が最適な施業法である。

4. 天然林施業技術の体系化へ

4.1. 森林の劣化と天然林施業

しかしながら，これまで実施された天然林施業の結果として，森林が劣化した事例も見受けられる。天然林施業の技術的な課題は，更新にかかる構成種それぞれの生活史，林分構成種の種間関係を明らかにし，更新や保育などの天然林管理技術を高度化させることや，森林内容の充実につながる素材生産技術を確立することにあった。

前者は，埋土種子(**第2章**)，発芽，被圧耐性，初期成長力など更新に関する個体維持の種特性(**第4章**)や，発芽苗の定着環境(**第5章**)，稚樹の菌根菌との共生(ミニレビュー)，ササや草本シヌシア(同位社会；今西，1949)での競争種との共存など，環境関係や種間関係に関する多様な構造や機能に関するものである。また，後者については，低い伐採率をもって経済性と公益性を確保できる作業法の確立に関するものであった。

広域にわたる森林で天然林施業が失敗に終わったのは，森林内容を劣化させる30％以上の伐採率にあった。この事実を明らかにしないまま択伐作業を実行してきたのが大正・昭和初期の択伐作業であり，また，多くの天然林施業である。以上の科学技術と実行可能なシステムを深化させることがこれからの課題である。

4.2. 劣化した天然林や二次林の作業法

自然の推移よりも速く確実に極相に近い安定した森林に誘導したいコナラ二次林や，ブナ帯の攪乱跡の放置森林でブナなどの後継樹が見られない場合について，保全目的の機能を高めるための作業法は次の通りである(Watanabe, 1994; Watanabe & Sasaki, 1994)。

①更新樹が発生しているところ
・択伐または小面積皆伐－更新稚樹刈りだし－除伐作業

②稚樹の発生が確実なところ
・小面積皆伐－天然更新－下刈り－除伐作業

③一部に更新樹が発生しているところ
・小面積皆伐－補植・更新稚樹刈だし－下刈り・除伐作業

④更新樹が生育してないところ
・択伐－天然更新－稚樹刈だし作業－除伐作業
・択伐または小面積皆伐－人工下種－下刈り－除伐作業

いずれも，作業する林分全体での択伐作業の伐採率は17％以下に止める。低い伐採率であれば伐採によって林分構造が急速に劣化することはない。伐採の繰り返し期間は8～10年の間隔とする。

4.3. 自然の種子源を利用した天然林修復のための作業法

自然林に自生する植物の種子や稚苗をもって本来ある自然林の姿を復元することも可能である。本来ある自然の種子源は，周辺の自然林や埋土種子として多くが存在している。これらの種子は地表部が攪乱されなければ発生しない。自然界で攪乱は，風倒による根返り，山火事，降水による侵食や堆積，大形動物による蹄耕などによる。それを踏まえて作業法を整理すると次のようになる。

①更新樹が発生しているか，発生が見込まれるところ
天然更新稚樹刈だし

②天然林が多く，かつ埋土種子が豊富に存在している林分
地表処理－埋土種子・散布種子による天然更新

③周囲に天然林が多く，かつ前生稚樹や埋土種子が豊富に存在している林分
1/2について，地表処理－埋土種子・散布種子による天然更新

1/2 について，前生稚樹刈だし
④周囲に天然林が多く，かつ前生稚樹や埋土種子が②，③よりも少ないか，もしくは確実に更新を図り生物多様性を高める必要がある林分
1/3 について，埋土種子・散布種子による天然更新
1/3 について，自生種の育成苗を植栽
1/3 について，前生稚樹刈だし
コストは②，③よりも高い。
⑤確実に目的とする樹種の更新を図る林分
地表処理を 1/2 以上－処理した全面積に対し植栽
コストは最も高くつく。

攪乱の仕方によって更新してくる樹木の種類が異なる。①，④はブナなど極相構成種の更新に，②はミズメ，シラカンバなど先駆樹種の更新に，③はサワグルミ，ハルニレ，カツラ，トチノキなどに有利にはたらく。適度の攪乱を人工的に行うには，ブルドーザによる地表処理がこの最適な手法である。ブルドーザによる地表処理は北海道で開発された技術であるが，現在では先進国で広く認められてきている。ただし，ブルドーザによる地表処理は，すでに更新している前生稚樹を傷め消失させる。この矛盾を解消させる方法は，地表処理の間隔を広くとることである。この手法をとることによって多様性を高めることができる。

さらに森林の多様性を高め，ブナなど更新の難しい極相種を確実に再生させるためには，地表処理したところに目的樹種を植栽する。針広混交林の造成などには，この手法が最も確実で適切である。なお，ブナ，コナラ，ミズナラ，アカガシなどブナ科植物は地表処理したあとに種子を埋め込む方法や，種子が大量に得られやすいカバノキ科植物などは種子と砂を混ぜたものを地表処理した後にばらまく方法がある。これらは，安価な更新手法であるが，より確実である。

以上の自然由来の種子による森林の更新技術は，森林管理技術のなかで最も難しく高度な技術である。自然の仕組みをよく知って確実を期すことが要求される。なお，天然更新による森づくりは，植栽によるそれよりも 15 年よけいに時間がかかることに留意しなければならない。

4.4. 潜在自然植生の再生のための作業法

　潜在自然植生の再生は，周辺に指標となる天然林が消失している地域にあって，その地域に存在するであろう森林を再生させようとするもので，照葉樹林帯のほとんどの地域がこれに相当する。その手法は次の通りである。
①自然林の再生箇所の環境調査
　表層地質，微細な地形，方位，土壌型，水文，気候などの調査を行う。
②植生調査
　植生の現況，類似環境の潜在植生，代償植生を想定し出現するであろう植物種の調査をおこなう。
③環境傾度分析
　①，②の調査に基づいて，環境傾度分析を行い，立地タイプの決定を行う。
④出現予想植物種表の作成
　立地タイプごとに潜在植生種，代償植生種，他地域からの移入種を森林の階層ごとにリストアップする。
⑤群落パターン表の作成
　環境傾度タイプごとに潜在植生，代償植生，移入種を含めた混合植生のパターン表を，高木，中木，低木層ごとに作成する。
⑥群落パターンの組み合わせ
　種特性，樹種間の相性，アレロパシーなどを考慮して，小林分ごとに自然林にふさわしい全層群落の組み合わせを作成する。
⑦群落パターン基本計画図の作成
　現地の状態を考慮にいれ，各群落パターンを現地の実態にあうように箇所づけする。

5. 天然林施業の事例

　以下，著者のかかわったことのある，あるいは現在かかわっている天然林施業の事例を紹介してみたい。

事例1：定山渓国有林の択伐林施業

a. 施業の概要

　北海道の天然林施業は，択伐－天然下種更新＊13が主流で一部人工補整による更新が行われてきた。現在択伐作業が行われているのは，皆伐が法的に規制されている保安林等や，人工林造成が気象害等で難しい高標高の地域である。

　こうしたなかで，定山渓国有林は択伐－人工補整による天然林施業が事業的に採り入れられた。定山渓国有林は，1969年，札幌市豊平峡ダム上流部の奥定山渓地域を，路網＊14を前提とし択伐を基本とする持続的森林経営林の実践の場として選定され，事業的規模での実験が開始された。これは択伐を基本し，かつその弱点を克服した天然林施業の有効性を実証するためのものであった（渡邊，1970）。著者は，択伐作業体系の計画立案，実施計画，技術展開，2か年間の事業実行にたずさわった。当時，奥定山渓国有林の多くは皆伐作業級に区分されていたが，国立公園特別地域に属し，この地域を望観できる新しい定山渓国道が建設されつつあった。こうした情勢に対処するため，景観生態学から見て有効な作業仕組を採り入れることとし，路網を前提とした択伐を基本とする天然林施業を導入した。

　この経営システムの導入以来40年を経過した現在，評価できる事項は，第一に路網開設システムである。路網作設の際の土地の改変にあっても渓流の水は清く澄んでいた。第二は，環境保全地区の土地利用区分の手法である。河岸林，クールスポットなど貴重な生物種の生育地，原生林保護林については，路網計画策定時の踏査結果を踏まえて，路線決定と同時にゾーニングして保護区を設けたことである。第三は，択伐－人工補整作業による天然林施業である。ササ地やギャップはブルドーザによる地表処理を施して植栽し，確実な更新を図った。これら植栽木は天然更新稚樹とあいまって施業地全体の個体密度を高め，景観の造成や，遠い将来に向けての森林内容の充実が期待されている。現在，総延長数百キロに達する高密路網の設定された択伐林の下流域にある定山湖の水が清く澄み，流木も見られない事実から，択伐を基本とする天然林施業は，ほぼ所期の目的に沿ったものとなっている。

＊13：天然下種更新：自然の落下種子を利用して森林の更新を図る方法。
＊14：路網：林道，作業道が網の目状に理想的に配置されている状態を示す概念。

環境保全と経済性を踏まえた天然林施業は，持続的経営林の要件（Watanabe, 1995），すなわち高蓄積・高成長量・高収益・多目的利用・生物多様性が確保された森づくりの理論的基盤となった。

b. 土地利用区分による環境保全と経済との機能調整

定山渓国有林の天然林施業は，経済林で最も困難と見られた生物多様性と経済性との相矛盾する課題を土地利用区分によって調整している。生物多様性は森林経営を第一義とする一般の施業林分では実現できない。この矛盾を解決するために採った理論的・技術的対応は，経営林区域のなかで，川岸などの弱い自然や，貴重植物の生育地，その他貴重な天然林を，択伐林のなかにたとえわずかの面積でも区画して保存したことである。現在，高密路網が張りめぐらされている択伐林のなかに，漁入りハイデなどの保護区域が点在している。それら保護区域は，存在することによって目的が達成される。そして数十年にわたり同じ経営理念をもって実践することによって，目的とする所期の成果を得ることができる。

c. 人工補整による更新

奥定山渓国有林は積雪5mを超す豪雪地帯のため各所に小面積な無立木地が点在していたことから，択伐－人工補整の作業仕組を採択し，ササ地にブルドーザによる地表処理を施し，天然更新補助作業とアカエゾマツ・トドマツなど主要更新樹種を植栽した。ササ地の攪乱の効果により，ヒロハノキハダ，ウダイカンバなど有用広葉樹が埋土種子などから発生し，複相林化（樹種構成・林齢・密度・林分構造の異なる小林分がモザイク状に配置されている森林を「複相林」と定義する）が促進された。生態系の攪乱が生物多様性を高めたのである。攪乱は生物多様性を高めるとするのが現在の最も有力な学説のひとつとなっている（Huston, 1979；中静・山本, 1987）。植栽と天然下種更新を併用した作業法によって天然林の更新が確保され，30年を経た現在，進界[*15]成長個体となって成長量増大に寄与しつつある。

[*15]：進界：木が成長し，あるサイズクラスから一段階大きいサイズクラスに移行すること。

事例2：林分施業法

a. 林分のモザイクごとに施業を行う

東京大学北海道演習林において1958年より実行されてきた林分施業法は，同一小班のなかの林分内容によって，皆伐，補植，択伐を行う3林分にモザイク状に区分けし，施業を行うものである。おおまかに言って，皆伐林分とは劣化して不良木が生育する林分を皆伐し更新樹を植栽しようとするもの，補植林分とは優良な広葉樹などを存置し，不良木を伐採した開けた空間に更新樹を植栽するもの，択伐林分は択伐－天然更新によるものとしている。この3種の林分を総合して行う施業法を林分施業法と呼称した（高橋，1971）。この経営システムは，育林システムにユニークな特徴がある（Watanabe & Sasaki, 1994）。すなわち，

① 照査法による森林の管理を行っていること
② 個々の林分ごとに個体管理，蓄積の維持水準，目標とする好ましい森林型への誘導などの，効果的な森林の取り扱いシステムを採用していること
③ 選木方法は森林構成が目標とする好ましい方向に発展するよう行うこと
④ 経済的に価値の高い優良広葉樹の育成技術と優良な樹木は個別に登録して管理していること
⑤ 林分ごとの伐採率は13～17％に抑えていること
⑥ 更新の期待できないところは地表処理して，天然更新を行うか，また，天然更新の困難なところは植栽を行って，確実に更新を図っていること
⑦ これらの森林管理を具現化し，低い伐採率で採算が乗り，経済性が確保されるように，高密路網を整備していること

などである。この方法により良好に管理された森林のなかには，伐採するごとに，成長量や現存量が増大し，森林の内容が充実してきているものがある。これらの育林技術的対応は，冷温帯・北方林帯の天然林において，有効な森林管理の手法を提示するもので，これからの天然林管理技術の指標となる。

b. 施業にともなう林分構造の変化

林分施業法は，30年も経つと植栽や保育が行われた皆伐林分や補植林分の更新が完了し，森林の態様は択伐林分と小面積の人工林がモザイク状に混

在する複相林となる．小面積のモザイク林分は，区画して経営するわけでないから，異なった作業級として管理することはできない．そこで1985年に策定された第10期施業計画（柴田，1988）では，多くの補植林分が択伐林分に繰り入れられ，択伐－人工補整（地表処理・天然下種・一部植栽）の作業法が採用された．また，皆伐林分として植栽した人工林のうち，小面積林分のものも択伐林分に繰り入れられた．そして，高密路網が整備され地利級が高まると，弱度の択伐率をもってしても収益性が確保される対象域が拡がり，択伐跡地で天然更新が期待できない多くのギャップに人工補整が行われるようになった．天然林の林分構造が変動することによって，林分施業法は作業内容が異なったものとなる．これは天然林の実態に合わせた作業仕組というべきものである．

　林分施業法の実行過程で見られる第二の特徴は，種構成・齢構成の変動である．たとえば，エゾマツ蓄積の極端な減少とトドマツ本数・蓄積の増大などの林分内容の変化が生じている．これは，伐採に伴うヤツバキクイムシの密度の増大，エゾマツ更新の不確実性，ならびにトドマツの更新木の成長やギャップへの補植によって若木個体数が増大したなどの理由による．これら林分内容の変化は，種生物学・生態学的な要因に起因しているもので森林基礎科学の解明があって初めて応用技術が確立できるものである．

　いずれにしても，林分施業法は，長期にわたり一貫した方針のもとに実施されたことによって，高伐採率による森林の劣化や更新の不確実性にかかる阻害要因が明確化され，路網を前提として低伐採率をもって森林構成の急激な変化を避け，立地ごとに地表処理や補植などの確実な更新法を採用した．その結果，択伐作業・傘伐作業とは異なった天然林施業技術が確立された．この成果は高く評価されよう．

事例3：富士山自然の森づくり

a. 自然の森の復元と再生

　「富士山自然の森づくり」は，1996年の台風によって引きおこされた被害地に対し，自然林に自生する植物の種子や稚苗をもって，本来ある自然林の姿に復元しようとボランテアによって始められた「自然林を再生・復元する

事業活動」である。その特徴は，極相に類似した森づくりを目標に，ボランテア参加者にわかりやすく，かつ楽しい森づくり法による，富士山の遺伝子資源の保全のための森づくりとし，これら3つを達成するためにパッチ法を採用した点にある。種子源は，周辺の自然林や埋土種子として多くが存在している。これらの種子が地表部の攪乱によって芽生えた苗を育成し，また，天然更新が難しい樹種は，山取り苗や種子を採取して養苗した稚樹を植栽しようとするものである。

b. 極相構成種の山取苗と種子の採取

　ア　自生種の育苗の大切さ：自然の森づくりにとっての基本的な姿勢は，地域にとっての固有な自然を維持することで，最も大切なことは地域の生物多様性をいかに護っていくことにある。森づくりを行う地域の遺伝子の多様性を保つためには，自生種と交雑を起こす他地域からの種子や苗木の導入を行わないことである。そこで，自然の森づくりは自生種の種子から育てた苗や山取り苗（第11章）を苗畑で育てて植栽することが原則となる。自生種の種子や山取り苗を育てる苗畑での育苗作業も，自然の森づくりの重要な活動となる。

　イ　ドングリ拾い：一般にブナやミズナラの樹下にあるドングリの95～98％は虫食いである。ドングリは森の動物たちにとって越冬するための最高の食料であるため，中身の充実したドングリは，人が拾う以前にニホンジカ，アカネズミ，カケス，ホシガラスなどのドングリの散布者や発芽に必要な蹄耕を行う動物に持ち去られている。そこで健全な種子の採取はネズミが運んだドングリを横取りすることとなる。横取りする方法は，ブナやミズナラ樹下の落ち葉を払いのけて，枯葉の下にあるドングリを見つけることである。効率は悪いが確実に健全な種子を拾うことができる。ネズミは夜のうちに充実したドングリを枯葉の下に隠し，それを冬の食料とするからである。最も有効な採取法は，ネズミがドングリの埋め込みを行うことのできないところ，すなわちブナやミズナラの樹冠下の道路や沢や河原でドングリを拾うことである。

　ウ　山取り苗の堀りとり：自生種の実生の山取りは林道沿いの法面で行う。特に新しく開設された林道の法面は，針葉樹，広葉樹の稚樹がよく更新している。これは法面が樹木の更新に適した立地環境であるからである。法

面に生えた実生は，大きくなると道路管理のために伐採される。よって道路法面に生えた実生は，自由に掘り取っても自然保護のうえからも許されよう。道路のほか，実生の掘り取りが許されるところは，森林が成立できない河原に芽生えた実生や，無間伐の暗い人工林に芽生えた実生である。河原に芽生えた実生は大水により流亡し，暗い人工林に芽生えた実生は1～2年のうちに枯死するものである。自然の森づくり植栽地では，自然に芽生えた，あるいは萌芽したフジザクラ，カエデ類，キハダ，マユミなどと，山採りした苗を育てて植栽したブナ，ミズナラ，ヒメシャラなどとの混交林ができつつあり，より多様性に富んだ天然の森が期待されている。

c．パッチ法による自然林の復元

ア　パッチ植林法：パッチとは「つぎはぎ」の意味である。布きれをつぎあわせて布地をつくるように，1つの植栽単位を1パッチにたとえ，造林地全体を連続したパッチで覆うように植林する手法である。森林は一様に連続しているのではなく，たくさんに小林分 small stands が集合したかたちで成立している。この1つの小林分をまとまった群とみとめて，これをパッチ patch と呼ぶ。ただし，1つの小林分と言っても，これは自然を認識するための便宜的なものであるので，人それぞれのとらえかたによってさまざまのものとなる。

　富士山域において，風倒などの攪乱が起こったのち，遷移の最初に更新してくる種のなかには，富士山ブナ帯の表徴種であるブナやヒメシャラは決して見られない。ブナやヒメシャラは，二次林の林齢が40年生を過ぎる頃に，やっと無植被の林床に芽生えた実生が定着できるからである。これはネズミ，カケスなどが貯食するために埋め込んだものが芽生えてくるからである。ブナ自然林の遷移から見ると，ブナの苗高が40～50cmまで成長するのに攪乱が起きてから40～60年もの歳月がかかる。自然の森づくり活動で，種子を拾い，苗畑で40cm程度に育て，植栽してやると，6年程度で同じ程度の丈の若木を育てることができる。自然の森づくりは，自然の遷移に任せるよりも時間を50年程度も短縮し，極相と同じような樹種構成の森林を，人々の体感できる20～40年の短い時間でつくり出すことにある。

　1つのパッチの大きさの基準は，極相林の構成種であるブナの樹冠の拡がりとする。100～150年生のブナの直径が12～15mであることから，これ

を自然林復元に当たってのパッチの基準とする。よって，円周38～47m，面積452～707m²の拡がりを1つの「ブナパッチ」として扱う。パッチは，ケヤキパッチ，ミズナラパッチ，カツラパッチ，シナノキパッチなど，立地環境条件によって造成するパッチを適宜選択できるようにする。

富士山森づくりでは基本樹種をブナとヒメシャラとした。この2種を採用した理由は，富士山・天城山以西の東海地方の極相のブナ林には，必ずヒメシャラが生育していることと，前述の通り，伐採されたのちの再生が困難であることによる。よって，富士山自然林復元は，ブナとヒメシャラが必ず生育している混交林を造成することとした。

なお，富士山のブナ帯の極相は，上部はウラジロモミ，下部はモミを混交しているが，当面は広葉樹林を造成する目的から，これまで両種は植栽していない。また，ブナ林には多くのカエデ科植物が生育しているが，イロハモミジ，オオモミジ以外のカエデ類は山引きして育苗したものを例外として植栽するほか，普通天然更新による。

イ　ブナパッチの植栽パターン：ブナパッチの植栽パターンのモデルのモデル事例を以下に示す。

①**条件**：1パッチを植栽するグループ分けは，参加人員により，また熟達度に応じて適宜変えるが，一般に6～8人が1組となるようにする。参加者が多ければそれに応じてグループ数を増やす。

②**植栽樹種**：ブナ，ヒメシャラ，オオモミジ，マメザクラ，ヤマボウシなど

③**ブナパッチ用ロープ**：長さ38～47mのロープをグループに1本用意する。

④地ごしらえした植栽箇所で，1グループみんなで1本のロープでほぼ円形に近い不整形の輪をつくる。これが上述のブナパッチに相当する。パッチの形はグループで適宜決める。参加各組が相接してつくるパッチの集合は100～150年後のブナ林の林相を想定したものである。

⑤これらの輪の中心にブナを3（～5）本，輪の周辺部にヒメシャラを3本，また，オオモミジ，マメザクラその他高木・亜高木を3本以上，合計9本以上の苗木を植栽する。なお，ヤマボウシは富士山での密度が低いため数パッチに1本の割合で植栽する。1つの輪には，最低9本植栽するが，中心部はブナとし，周辺部は，森林の第2層以下を

構成する樹種を，原則として植栽者の自由に箇所を選ばせて植栽する。こうして，1つのパッチは他にない独自の樹種と植栽木の組み合わせたものとなる。

⑥1ヘクタールあたり14～22パッチを造成する。1ヘクタールの植栽本数は1,000本程度にとどめ，その他は天然更新，萌芽更新，山取り苗の補植によってパッチの密度を維持する。こうして，パッチ構造の内容の充実を図る。

ウ **植栽樹種と天然更新樹種**：当面は，広葉樹を中心とした潜在種の更新を図っていくこととし，広葉樹の植栽はブナやヒメシャラなど天然更新の期待できない樹種を中心とする。自生種のブナ，ヒメシャラ，ミズナラ，マメザクラ，オオモミジ，イタヤカエデ類，オオイタヤメイゲツなどを種子または山取苗を苗畑で養苗し，また，これらの樹種に加えてサワグルミ，カツラ，サンショウバラ，オオウラジロノキなどの種子を採種し，山林種苗業者に依託して養苗し，新植・補植に使用している。また，埋土種子起源のキハダ，カエデ類は天然更新した個体を育成している。なお，当該地域の潜在植生としてモミ，ウラジロモミがある。これらの針葉樹は天然更新を期待し，将来は針広混交林となることを想定している。

富士山自然の森づくりでは，特に他地域からの移入苗は厳禁している。遺伝子の攪乱を起こし，新しい形の自然破壊につながるからである。

エ **地ごしらえと保育**：富士山森づくりの地ごしらえの方法は，すでに更新している自生種の保護を図るうえから，天然更新稚樹の根元にハコネスズの竹棒を挿して，地ごしらえの際に稚樹が傷つかず残れるように目印をつける。風害後数年を経過した跡地では，埋土種子起源のキハダや，ときに富士山ではまれにしか生育していないウダイカンバなどの稚樹が見られる。これは何年もの間，種子が地中で眠っていた証拠である。また，1haに数本のブナの稚樹も記録されている。多分カケスによって埋め込まれたものが幸運に恵まれて稚樹となったものである。これら高木の稚樹は植林地の種多様性を高めてくれる。以上，地ごしらえは，これまでの地ごしらえの考え方とは異なった保護・保育行為を兼ねた地ごしらえである。すべてグラップルやブルドーザの施行で，幅4mの筋地ごしらえ，または，全面積地ごしらえの2通りの方法で行っている。

保育は，植栽木と更新木のバランスのとれた樹種構成を配慮し，樹木の生

育特性に合わせ 10 年後, 50 年後の良好な森林を想定して行う. よって, 広葉樹を植栽した後は, 災害による被害のほか, 樹種間の競争, 成長の偏り, 立ち枯れや部位的な被害などが観察された時, 調査のうえ枯れ木の除去, 択伐, 補植など適切な保育行為を選択することとしている. なお, 動物被害対策として, 確実にブナの成林を図るため1パッチに1本だけブナの苗木をツリーシェルターによって保護する.

参考文献

◆本章の内容が掲載されている原著論文

渡邊定元　1970. 明日の林業を作るためのシステム化　スリーエム・マガジン **9**: 18-22; **10**: 2-6; **11**: 20-24; 12:2 1-24.

渡邊定元　1985. 北海道天然生林の樹木社会学的研究　北海道営林局.

渡邊定元　1994. 樹木社会学　東京大学出版会.

Watanabe, S. 1995. Five requisites proposed for sustainable managed forests. Proceedings of IUFRO International Workshop on Sustainable Forest Managements. p477-486.

渡邊定元　1995. 持続的経営林の要件とその技術展開　林業経済 (557) : 18-32.

Watanabe, S. & S. Sasaki. 1994. Silvicultural management systems in temperate and boreal forests: A case history of the Hokkaido Tokyo University Forest. *Canadian Journal of Forest Research* **24**(6): 1176-1185.

渡邊定元　2002. 富士山自然の森づくり－パッチ植栽法を用いた極相林構成種による自然林の復元－　植生情報(6): 9-14.

渡邊定元　2003. 天然林施業技術の評価と課題－天然林施業が定着できず森林劣化が起こった技術的問題点の総括－　日本林学会誌 **85**(3) 273-281.

◆その他, 執筆にあたって参考にした文献

Biolley, H. E. 1920. L'ammenagement des forets per la methode experimentale et specialment la methode du controle.

藤島信太郎　1929. 近時の森林施業法に対する造林学的考察　林學會雑誌 **11**(1): 47-48.

早川正文　1929. 近時の森林施業法に対する造林学的考察　林學會雑誌 **11**(1): 57-58.

Huston, M. 1979. A general hypothesis of species diversity. *American Naturalist* **113**: 81-103.

今西錦司　1949. 生物社会の論理　陸水社.

岩崎準次郎　1929. 近時の森林施業法に対する造林学的考察－杉択伐林相の一例　林學會雑誌 **11**(1): 28-41.

岩崎準次郎　1931. 秋田杉林択伐作業に就て和田博士に答ふ　林學會雑誌 **13**(5): 1-14.

参考文献

鏑木徳二　1929．近時の森林施業法に対する造林学的考察－施業林の恒続に関する考察　林學會誌 **11**(1)：16-21.
河田杢　1929．近時の森林施業法に対する造林学的考察　林學會雑誌 **11**(1)：65-669.
小寺農夫　1929．近時の森林施業法に対する造林学的考察　林學會雑誌 **11**(1)：64-65.
前田禎三　1988．ブナの更新特性と天然更新技術に関する研究　宇都宮大学農学部学術報特輯 **46**：1-7.
Möller, A. 1922. Der Dauerwaldgekanke. Seine Sinn und seine Bedeutung.
中村賢一郎　1929．近時の森林施業法に対する造林学的考察　林學會雑誌 **11**(1)：58-59.
中村賢太郎　1929a．近時の森林施業法に対する造林学的考察　林學會雑誌 **11**(1)：45-46.
中村賢太郎　1929b．天然林の本質に関する考察　林學會雑誌 **11**(7)：1-13.
中静透・山本進一　1987．自然撹乱と森林群集の安定性　日本生態学会誌 **37**(1)：19-30.
太田勇治郎　1931．国有林に於ける天然更新作業に就いて　林學會雑誌 **13**(4)：1-6.
佐藤弥太郎　1929．近時の森林施業法に対する造林学的考察　林學會雑誌 **11**(1)：1-10.
柴田前　1988．林分施業法の研究　東大演習林報 **80**：269-394.
高橋延清　1971．林分施業法　全国林業改良普及協会.
寺崎渡　1929．近時の森林施業法に対する造林学的考察　林學會雑誌 **11**(1)：42-45.
和田国次郎　1929．近時の森林施業法に対する造林学的考察　林學會雑誌 **11**(1)：48-56.
山本光政　1929．近時の森林施業法に対する造林学的考察　林學會雑誌 **11**(1)：21-28.
吉田正男　1929．近時の森林施業法に対する造林学的考察　林學會雑誌 **11**(1)：11-16.

第11章　種子から苗木，そして植林

ベトナム森林科学研究所　落合幸仁

はじめに

　日本は国土の3分の2が森林でおおわれています。数字だけを見れば，緑あふれる国土です。しかも，森林の4割が，主に植林によってつくられた人工林です。これは，日本人がこつこつと国土の植林を続けてきた結果であるし，樹木を切った後も，必ず植林をするように心がけた結果でもあるのです。いわば私たちが祖先から受け継いだ財産なのです。

　量的には十分な森林があります。でも，質的にはどうでしょう。今や国民病と言ったらいいのでしょうか。4人に1人，あるいは3人に1人が苦しんでいるとも言われるスギ花粉症にヒントがあります。さて，スギ，ヒノキの林は日本にどのくらいあるのでしょうか。林業白書によると，スギ林とヒノキ林を合わせた面積は日本の国土の約19％を占めています。米，麦，野菜などさまざまな作物をつくっている農用地が国土の13％を占めていることを考えると，スギ，ヒノキという2つの樹種だけで占有している面積の大きさがわかると思います。もちろん，スギとヒノキの花粉だけがスギ花粉症の原因というわけではありません。さまざまな要因が複合的に絡んでいると言われています。しかしそれにしても，スギとヒノキが少なければ，花粉症の患者もこんなに増えなかったでしょう。ということで，特定の樹種が多い森林は人間の健康にも悪影響を与えることがあるのです。だから，日本の森林は量的に十分であっても，質的に十分かどうかという疑問は残ります。

　日本では特定の樹種が多いという問題はあっても森林はあまり減少していません。ところが，世界に目を向ければ，樹木というか，樹木の集まりである森林はかなりの速度で減少しています。しかも，先進国よりもいわゆる発展途上国と言われている国々で森林が減少しています。大豆，オイルパームといった農地あるいは宅地造成のために切られています。最近では，バイオ

エネルギーに使うトウモロコシの栽培が増加して，植林が進まないという現象も起きています。

　樹木は次の世代を残すためにさまざまな工夫をしています。それは，この本の中で見てきた通りです。これらの工夫によって樹木は何千万年にわたって命を繋いできたのです。それなのに，それを上回る速度で木が切られているのです。そのため，森林は急速に減少しているのが現状なのです。

　確かに，植林も微々たるものではあっても進んではいます。ただ，植林されている樹木はユーカリ，アカシアといった特定の種類です。先ほど述べたように，単純な森林は健康に被害を与える可能性があります。それだけではなく，病害虫にも弱いといわれています。自然は多様な森林をつくりますが，人間は単純な森林しかつくれません。多様な森林づくりに関しては，自然は人間よりはるかに立派な仕事をします。

　というわけで，森林を増加させるために，何らかの工夫を施す必要があります。そして，森林をつくるのに人類が最も利用している方法は植林です。植林をするためには苗木が必要です。もちろん，苗木を用いずに直接，樹木の種子を蒔いて森林をつくる方法もありますが，あまり成功例がありません。種子を直接蒔くよりは，手間をかけて少しでも大きくした苗木の方が生き延びる可能性が高いのです。人間でも，生まれたての子どもよりも，大人の生存率が高いのと同じです。

　そこで，ここでは，種子や苗木，そして，植林のことを書こうと思います。特に，森林の減少が激しい東南アジアの途上国に多い，フタバガキ科 Dipterocarpaceae 樹木を中心にして，苗木や植林のことを述べたいと思います。フタバガキ科樹木の中でも，私がブルネイで扱ったリュウノウジュ属 *Dryobalanops* と呼ばれる樹木について主に述べるつもりです。

1. 苗木の仕立て方

　苗木には実生苗，山引き苗，挿し木苗，接ぎ木苗などがあります。

　実生苗というのは，種子からつくった苗のことです。山引き苗は森林の中で発芽して大きくなったものを利用した苗です。挿し木苗と接ぎ木苗は，それぞれ，挿し木と接ぎ木からつくった苗木のことです。この中でも植林に使われる苗木では，実生苗が大半を占めます。そこで，ここでは，実生苗を中

心に述べていくことにします。

1.1. 実生苗

　実生苗とは，種子から育てた苗木のことで，挿し木苗や接ぎ木苗に比べると遺伝的な多様性が高いという特徴があります。ところで，品質が一定な木材をつくるには，挿し木苗のように同じ遺伝子を持っている苗木を植林するほうが有利です。しかし，同じ遺伝子を持っている木で構成される森林は，病害虫や気象害を受けやすいとされています。ですから，できる限り遺伝的多様性の高い森林にすることが必要です。そのためには実生苗のほうが優れています。

　農業の基本は土つくりといわれています。トマトならトマト，ジャガイモならジャガイモに適した土を均一につくるのが腕の見せ所なのです。ところが，林業では，そのようなことをしません。自然の土を自然なまま使います。さらに，ビニールハウスをつくって，環境を作物に合わせるということもしません。農業は土を作物に合わせますが，林業は土に合った木の種類を植えるのです。

　そのため，樹木は植栽された後，伐採されるまで，何十年も自力で生きていかなければなりません。農業のように，ビニールハウスによって人工的な環境をつくってもらったり，農薬によって病害虫から保護されたり，肥料をもらって元気にしてもらったりということがないのです。

　ところで，山引き苗も実生の苗です。森林内の地面，いわゆる林床に落ちた種子が発芽して成長したもの（稚樹と言います）を苗木の材料とするからです。一方で，苗木をつくる所を苗畑と言いますが，実生苗は種子から苗畑で生産します。それに引き換え，山引き苗は森林の中で育った稚樹を苗畑に持っていって育てるのが一般的です。豊作年が不規則で長期の保存ができない種子を持つ種類の樹木の場合，山引き苗を使うことがあります。

　図1は山引き苗と苗畑で育てた実生苗です。両方とも同じ母樹（種子を生産する木）が生産した種子から成長した苗木です。山引き苗のほうは，母樹から種子が林床に落ちてそのまま，発芽して成長したものです。実生苗のほうは，林床に落下した種子を苗畑に持ち帰って発芽させ育てたものです。見てわかるように，苗畑の実生苗は茎も太くて，葉も多く山引き苗よりもはるかに健全な苗木です。それにひきかえ，山引き苗は見るからにひ弱な感じ

図1　山引き苗（左）と苗畑で育てた実生苗（右）

がします。このように山引き苗は根が未発達で苗木としては低品質のものが多いのです。その理由は，森の中の暗い林床で育っているからです。林床には大きくなるために必要な光も土の中の栄養も少ないので，稚樹は十分な成長をすることができません。反対に，苗畑で育った苗木はたっぷりと栄養を吸収して，見るからに元気な姿になるのです（第5章参照）。

1.2. リュウノウジュの生態

ところで，図1の写真に出ているのは，ブルネイというボルネオ島にある小さな国で生育していたカプール・ブキットという木の苗木です。カプールというのは，フタバガキ科のリュウノウジュ属の名称です。ここに住んでいる人たちの使うマレー語でリュウノウジュ属の木のことをカプールと呼ぶのです。フタバガキ科の樹木は東南アジア500種類ほどが知られ，ブルネイにはその4割程度があるといわれています。

リュウノウジュ属は全部で7種類が知られ，ブルネイにはそのうち，4種類があります。分布しているのは清流湿地に1種類，低地フタバガキ林に3種類です。清流湿地というのは，川の周りの湿地で雨季には水に浸かるようなところです。低地フタバガキ林は標高の低い準平原状の地形に発達する森林です。準平原というのは，日本で言えばゴルフ場があるようななだらかな

図2 カプール3樹種の種のタネ。
左から、カプール・ブキット、カプール・プリンギ、カプール・パジ

地形と言ったらよいでしょうか。この低地フタバガキ林は、世界で最も種多様性が高い森林と言われています。

　図1で示したカプール・ブキットは低地フタバガキ林に分布しています。低地フタバガキ林には、この他にカプール・プリンギとカプール・パジが分布しています。ブルネイにあるリュウノウジュ属は他のフタバガキ科の樹木と同じように大きくなると高さが60 m を超える大木になります。

　この低地フタバガキ林に生育する3つの樹種は地形によって微妙にすみわけています。どういうことかというと、カプール・プリンギは尾根に分布しますし、カプール・パジは尾根から少し降りた斜面中腹に分布しています。そこで、カプール・ブキットですが、この木は尾根から斜面中腹にかけて分布しています。つまり、カプール・プリンギの分布する尾根からカプール・パジが分布する斜面中腹にかけて成育しています。

　このように、同じ属に属する樹種が重なって分布している場合、心配なのは花粉が混ざらないかということです。

　ブルネイの低地フタバガキ林に分布するカプールの種子の写真を図2に示します。このように、3種類とも異なる形をしていることがわかります。種子からは明らかに違う樹種であることがわかります。カプール・パジとカプール・プリンギは異なる場所に分布していますが、両者の分布が接するところには両者の中間的な形をした種子をつける木がありました。つまり、カプールは容易に交雑が起こるようです。分布するところが重なっていると、異なる樹種の花粉を受粉することで交雑が起きるのです。この交雑を防ぐための工夫を見てみましょう。

リュウノウジュ属をはじめとするフタバガキ科の樹木は2年から数年に1回，一斉に開花します。同じ種類の木の花が一斉に咲いて，種子が一斉にできるわけです。もちろん，ブルネイのリュウノウジュ属も2年から3年おきに一斉に開花します。ところで，細かく見てみると，尾根にすむカプール・プリンギと斜面中腹に棲むカプール・パジはほぼ同じ時期に一斉開花をします。分布している場所，つまり，開花する場所が異なるので，同じ時期に咲いても花粉が混ざる可能性が低いのです。一方で，両者と分布域が重なるカプール・ブキットは，両樹種の開花より1週間ほど遅れて一斉に開花します。つまり，カプール・プリンギとカプール・パジの花がないときに，カプール・ブキットの一斉開花が起こるというわけです。このように，ブルネイのリュウノウジュ属3種類は空間的，時間的に異なる開花をすることで他の種類と交配しないような工夫をしています。苗木の話から少しずれましたが，この分布する地形の違いが，植林したときの成長の違いになってあらわれます。そのことに関しては，あとで述べることにします。

1.3. 根を傷めない工夫

ということで，苗木の話に戻ります。

前にも述べましたが，山引き苗を使うのは苗木が少ないときの窮余の策ということで，通常は苗畑で種子から実生の苗木をつくります。日本では，スギやヒノキの種子を畑に蒔いて，大きくなるにつれて植え替えをしながら育てていきます。植栽のときは畑から抜いた苗木を，そのまま（この苗木を裸苗といいます）植林地に持っていって植栽します。この裸苗は根が露出しますので，苗木を傷める可能性も高いのです。

一方，東南アジアの多くの国では，ビニールの袋に土を入れて，その中で苗木を育てるケースが多いのです。これをビニールポットあるいはプラスチックバッグとも言います。畑で蒔いて発芽した種子をビニールポットに移すこともありますし，直接，ビニールポットに種子を蒔くこともあります。植栽の時は，このビニールポットを破いて中の苗木を土がついたまま植えます。ということで，根が植栽のときに露出することがありません。そのため，根を傷める可能性は裸苗よりも低いと言えます。この苗木用のビニールポットにはところどころに穴を開けて，水が出やすいようになっています。ビニールポットの中は蒸れやすいので，水が出ないと根腐れを起こします。

1. 苗木の仕立て方　243

図3　ビニールポット（左が透明，右が黒）

図4　ビニールポットで育てられた苗木の根（左が透明，右が黒）

　日本では秋から春にかけて樹木の成長が止まっている時期に植栽するので，多少根が傷んでも問題はありません。ところが，熱帯に属する東南アジアのように樹木が常に成長をしている地域では，ビニールポットのように根をなるべく傷めないようにする工夫が必要なのです。
　ところで，このビニールポットですが，色や材質などに注意が必要です。図3ですが，右側に黒いビニールポットに入った苗木，左側に透明のビニールポットに入った苗木があります。それぞれの中から1本選んで，土を落とした苗木を図4に載せました。右側が黒いビニールポット，左側が透明なビニールポットで育てた苗木です。右側の黒いにビールポットで育った苗木

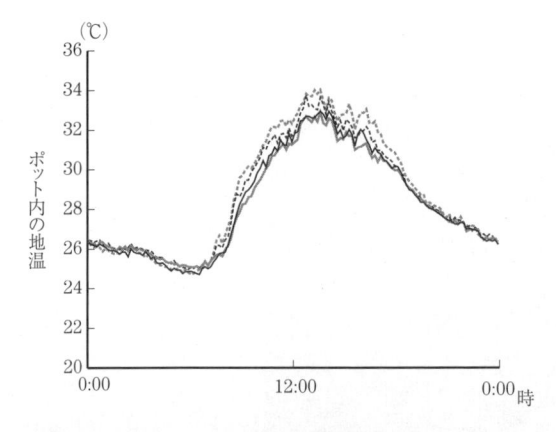

図5 ポット内土壌の温度の推移
——: 0%区, ------: 33%区, ——: 50%区, ------: 83%区

図6 クレマチスの根

の根の方がよく発達していることがひと目でわかると思います。これは，黒いビニールポットの方が光を通さないので，根が発達するのです。根には光が来る方向の反対側に成長するという性質があります。したがって，透明のビニールポットで育てられた苗木の根はあまり発達しないのです。

　それでは，透明なビニールポットで育てる場合はどうするかというと，地中に埋めることがあります。そうすると，確かに光が当たらなくなるのですが，今度は根がビニールポットを飛び出してしまいます。そうなると，植栽するときに，根を切らなければなりません。根を切られると，苗木は元気がなくなるので，植栽されたとき，元気に育たないことが多いのです。

　そういうわけで，光を効率よく遮断するという利点を考えると黒のビニー

ルポットが優れています。でも，時々，黒いビニールポットは日光を吸収して，中の土が暑くなるという人がいます。中が暑くなりすぎて，苗木が枯れてしまうといいます。だから，黒より透明の方がいいというのです。そこで，ポットの中の温度を測ったのが図5です。ブルネイの一番暑い季節に炎天下に置いたビニールポットと遮光率を変えた格子の中に入れたポット内の土の温度です。これで，わかるように，確かに炎天下のポット内の温度は遮光したものよりも高いのですが，苗木の成長を妨げるほど高くはありませんでした。ということで，ポット内の温度の面から見ても黒いビニールポットの方がいいのです。

このように，東南アジアでは，ビニールポットによる苗木づくりが一般的です。ところが，このビニールポットには致命的な欠点がいくつかあります。その1つが根系です。正常に発達しないことが多いのです。図6に示したのはクレマチスという園芸用の苗ですが，このように，ポットの下の方で根が蛇のようにとぐろを巻くことがあります。このまま，植栽すると，成長につれて根どうしが土の中で絡まってしまいます。時には根どうしが絡まってお互いに締めあうことで，枯死することもあるようです。

さらに，前にも述べましたが，ビニールポットには水抜きのための小さな穴がいくつかあります。それでも，水はけが悪く，根腐れを起こすこともあります。さらに，中に土を詰めるときにもビニールを押さえながら入れなければならないので，手間がかかります。

1.4. コンテナトレーポット

そんなビニールポットの欠点を上手に補うために，コンテナトレーポット（図7）が工夫されています。日本や東南アジア，中国などではビニールポットが優勢ですが，北欧，北米，オーストラリアなど多くの国で利用されています。1つのトレーに何個かの苗木育成用の筒が含まれています。筒の内側には根がとぐろを巻かないように突起が筋状に出ています。また，底は穴が開いていて水はけをよくしています。

何より，このポットのいい点はビニールポットのように根が無理やり外に出て行かないということです。図8のように根はお行儀よく底で成長が止まります。したがって，植栽のときに根を切る作業がなく，苗木を傷めることがありません。

図7　コンテナトレー

図8　コンテナトレーの根

　いいとこだらけに見えるコンテナトレーポットですが，コストの点で問題が残ります。コンテナトレーはビニールポットに比べてはるかに値が張ります。それでも，コンテナトレーは丈夫ですから何回も使うことができます。それに引き換え，ビニールポットは植栽の時に破かれるので繰り返し使うことはできません。値ははりますが，何回も繰り返し使えるという意味では，コンテナトレーにも利点があるわけです。
　他にも，ビニールポットは土を詰めるのがたいへんな作業ですが，コンテナポットは，簡単に詰めることができます。つまり，土を詰める作業の人件費に関してもコンテナポットが有利です。世界的な流れとしては，良質な苗

木が生産できるため，これからもコンテナトレーが増加していくことでしょう。

2. 苗木を植林する

2.1. 適地適木

苗木をつくった後は，植林です。植林にはさまざまなプロセスがありますが，ここでは，主に，適地適木について述べることにします。適地適木というのは林業の基本中の基本です。

前にも述べたように作物に合わせた土づくりが農業の基本です。それに反して，土に合わせた植栽樹種を選ぶことが植林の基本になります。日本では，尾根にはマツを，斜面の下部にはスギを，両者の中間にヒノキを植えます。このように，樹種によって，成長に適した地形というか，土があるわけです。この地形というか土によって植栽樹種を決めるということが適地適木になります。基本は斜面上部から下部にかけてマツ，ヒノキ，スギを植栽します。ところが，斜面中部であってもちょっとした窪みにはスギを植栽するなど，昔から日本では細かいところまで適地適木を実施してきました。

この適地適木はもちろん，ブルネイのリュウノウジュ属についても当てはまります。先ほど，述べたように低地フタバガキ林に分布するカプール3種類のうち，カプール・プリンギは尾根に，カプール・パジは斜面中腹に，そして，カプール・ブキットは尾根から斜面中腹にかけて分布しています。

「水は方円の器に従う」といいますが，空から降った雨は重力にしたがって尾根から斜面下部に移動します。そういう意味で，尾根の土壌は斜面中腹や下部の土壌に比べて乾燥しやすいのです。このことから，尾根に天然分布するカプール・プリンギはカプール・パジに比べて乾燥に耐える性質を持っているのでしょう。また，尾根から斜面中腹にかけて分布するカプール・ブキットは，より地形に対する適応範囲が広いと言えるでしょう。

2.2 カプールの適地

以上を踏まえて，各カプールの植栽試験の結果から，植栽適地を調べると表1のようになりました。予想通り，広い範囲で分布するカプール・ブキットが広い範囲で良い成長を示しました。この樹種に比べると斜面中腹という

表1　カプール3種類の天然分布と植栽適地

樹種	天然分布する地形	植栽適地
カプール・プリンギ	尾根	尾根から斜面中腹
カプール・パジ	斜面中腹	斜面中腹
カプール・ブキット	尾根から斜面中腹	尾根から斜面下部

　土壌中の水分に恵まれた箇所に天然分布するカプール・パジは狭い範囲でしか良い成長をしませんでした。両者に比べると，土壌が乾燥しやすい尾根に天然分布するカプール・プリンギは，斜面中腹でも良い成長を示しました。

　これからすると，尾根のような乾燥しやすい地形に分布する樹種は斜面中腹に植栽されても十分な成長を示すことが予想されます。また，斜面中腹に分布する樹種は尾根に植栽されてもあまりいい成長は期待できないでしょう。このことから，天然分布している地形を見れば，大体の植栽適地もわかるといえます。

多様な森林づくり

　ところで，この章の初めに，単純な森林は病害虫に弱く，スギ，ヒノキのように人間の健康にも被害を与える可能性があることを書きました。このため，さまざまな樹種を交えて植栽する混交林をつくる必要があります。あるいは，既存の森林の中に苗木を植栽して多様性を高める樹下植栽も考えなければなりません。このような，植栽方法は経済効率だけを見ると，あまり得策ではありません。単純な森林ほど効率よく作業ができて，収穫もできるからです。そうではあっても，環境の問題，あるいは，健康の問題を考えると多様な森林作りを目指す必要はあるのです。

執筆者紹介 (五十音順)

阿部 みどり（あべ みどり） 第8章
秋田県立大学生物資源科学部嘱託職員。ササ一斉枯死後のブナ林の更新についての研究成果を国際誌に発表，現在はバイオテクノロジー分野に従事。実生調査で身に着けた多様な"お作法"だけでなく学生時代に学んだ多くのことを仕事や日常生活に役立てること，毎年毎年の身近な自然の営みを子供たちに伝えていくことが目標。

落合 幸仁（おちあい ゆきひと） 第11章
1980年代後半にブルネイ，1990年代にマレイシアでフタバガキ科樹木の適地適木に関する研究後，ラオス，中国を経て，ベトナムで造林技術の開発中です。1990年代には地球の肺である熱帯林の減少が大きな問題でした。2000年代になると，温暖化対策のための植林が緊急課題になりました。そんな人間の都合に左右されないように，守るべき森林の普遍的なイメージが必要です。

壁谷 大介（かべや だいすけ） 第5章
山中に引きこもって，はや〇年。八甲田から木曽へと河岸を変え，目下の興味は樹木の資源活用術。資源は成長・繁殖以外にどう利用されるのか？ これを解明すべく，フィールドと実験室とを行ったり来たり，日々精進中。

酒井 敦（さかい あつし） 第2章
国際農林水産業研究センター林業領域主任研究員。つる植物，埋土種子集団，林床植生，伐採跡地の植生など，針葉樹人工林で生活する植物の生態を主に研究していた。現在は活動場所をタイに移し，郷土樹種の造林技術について研究中。

陶山 佳久（すやま よしひさ） 第9章
東北大学大学院農学研究科准教授。森林植物を対象とした生態学的研究分野にDNA分析技術を導入し，森林分子生態学的研究を進めている。特に，正確な分析技術を武器とした樹木の親子特定やクローナル植物の繁殖に関する研究，遺伝的側面からの保全生物学的研究，さらには古代DNAの分析に至るまで，国内外を問わず多彩な研究を推進している。

清和 研二（せいわ けんじ） 第4章
東北大学大学院農学研究科教授。森林の種多様性はどんなメカニズムで維持されているのか？，種多様性にはどんな恵みがあるのか？に強く興味をそそられている。種子発芽や種子散布，種子サイズの変異などの種子生態学も展開中。河畔のヤナギやハルニレなどの繁殖の仕組みを解明するだけでなく河畔林の再生へつなげたいと思っている。

執筆者紹介

永松　大（ながまつ　だい）　　　　　　　　　　　　　　　　　　第3章

鳥取大学地域学部地域環境学科准教授．森林の種多様性，個体群構造と生活史を追いかけてモミ林から照葉樹林，山陰の森へと変遷．樹木個体群の動きと場の不均一性との関連を追究中．平行して手広く山陰の植物相全般をおさえることを企て，鳥取砂丘の海浜植生研究(草原化対策)にも力を注ぐ．

林田　光祐（はやしだ　みつひろ）　　　　　　　　　　　　　　　第7章

山形大学農学部生物環境学科教授．離島から高山まで多様なフィールドに恵まれている山形県庄内地方の立地を活かして，散布から実生までの樹木の更新過程に及ぼす動物の影響や動物の生息環境としての樹洞など，動物も含めた自然環境の多様性のしくみとその保全について，教育・研究を行っている．

星崎　和彦（ほしざき　かずひこ）　　　　　　　　　　　　　　　第8章

秋田県立大学生物資源科学部准教授．渓畔林の世代交代，野ネズミの個体数変動，木の実のアクと種子食動物の餌選択などが現在の主な研究テーマ．学生との調査を楽しむ一方，大量のデータをテキパキ入力・整理する方法，読ませたい研究論文で年々難解になる統計手法の解説は大きな悩み．

正木　隆（まさき　たかし）　　　　　　　　　　　　　　編集，第1章

森林総合研究所群落動態研究室長．天然林の動態モデル，スギ・ヒノキ・アカマツなど人工林の間伐効果予測，ブナやミズナラの豊凶現象，鳥やツキノワグマと樹木果実の相互依存関係……など自分の興味と社会からの要請を合致させながら，学生も動員して手広く森林の生態研究を展開中．

山路　恵子（やまじ　けいこ）　　　　　　　　　　　　　　　　　第6章

筑波大学大学院生命環境科学研究科持続環境学専攻講師．「ストレス環境（貧栄養・重金属など）で生育する植物は，どのように生きているのか」を，生態化学的な視点から捉えようとしている．ヒバ，リョウブなどの樹木実生，沼地のドクセリ，砂地のコウボウムギなどを対象にし，植物と根圏微生物の相互作用に興味のある学生達と一緒に楽しく研究中．

山中　高史（やまなか　たかし）　　　　　　　　　　　　　　ミニレビュー

森林総合研究所森林微生物研究領域チーム長．樹木の根に共生する根粒菌や菌根菌を研究対象にしている．土壌中（地下部）における様々な微生物の営みが，地上部における植物・動物の生活に欠かせないことをどのようにしてアピールすればよいのか？日々模索中である．

渡邊　定元（わたなべ　さだもと）　　　　　　　　　　　　　　　第10章

Φ森林環境研究所総括研究員．元東京大学教授．NPO法人富士山森づくり前理事長．50年間，天然林の動態，天然更新技術を東大雪，阿寒，定山渓，東京大学北海道演習林などで実践．現在はブナ科植物の更新メカニズム，列状間伐の生態学的研究，針葉樹人工林の混交林化の技術研究を展開中．

生物名索引

Black cherry *Prunus serotina* 146
Cenococcum graniforme 134
Cladosporium herbarum 117
Fusarium 146
 ── *oxysporum* →苗立ち枯れ病菌
Hyphomycetes 152
Monilinia laxa 128
Mucor 146
Penicillium 116, 146
 ── *cyaneum* 116, 119, 121, 124
 ── *damascenum* 116, 117, 119, 121, 124, 126, 127
 ── *implicatum* 116-119, 121, 124
 ── *oxalicum* 128
 ── *purpurogenum* 128
Pin Cherry *Prunus pensylvanica* 140
Pythium
 ── spp. 146
 ── *vexans* 115, 124, 126

アオキ *Aucuba japonica* 48
アカエゾマツ *Picea glehnii* 113, 191, 219
アカガシ *Quercus acuta* 41, 48, 224
アカシア *Acacia* 238
アカシデ *Carpinus laxiflora* 48, 55-57, 59, 60, 135
アカネズミ *Apodemus speciosus* 157, 158, 230
アカマツ *Pinus densiflora* 48, 133, 191
アカメガシワ *Mallotus japonicus* 31, 35, 37, 38, 40, 41, 43
アサダ *Ostrya japonica* 221
アセタケ属 *Inocybe* 134
アラカシ *Quercus glauca* 48
アワブキ *Meliosma myriantha* 48

イイギリ *Idesia polycarpa* 48, 49, 55, 57, 59, 60, 62
イタヤカエデ *Acer mono* 11-18, 21, 24, 25, 55, 57, 59, 60, 62, 73, 75-79, 81-83, 219
イヌガシ *Neolitsea aciculata* 169
イヌブナ *Fagus japonica* 48
イロハモミジ *Acer palmatum* 232
イワヒメワラビ *Hypolepis punctata* 42

ウダイカンバ *Betula maximowicziana* 69, 72, 94, 218
ウラジロ *Gleichenia japonica* 42
ウラジロガシ *Quercus salicina* 41
ウラジロモミ *Abies homolepis* 232
ウワミズザクラ *Prunus grayana* 139, 159

エゾマツ *Picea jezoensis* 219
エゾユズリハ *Daphniphyllum macropodum* var. *humile* 139

オイルパーム *Elaeis guineensis* 237
オオイタヤメイゲツ *Acer shirasawanum* 233
オオウラジロノキ *Malus tschonoskii* 233
オオバヤシャブシ *Alnus sieboldiana* 132
オオミスミソウ *Anemone hepatica* var. *japonica* f. *magna* 139
オオモミジ *Acer palmatum* var. *amoenum* 232
オノエヤナギ *Salix sachalinensis* 67
オヒョウ *Ulmus laciniata* 12

カエデ属 *Acer* 169
カケス *Garrulus glandarius* 102, 230
カスミザクラ *Prunus verecunda* 14, 139
カタクリ *Erythronium japonicum* 139
カツラ *Cercidiphyllum japonicum* 12, 21-26, 75, 224

カプール *Dryobalanops* 240 →リュウノウジュ属
—— ・パジ *D. lanceolata* 241, 242, 247, 248
—— ・ブキット *D. beccarii* 240-242, 247, 248
—— ・プリンギ *D. aromatica* 241, 242, 247, 248
カヤツリグサ *Quercus salicina* 35
カラスザンショウ *Zanthoxylum ailanthoides* 35, 38, 41
カラマツ *Larix kaempferi* 65, 218

キクザキイチゲ *Anemone pseudo-altaica* 52
キツネタケ *Laccaria laccata* 132, 136
キハダ *Phellodendron amurense* 221
ギンリョウソウ *Monotropastrum globosum* 133

クサイチゴ *Rubus hirsutus* 34, 35
クサギカメムシ *Halyomorpha halys, H. mista* 150, 158
クマイチゴ *Rubus crataegifolius* 34, 41
クマシデ属 *Carpinus* 169
クリ *Castanea crenata* 55
クロツグミ *Turdus cardis* 158
クロバイ *Symplocos prunifolia* 169
ケヤキ *Zelkova serrata* 12, 55, 57-60, 62, 139, 154
ケヤマハンノキ *Alnus hirsuta* 55-58, 60, 62, 70, 73, 75-77, 79, 81, 83

コガクウツギ *Hydrangea luteo-venosa* 35, 37, 40
コシアブラ *Acanthopanax sciadophylloides* 72, 169
コツブタケ *Pisolithus tinctorius* 134
コナスビ *Lysimachia japonica* 37
コナラ *Quercus serrata* 48, 49, 53, 54, 57, 58, 59, 60, 100, 224

サクラ属 *Prunus* 169
ササ *Sasa* 91
サワグルミ *Pterocarya rhoifolia* 12, 21, 22, 23, 25, 65, 169, 224
サンショウバラ *Rosa hirtula* 233

シナノキ *Tilia japonica* 65, 66, 154, 169, 221
シラカンバ *Betula platyphylla* var. *japonica* 67-70, 72, 73, 75, 76, 79, 81-83, 94, 133, 213
シラベ *Abies veitchii* 218
シロダモ *Neolitsea sericea* 48

スギ *Cryptomeria japonica* 29-31, 33, 37, 38, 43, 219, 237, 242, 247, 248
ススキ *Miscanthus sinensis* 41
スズタケ *Sasamorpha borealis* 48
スミレサイシン *Viola vaginata* 139

ダクラスファー *Pseudotsuga menziesii* 136
ダケカンバ *Betula ermanii* 94, 218
タケニグサ *Macleaya cordata* 33, 37, 39, 41
タチツボスミレ *Viola grypoceras* 39
タヌキ *Nyctereutes procyonoides* 158, 160
タブノキ属 *Persea* 169
ダフリアカラマツ *Larix sibirica* 220
タラノキ *Aralia elata* 35, 38
ダンドボロギク *Erechtites hieracifolia* 41
チシマザサ *Sasa kurilensis* 91, 94, 96, 220
チヂミザサ *Oplismenus undulatifolius* 40
ツガ 37, 41
ツキノワグマ *Ursus thibetanus* 54
ツチカメムシ 146, 148, 151, 155
テン *Martes melampus* 16, 17, 158, 159
トチノキ *Aesculus turbinata* 12, 21, 23-26, 67-70, 73, 102, 224
トドマツ *Abies sachalinensis* 65, 218
トネリコ属 *Fraxinus* 169
トマト *Lycopersicon esculentum* 128

苗立ち枯れ病菌 *Fusarium oxysporum* 127, 128
ナガバモミジイチゴ *Rubus palmatus* 34

ニセショウロ *Scleroderma* 132
ニホンジカ *Cervus nippon* 41, 230
ニリンソウ *Anemone flaccida* 52
ニレ属 *Ulmus* 169

ヌメリイグチ *Suillus luteus* 132
ヌルデ *Rhus javanica* 35, 40, 41

ノリウツギ *Hydrangea paniculata* 31

灰色かび病菌 *Botrytis cinerea* 127
ハシカグサ *Hedyotis lindleyana* var. *hirsuta* 35
ハツタケ *Lactarius hatsudake* 132
ハリギリ *Kalopanax pictus* 19, 70, 72, 73, 169, 222
バリバリノキ *Actinodaphne longifolia* 169
ハルニレ *Ulmus japonica* 52, 224
ハンノキ *Alnus japonica* 52, 55-58, 60, 61, 62

ヒサカキ *Eurya japonica* 31, 35, 37, 38, 40
ヒノキ *Chamaecyparis obtusa* 29, 30, 33, 37, 38, 43, 219, 237, 242, 247, 248
ヒメアオキ *Acuba japonica* var. *borealis* 139
ヒメシャラ *Stewartia monadelpha* 231
ヒメムカシヨモギ *Erigeron canadensis* 31
ヒヨドリ *Hypsipetes amaurotis* 158
ヒロハノキハダ *Phellodendron amurense* var. *sachalinense* 227

フウセンタケ属 *Cortinarius* 134
フジザクラ *Prunus incisa* 231
ブナ *Fagus crenata* 11, 15-17, 41, 53, 55, 92, 99, 104, 105, 192, 198, 199, 224
フユイチゴ *Rubus buergeri* 34

ベニツチカメムシ *Parastrachia japonensis* 153, 157, 160
ベニバナボロギク *Crassocephalum crepidioides* 40, 41

ホオノキ *Magnolia obovata* 40, 55, 92
ホシガラス *Nucifraga caryocatactes* 221
ホンシメジ *Lyophyllum shimeji* 134
ポンデローザマツ *Pinus ponderosa* 214

マメザクラ *Prunus incisa* 232
マユミ *Euonymus sieboldianus* 231
マルバマンサク *Hamamelis japonica* var. *obtusata* 139

ミズキ *Cornus controversa* 19, 31, 48
ミズナラ *Quercus mongolica* var. *grosseserrata* 41, 53, 54, 57-60, 67-70, 73, 75, 76, 78, 79, 81, 83, 90, 92, 94, 96, 99-102, 104, 105, 221
ミズメ *Betula grossa* 224
ミヤマタニソバ *Polygonum debile* 33

モミ *Abies firma* 34, 35, 41, 48, 133, 233

ヤツバキクイムシ *Ips typographus* 229
ヤブウツギ *Weigela floribunda* 35
ヤブムラサキ *Callicarpa mollis* 38
ヤマイグチ *Boletus edulis* 132
ヤマボウシ *Cornus kousa* 159, 232
ヤマモミジ *Acer palmatum* var. *matumurae* 57

ユーカリ *Eucalyptus* 238

リュウノウジュ属 Genus *Dryobalanops* 238

レタス *Lactuca sativa* 122

ワカフサタケ 134
ワラビ *Pteridium aquilinum* 42

事項索引

英数字

AIC（赤池の情報量基準）
　Akaike's information
　　criteria 21, 183
citrinin 119
dcounta 176
frequentin 119
GLM→一般化線型モデル
Janzen-Connell 仮説
　Janzen-Connell
　　hypothesis 14, 145
Kaplan-Meyer 法 Kaplan-
　Meyer method 14
palitantin 119
patulin 119
PDA 114
PIC→系統発生に独立した対比
vlookup 177

■ア行■

アーバスキュラー菌根→菌根
赤池の情報量基準→ AIC
アレロパシー allelopathy
　225
暗色雪腐病菌 dark snow-
　blight causal fungi 143

一回繁殖型 monocarpic 91
一斉開花 mass flowering 91
逸脱度 deviance 183
一般化線形モデル
　generalized linear model
　（GLM）21, 182, 184
一方的競争 one-sided
　competition, asymmetric
　competition 87
遺伝子流動 gene flow 194
イベント event 181
陰樹 shade-tolerant tree
　217, 218
インヒビター（発芽抑制物
　質）inhibitor 213, 220

打ちきり censored 182

エリスロシン erythrosin
　147

塩ビパイプ polyvinyl
　chloride pipe 165

オフセット項 offset 185
親子鑑定 parentage test
　193
親個体特定法 parentage
　assignment 193
オルガネラ DNA organelle
　DNA 194

■カ行■

回帰分析 regression analysis
　182
開空率 canopy openness 88
カイ二乗検定 chi-square
　test 181
外生菌根菌→菌根菌
皆伐 clear cutting 37
攪乱 disturbance 25, 223
　物理的――― physical
　　disturbance 62
風散布→種子散布型
可塑性 plasticity 79
過大分散 overdispersion
　184
果皮 pericarp 198
下部谷壁斜面→微地形単位
花粉親 paternal parent 196
　―――の特定 paternity
　　assignment 196
花粉散布 pollen dispersal
　205
芽鱗痕 bud scar 175
環境傾度分析 environmental
　gradient analysis 225
間伐 thinning 29

機会のコスト opportunity
　cost 107
基質 rooting substrate 19
記述統計量 descriptive
　statistics 175
拮抗微生物 antagonistic
　microorganism 114
ギャップ canopy gap 24, 75
　―――更新 gap regeneration
　　90
　―――・ダイナミクス gap
　　dynamics 90
　林冠――― canopy gap 30,
　　54, 90
旧河道 abandoned channel
　22
休眠 seed dormancy 32
休眠性 seed dormancy 57
境界杭 stake 165
共分散分析 analysis of
　covariance 185
魚眼レンズ fish-eye lens 88
極相構成種 climax species
　218

菌核 sclerotium 134
菌根 mycorrhiza 131
　アーバスキュラー——
　　vesicular-arbuscular
　　mycorrhiza 132
　黒色—— black-colored
　　ectomycorrhiza 135
菌根共生関係 mycorrhizal
　symbiosis 131
菌根菌 mycorrhizal fungi
　131, 221
　外生—— ectomycorrhizal
　　fungi 132
　内生—— endomycorrhizal
　　fungi 132

空中菌 airborne fungi 128
クローナル clonal 91
　——植物 clonal plant 93

景観生態学 landscape
　ecology 226
傾斜変換線 break of slope
　50
系統発生に独立した対比→
　独立対比
渓畔林 riparian forest 12

高位段丘面 higher
　deposition 24
後期菌 late stage fungi 136
抗菌物質 antifungal
　compound, antibiotics
　116
光合成 photosynthesis 97
光合成速度 photosynthetic
　rate
　最大—— maximum
　　photosynthetic rate
　　97
　純—— net photosynthetic

rate 73
鉱質土壌 mineral soil 74,
　75, 76
鉱質土層 mineral soil 20
更新 regeneration 216
恒続林思想 sustained forest
　214
黒色菌根→菌根
谷底面→微地形単位
谷頭凹地→微地形単位
故障時間分析 failue-time
　analysis →生存時間分析
個体群 population 12
　——動態調査 census,
　　demographic survey
　　197
根系 root system 245
混交林 mixed forest 248
コンテナトレー container
　tray 245
コンテナポット container
　tray 246

■サ行■

最小二乗法 least-squares
　method 183, 184
最大光合成速度→光合成速度
最尤推定 maximum
　likelihood estimation
　184
挿し木苗 cutting 238
砂礫 gravel 20
残差分析 residual analysis
　183
傘伐 shelter-wood system
　218, 221

シードトラップ seed trap
　165
ジェネット genet 93
資源貯蔵 resource storage

100
資源配分 resource allocation
　84
自然火災 wildland fire 106
持続的経営林 sustainable-
　management forest 227
下刈り weed cutting 30
シードトラップ→種子トラッ
　プ
シヌシア（同位社会）
　synusia 222
子嚢菌 Ascomycetes 132
死亡率 mortality 16, 181
斜面崩壊 landslide 25, 50
重回帰 multiple regression
　182, 185
従属変数 dependent variable,
　response variable 184
重複なし抽出 unique
　records only 177
重力散布→種子散布型
種子親 maternal parent 194
　——特定法 maternity
　　assignment 194
種子菌 seed fungi 114
種子サイズ 69, 70, 85
種子散布 seed dispersal 205
　——型 seed dispersal type
　　38
　　風散布 anemochory 38
　　重力散布 barochory 39
　　動物被食散布 zoochory
　　　38
　——制限 seed dispersal
　　limitation 12
種子散布者 seed disperser
　157
種子トラップ seed trap 19
種子バンク soil seed bank
　140→埋土種子集団
種子捕食者 seed predator

149
種子落下量 seedfall, seed rain 179
種多様性 species diversity 81
種特異的 specific 14
寿命 life span 216
純光合成速度→光合成速度
順序尺度 ordinal scale 178
子葉 cotyledon 169
　地下―― epigeal cotyledon 102, 169
　――型 hypogeal 70
　地上―― hypogeal cotyledon 168
上部谷壁斜面→微地形単位
照査法 check method 214, 217
初期伸長量 initial growth rate 69
食害 herbivory 56
食害 predation 57, 103
植栽施業 planting 108
植生遷移 plant succession 41
　遷移系列上の地位 successional status 83
　遷移後期 late-successional 50
　　――種 late-successional species 79
　遷移初期 early-successional 50
　　――種 late-successional species 79
進界 ingrowth 227
新規加入制限 recruitment limitation 12
人工植栽 planting 108
人工補整 supplementary planting 220, 221, 227
人工林 plantation 29
侵食前線 erosion front 50
森林管理 forest management 109
森林構造の地形的分化 topographic differentiation of forest structure 48

生育阻止領域 inhibitory zone 115
生活史 life history 12, 52
正規表現 regular expression 178
正規分布 normal distribution 182, 184
生残曲線→生存曲線
生存曲線（生残曲線） survivorship curve 14, 181, 203
生存時間分析（故障時間分析） survival analysis, failure-time analysis 181
生存戦略 strategy 66
生存率 survival ratio, survivorship 180
成長期間 growing season 216
生物多様性 biological diversity 227
生物防除 biological control 114
絶対共生菌 obligate symbiotic fungi 134
遷移→植生遷移
前期菌 early stage fungi 136
先駆種 pioneer species 35, 218
潜在植生 potential vegetation 225
センサス census 163
全天写真 hemispherical photograph 88, 89
漸伐 shelter-wood system 218

相対成長率 relative growth rate 81
双方向的競争 symmetric competition, two-sided competition 88

■タ行■

耐陰性 shade-tolerance 35, 97, 219
代償植生 substitutional vegetation 225
耐水紙 water-resisting sheet, waterproof paper 166
対数線形モデル log-linear model 181, 185
ダイモテープ numbered alumino-tag 164
択伐作業 selective cutting 216
択伐作業級 selective-cutting working circle 214
多様性 species diversity 18
単回帰 simple linear regression 185
担子菌 Basidiomycetes 132
炭水化物 carbohydrate 97, 100
　非構造性―― total non-structural ―― (TNC) 84
地下子葉→子葉
地形 topography 49
地ごしらえ site preparation 213, 233

稚樹刈だし weed cutting 224
稚樹バンク sapling bank 219
地上子葉→子葉
地表処理 site preparation 219, 221, 223, 226
中央値 median 175
中間温帯林 intermediate-temperate 48
頂部斜面→微地形単位
直接検鏡法 seed extraction method 31
貯蔵行動 caching behaviour 157
貯蔵養分 storage 68
直根 tap root 100
地利級 location index 229

接ぎ木苗 grafting 239
ツリーシェルター tree shelter 234

蹄耕 pawing 221, 223
定着成功 successful establishment 58
定着適地 safe site 79
適応度 fitness 80
テキストエディター text editor 177
適正樹種 suitable species 218
適地適木 planting suitable species in suitable site 247
データベース database 175
テトラゾリウム試験 tetrazolium staining 141
天然下種更新 regeneration by natural seedings 226

天然更新施業 natural regeneration 108
天然林 natural forest 37
——施業 natural forest management 217

統計処理 statistical treatment 180
動物被食散布→種子散布型
等分散性 homogeneity of variance, homoscedasticity 182, 183
倒木 fallen log 19, 20, 54
倒木—— regeneration on fallen log 220
独立対比（系統発生に独立した対比）phylogenetically independent contrast (PIC) 85
独立変数 independent variable, explanatory variable 184
土壌抽出培地 soil extract agar 115
土壌の水ポテンシャル soil matrix potential 16
トレードオフ trade-off 80, 99
——関係
　種内での—— 82, 83
　生存と成長の—— 80, 81, 83

■ナ行■

内生菌根菌→菌根菌
軟X線 soft X-ray 152
ナンバーテープ numbered plastic tag 164

二項分布 binomial distribution 181, 184
根返り uprooting 19, 75
根腐れ root damaged by high soil humidity 245
ネズミ mouse, wood mice 56, 104

■ハ行■

薄層クロマトグラフィー thin layer chromatography 117
ハザード hazard 87, 181
播種試験 seed sowing experiment 75
播種実験 seed sowing experiment 51, 141
発芽試験法 seedling emergence method 32
発芽阻害活性 inhibitory activity on germination 120
発芽抑制物質→インヒビター
パッチ（植林）法 patch-based planting 230, 231
母方由来組織 maternal tissue 194
ハビタットの幅 habitat width 83
ばらつき variation 175
繁殖成功 reproductive success 194
氾濫原段丘→微地形単位

被圧 suppression 216
被圧耐性 suppression tolerance 219
光補償点 light compensation point of photosynthesis

97
非構造性炭水化物→炭水化物
微地形単位 micro-landrofm unit 50
　下部谷壁斜面 lower sideslope 50
　谷底面 bottomland 50
　谷頭凹地 head hollow 50
　上部谷壁斜面 upper sideslope 50
　頂部斜面 crest slope 50
　氾濫原段丘 flood terrace 50
　麓部斜面 footslope 50
ビニールポット 242
標準回帰係数 standardized regression coefficient 185
不均一性 heterogeneity 81
複相林 multi-phased forest, forest as amosaic of patch 227
物理的攪乱→攪乱
ブナ林 beech forest 11
分散貯蔵 scatter hoarding 157
分散分析 analysis of variance, ANOVA 182, 184, 185

平均値 mean 175

ポアソン回帰 Poisson regression 185
ポアソン分布 Poisson distribution 21, 183, 184
萌芽再生 sprout 105
豊作 mast seeding
　——年 mast year 93

胞子 spore 134
法正状態 normal forest 216

■マ行■

マイクロサテライトマーカー microsatellite marker 193
埋土種子 buried viable seed 29, 221
　——集団 soil seed bank 30 →種子バンク
　——戦略 seed bank strategy 140
マウンド mound 19
　——形成 19

実生 seedling
　——生産数 seedling production 206
　——定着制限 seedling establishment limitation 12
　——定着率 seedling survivorship 58
　当年生—— current-year seedling 198
実生苗 seedling 238
実生標本 seedling specimen 170

無性繁殖 asexual reproduction 93
無葉緑植物 achlorophylous plant 133

名義尺度 nominal scale 178

■ヤ行■

山取り苗 wilding 230
山引き苗 wilding 238
有性繁殖 sexual reproduction 93
尤度比検定 likelihood ratio test 183

陽樹 shade-intolerant tree 217, 218

■ラ行■

ラメット ramet 93

リグニン lignin 84
リター litter 20, 61, 74, 168
立地 habitat 213
両親由来組織 biparebtal tissue 196
林冠ギャップ→ギャップ
林業 forestry 108
林種 forest type 218
林内放牧 forest grazing 221
林分構造 stand structure 215
林分施業法 Silvicultural Management System (SMS) 228

齢級 age class 216
齢構成 age structure 216

ロジスティック回帰 logistic regression 181, 185
路網 forest road network 226

■ワ行■

若木バンク sapling bank 219

森の芽生えの生態学

2008年3月29日　初版第1刷発行

編●正木　隆

発行者●斉藤　博
発行所●株式会社　文一総合出版
〒162-0812　東京都新宿区西五軒町2-5
電話●03-3235-7341
ファクシミリ●03-3269-1402
郵便振替●00120-5-42149
印刷・製本●奥村印刷株式会社

定価はカバーに表示してあります。
乱丁，落丁はお取り替えいたします。
© 2008 Takashi Masaki.
ISBN 978-4-8299-1070-2　Printed in Japan

種生物学シリーズ

◆日本の植物科学研究をリードする種生物学会の学会シンポジウムを単行本化！

◆最新の研究動向とその背景を伝える読み物から，実験室やフィールドですぐに役立つヒントを満載したマニュアルまで，学習，研究の現場に必要な情報を網羅。

◆分類学，生態学，遺伝学，生理学，育種学，雑草学，林学，保全生物学など，植物科学全般にわたる分野をカバー。

花生態学の最前線 －美しさの進化的背景を探る　　定価 3,150 円

植物の花は美しく，そしてはかない。その理由とは？　花のさまざまな性質の意味を「適応進化」の観点から説き明かす。植物の繁殖生態研究を志す人必読の 1 冊。

森の分子生態学 －遺伝子が語る森林のすがた　　定価 3,780 円

個体間の血縁関係など，従来は得られなかった重要な情報を，正確かつ容易に提供してくれる分子マーカー。その可能性と応用例を紹介。実験室で役立つ「手法編」が好評。

保全と復元の生物学 －野生生物を救う科学的思考　　定価 3,360 円

リスク管理という手法をもって社会的合意形成を図り，望ましい自然回復のあり方を考える保全生物学。保全遺伝学，復元生態学へと新たな展開を示すその潮流を概観。

光と水と植物のかたち －植物生理生態学入門　　定価 3,990 円

植物が自らを養う光合成に必要な，水，太陽光に注目し，植物の多彩な「かたち」の謎に迫る！　研究に必須の測定機器の使いかたも原理と合わせて紹介。

草木を見つめる科学 －植物の生活史研究　　定価 3,360 円

分子生態学や個体群統計遺伝学を駆使し，地を這うようにして地道に集めたデータから数百年の時空を超えて植物の生活を描き出す，生活史研究の到達点と醍醐味を紹介。

森林の生態学 －長期大規模研究からみえるもの　　定価 3,990 円

数百年も生き続ける樹木がつくる森林の生態系を，広く，長く見続けた研究の成果と展望を紹介。現場で役立つ詳細なノウハウ集，データ解析入門も好評。

農業と雑草の生態学 －侵入植物から遺伝子組換え作物まで　定価 3,780 円

深刻化する外来雑草や除草剤抵抗性の問題，遺伝子組換え作物をどのようにとらえるか。基礎科学と応用研究の狭間から見えてくる農と社会の関係を整理する。

共進化の生態学 －生物間相互作用が織りなす多様性　　定価 3,990 円

最新刊　生物はなぜかくも多様なのだろうか？　多様化を加速した生きものどうしの生態的つながりを探求する。分子系統樹活用のためのポイントも解説。

A5 判並製　平均 305 頁

表示の定価は本体価格に 5％の消費税を加算したものです（2008 年 1 月現在）。

本書を読まれた方にお勧め！

森林の生態学
長期大規模研究からみえるもの

種生物学会　編
正木隆・田中浩・柴田銃江　責任編集

A5判並製　384頁　定価3,990円

森林を形作る主要な生きものである樹木は，人の寿命をはるかに超えて生き続ける。そんなかれらの生活が絡み合う森林の生態系は，短期間の観察だけでは把握しきれない。そこで，広い調査区を長く見続けようという試みが連綿と続けられてきた。そして今，その成果が森林の姿を生き生きと描き始めている。長期大規模研究が明らかにした森林生態系と，「広く・長く見続ける」森林研究のノウハウを紹介。本書の姉妹編として，森林動態研究に必読の1冊。

contents

はじめに　森林の生態学の魅力
　　　　　　　　　（正木隆・田中浩・柴田銃江）
序　章　森林の生態を長く広く観てみよう
　　　　　　　　　（正木隆・田中浩・柴田銃江）

第1部　樹木の繁殖と更新を観る
　第1章　生物が創り出す熱帯林の季節（酒井章子）
　第2章　多くの樹種が同時に結実する意味を考える　　　　　　　　　　　　　　　　（柴田銃江）
　コラム1　結実の豊凶はなぜ起こる？（市栄智明）
　第3章　トチノキの種子とネズミとの相互作用－ブナの豊凶で変わる散布と捕食のパターン－
　　　　　　　　　　　　　　　　（星崎和彦）
　第4章　セイヨウオオマルハナバチは在来植物の脅威になるか？　　　　　　　　（田中健太）

第2部　樹木の一生を追いかける
　第5章　カエデ属の生活史－近縁な種の共存はいかにして可能か－　　　　　　　　（田中浩）
　第6章　ミズキの生活史－鳥による種子散布は本当に役立っているか－　　　　　　（正木隆）
　第7章　カツラの生活史－攪乱依存種が極相を構成するパラドックス－　　　　　（大住克博）

第3部　森林群集の成り立ちを探る
　第8章　森林動態パラメータから森の動きを捉える　　　　　　　　　　（西村尚之・真鍋徹）
　第9章　鳥と樹木の相利関係から見た森林群集
　　　　　　　　　　　　　　　　（小南陽亮）

　第10章　地形から見た熱帯雨林の多様性
　　　　　　　　　（伊東明・大久保達弘・山倉拓夫）
　コラム2　熱帯雨林の多様性を説明する仮説
　　　　　　　　　　　　　　　　（伊東明）

第4部　ネットワークが拓く森林の生態学
　第11章　気候の季節性は森林生態系にどう影響するのか－プロット間ネットワークを利用したグローバルスケールでの解明－
　　　　　　　　　（武生雅明・久保田康弘・相場慎一郎・清野達之・西村貴司）
　第12章　ブナの生態研究の国内ネットワーク
　　　　　　　　　　　　（鈴木和次郎・箕口秀夫）
　コラム3　日本型のLTERを目指して
　　　　　　　　　　　　（本間航介・日浦勉）
　コラム4　森林の長期（大規模）研究は続ける必要はあるだろうか？　　　　　　　（中静透）

森林研究之奥義書
　其の一　長期観測プロットの作り方と樹木の測り方　　　　　　　　　　　　　　（正木隆）
　其の二　モデル（…？）による生態データ解析
　　　　　　　　　　　　（島谷健一郎・久保田康裕）

付　録
　1. 森林動態データベース　　　　　　（新山馨）
　2. 日本の森林長期生態研究サイト　　（神崎護）

おわりに：森林動態研究の私にとっての魅力
　　　　　　　　　　　　　　　　（巌佐庸）

表示の定価は本体価格に5%の消費税を加算したものです（2008年1月現在）。